徹底攻略

試験番号 AZ-104

JN021776

Microsoft Azure Administrator

[AZ-104] 対応

教科書

株式会社ソフィアネットワーク　新井 慎太朗［著］

インプレス

本書は、「AZ-104: Microsoft Azure Administrator」の受験対策用の教材です。著者、株式会社インプレスは、本書の使用による「AZ-104: Microsoft Azure Administrator」への合格を一切保証しません。本書の記述は、著者、株式会社インプレスの見解に基づいており、Microsoft Corporation、日本マイクロソフト株式会社、およびその関連会社とは一切の関係がありません。

本書の内容については正確な記述につとめましたが、著者、株式会社インプレスは本書の内容に基づくいかなる試験の結果にも一切責任を負いません。

本文中の製品名およびサービス名は、一般に開発メーカーおよびサービス提供元の商標または登録商標です。なお、本文中には™、®、©は明記していません。

インプレスの書籍ホームページ

書籍の新刊や正誤表など最新情報を随時更新しております。

https://book.impress.co.jp/

まえがき

　本書は、Azureの認定試験「AZ-104: Microsoft Azure Administrator」についての参考書です。この試験は管理者向けとして位置づけられていますが、Azure環境の実装に関する幅広い知識を証明できるため、非管理者にとっても有益な試験です。Azureを利用するすべての人に役立つ内容を取り扱い、Azureの操作に関する実務レベルのスキルを測定できる試験であるため、ぜひ多くの方にチャレンジしていただきたいという願いを込めて本書を執筆しました。

　そのため本書の執筆においては、単なる試験合格のためだけの参考書ではなく、「Azureの初学者でも本書だけで理解できること」を目指しました。AZ-104認定試験は、受験の対象者として一定のAzure実務経験を持つ方を目安としていますが、これからAzureを利用予定の方や利用しはじめたばかりの方でも効率良く内容と操作を理解できるように、本書には手順や画面がふんだんに盛り込まれています。筆者は、マイクロソフト認定トレーナー（MCT）として「AZ-104: Microsoft Azure Administrator」対応の研修を複数年にわたって担当しています。それらの経験をもとに、本書では重要な内容にポイントを絞り、難しい部分は研修時と同様に噛み砕いてわかりやすく説明することを心がけました。

　なお、本書の内容は執筆時点でのAzureの最新情報となっておりますが、クラウドサービスという性質上、今後、一部の手順や画面が変更される可能性があります。しかし、本書ではAzureサービスの基本をしっかりと丁寧に説明しているので、多少の変更があったとしても、きっと読者のみなさまのお役に立つはずです。

　最後に、本書だけでも操作のイメージは掴めるはずですが、知識を定着させてより深くAzureを理解するには、ぜひ、1章で説明する無料サブスクリプションを取得して評価環境で実際の操作を試してください。すでに組織などでAzure環境に触れている方であっても、運用ルールや権限などにより、使用できないサービスや管理メニューがあると思いますので、自由に使用できる評価環境を用意することをお勧めします。

　本書がAzureに携わる多くの方のスキルアップに活用いただければ幸いです。

2022年2月
株式会社ソフィアネットワーク
新井慎太朗

Azure関連のMCP試験

　マイクロソフトは、エンジニアの技術スキルを認定するために「マイクロソフト認定プログラム（MCP）」を提供しています。ここでは、MCP試験を申し込む前に知っておくべきこととして、MCPの認定資格のレベルや、認定資格と認定試験の関係について説明します。

　マイクロソフト認定プログラム（Microsoft Certified Program：MCP）は過去に何度かリニューアルされていますが、現在有効な資格は「ロール（役割）ベースの認定資格」と呼ばれており、アルファベット2文字と3桁の数字の試験コードを持ちます（例：AZ-104）。認定資格はロールごとに存在し、それぞれに対して以下の3つのレベルがあります。

- **Fundamentals**… 基礎
- **Associate**… 2年程度の職歴
- **Expert**… 2〜5年の技術経験

　本書が扱う「AZ-104: Microsoft Azure Administrator」を含むAzure分野の場合は、以下のようになります。MCPは、1つの試験に合格するだけで取得できる資格もあれば、複数の試験に合格する必要がある資格もあります。Azure分野のMCPの場合には試験と資格が1対1で対応していますが、ほかの分野ではそうでないことがあるので注意してください。

【マイクロソフト認定プログラム（MCP）】

●Azure Fundamentals

クラウドサービスとAzureの基礎知識を認定する、初級レベルの認定資格です。AZ-900試験に合格すると取得できます。

●Azure Administrator Associate

Azure環境の実装、管理、監視に関する専門知識を持つことを証明する、中級レベルの認定資格です。AZ-104試験に合格すると取得できます。本書ではこの試験を扱います。

●Azure Solutions Architect Expert

Azureを使ったシステム設計を行う能力および専門知識を持つことを証明する、上級レベルの認定資格です。AZ-305試験に合格すると取得できます。

AZ-104の出題範囲と試験概要

AZ-104は、Azure Administrator Associate資格を取得するための試験です。本試験に合格することで、Azure環境の実装、管理、監視に関する専門知識を持つことを客観的に証明できます。各技術的タスクを達成するためのスキルを測定する内容であることから、多くの企業が求める実務レベルの試験と言えます。

AZ-104試験は、Azureのコアサービス、Azureワークロード、セキュリティ、およびガバナンスについて十分に理解し、目安としてMicrosoft Azureに関して6か月以上の実務経験を持つIT管理者を受験の対象としています。また、試験ではAzureポータル、Azure PowerShell、Azure CLI、およびAzure Resource Managerテンプレートを使用したAzure環境の実装、管理、監視に関する以下の範囲のスキルが測定されます。

【AZ-104試験の出題範囲とその割合（2022年2月時点）】

評価されるスキル	出題割合
Azureアイデンティティおよびガバナンスの管理	15～20%
ストレージの作成と管理	15～20%
Azureコンピュートリソースの展開と管理	20～25%
仮想ネットワークの構成と管理	25～30%
Azureリソースの監視とバックアップ	10～15%

AZ-104試験の概要は以下のとおりです。ただし、問題数に明確な規定はありません。

・所要時間：120分
・問題数：60問程度
・合格点：700点（1,000点満点）
・前提条件：なし
・実施会社：ピアソンVUE

・受験料：21,103円（税別）
・実施場所
　　・ローカルテストセンター（ピアソンVUEと契約したテストセンター）
　　・オンライン（インターネット接続されたPCから受験）

オンライン受験には条件があります。詳しくは以下を参照してください。

・Pearson VUEによるオンライン試験について
　https://docs.microsoft.com/ja-jp/learn/certifications/online-exams

　なお、出題範囲や試験時間、価格などは、変更される可能性があります。特に出題範囲については、小規模な変更は随時、大規模な変更も数か月に一度行われることがあります。公式サイトにて最新情報を確認してください。

・マイクロソフト認定資格
　https://docs.microsoft.com/ja-jp/learn/certifications/

MCP試験の出題形式

　AZ-104をはじめとするMCP試験で出題される設問の種類には様々なものがあります。AZ-104試験で出題される主な設問の種類は以下のとおりですが、試験の改訂などに伴って新しい設問の種類が追加される可能性もあります。

【MCP試験の主な設問の種類】

設問の種類	説明
選択（単一または複数）	複数の選択肢から、最も適切な1つまたは複数の回答を選択するもの。最も代表的な設問の種類。いくつ回答を選択する必要があるかは問題文に記載されている。
ドラッグアンドドロップ	複数の選択肢を適切な順序に並べ替えるもの。正しい操作手順を問う設問などで用いられる。選択肢には、使用しないものが含まれている場合がある。
ホットスポット	実際の管理画面が表示され、適切な領域をクリックするもの。管理ツールでの操作を問う設問などで用いられる。
シナリオ	課題とその課題に対する解決策が提示され、解決策によって解決するか否かを「はい」または「いいえ」で選択するもの。課題は同じで、解決策が異なる設問が数問続けて出題される。また、ほかの設問の種類とは異なり、解答後の見直しはできない。
ケーススタディ	架空の組織とその環境や要件などの情報が表示され、その内容に関連する設問が数問続けて出題される。各問題は独立しており、環境や要件などの情報はその都度、確認が可能。

【設問の種類のイメージ】

選択

A. ○○○○
B. ××××
C. □□□□
D. △△△△

ドラッグアンドドロップ

○○○
×××
□□□

ホットスポット

シナリオ

○○○○
解決策：××××

A. はい
B. いいえ

ケーススタディ

概要
○○○○○
要件
×××××
質問
□□□□□

参考

以下のWebサイトで、MCP試験で採用されている設問の種類に関するサンプル動画がいくつか紹介されています。初めてMCP試験を受験する方は、事前にサンプル動画を確認して出題のイメージを掴んでおくとよいでしょう。

https://docs.microsoft.com/ja-jp/learn/certifications/exam-duration-question-types

受験の流れ

　MCP試験を受けるために必要な準備や申し込み方法、注意事項について説明します。

●事前準備：Microsoftアカウントの作成

　受験の申し込みには「Microsoftアカウント」と呼ばれるIDが必要です。Microsoftアカウントは、自分が持っているメールアドレスを登録することで作成でき、その作成や利用に費用はかかりません。またoutlook.comなど、マイクロソフトが提供する無料メールサービスを契約すると、取得したメールアドレスが自動的にMicrosoftアカウントとして登録されます。Microsoft 365などで使用する企業向けのユーザーIDである「Azure ADアカウント」（組織アカウント）はMCP試験の申し込みに使用できないため、注意してください。

　新しいMicrosoftアカウントを作成する場合は、Webサイト（https://account.microsoft.com/）にアクセスして［Microsoftアカウントを作成］をクリックし、画面に表示される内容に従って操作します。

【Microsoftアカウントの作成】

●試験の申し込み

　Microsoftアカウントを使ってMCP試験に申し込みます。実際の申し込み先はMCP試験を提供しているピアソンVUE社ですが、マイクロソフトのWebサイト（https://docs.microsoft.com/ja-jp/learn/certifications/）経由で申し込むことができます。ピアソンVUE社のWebサイトから直接申し込むこともできますが、ピアソンVUE社が扱う認定試験は非常に多いため、マイクロソフトのWebサイトを経由するほうが迷わずに済むでしょう。

　マイクロソフトのWebサイトを経由してAZ-104試験を申し込む場合には、試験の公式ページ（https://docs.microsoft.com/ja-jp/learn/certifications/exams/az-104）にアクセスし、ページ内の［試験のスケジュール設定］をクリックします。この際に、Microsoftアカウントでのサインインが必要です。サインイン後は、Microsoftアカウントに登録されている名前や住所などを確認し、受験する場所（ローカルテストセンターまたはオンライン）やその日時、希望する言語の選択、支払情報の入力などを行います。申し込みを終えると、Microsoftアカウントに登録されたメールアドレス宛に、その予約内容の情報がまとめられた確認メールが送信されます。

【試験の申し込み】

●受験当日

　テストセンターで受験する場合、試験当日は試験開始15分前にはテストセンターに到着しておく必要があります。到着後は、係員の指示に従い、以下の手続きを行う必要があります。

- ・身分証明書の確認
- ・写真撮影
- ・ロッカーへの荷物の格納
- ・入室時刻の記入と同意書へのサイン

　身分証明書は2種類が必要であり、利用可能な身分証明書とその組み合わせには制限があります。正確な規約はピアソンVUEのWebサイト（https://www.pearsonvue.co.jp/Test-takers/Tutorial/Identification-2.aspx）を参照してください。

　試験会場には写真入り身分証明書1種類と、テストセンターで渡されるメモシートとペン以外は持ち込めません。電子機器はもちろん、腕時計や大きなアクセサリなどの持ち込みも禁止されています。テストセンターの係員の指示に従い、これらの荷物は所定のロッカーに格納してください。

●結果確認

　試験結果は、受験後すぐに画面に表示されます。一部のMCP試験では結果が後日通知される場合もありますが、AZ-104試験はシステムトラブルがない限り、その場で表示されます。試験結果を確認し、試験を完全に終了させてから退出してください。退出後、カテゴリ別の得点率を含む試験結果（スコアレポート）が渡されます。MCP試験は特定のカテゴリの得点が低くても総得点が高ければ合格となります。しかし、知識が偏った状態は望ましくないので、スコアレポートを見て今後の学習の参考にしてください。なお、試験結果はピアソンVUE社のWebサイトからいつでも確認できます。

　試験に合格後、認定資格を得た場合は数日以内に認定のメールが届きます。AZ-104試験の合格はそのままAzure Administrator Associateの認定となるので、必ずメールが来るはずです。認定後は、認定ダッシュボードのWebサイト（https://aka.ms/CertDashboard）から認定バッジをダウンロードして、自分のブログや名刺に掲載することができます。

【Azure Administrator Associate認定バッジ】

●再受験ルール

　万一、不合格になってしまったら、翌日以降（24時間以上あと）に再受験が可能です。2回目も不合格の場合、3回目以降の受験には2週間のインターバルが必要です。また、12か月間で6回以上の受験も認められません。

【再受験ルール】

●認定資格の有効期限と更新方法

　認定ダッシュボードのWebサイト（https://aka.ms/CertDashboard）にて、自身が保有している認定資格の有効期限をいつでも確認できます。認定資格「Azure Administrator Associate」の有効期限は1年です。ただし、有効期限が切れる前にMicrosoft Learnの更新アセスメントに合格することで、有効期限を1年間延長できます。更新アセスメントは、認定資格の有効期限が切れる6か月前から受験することができ、受験の費用はかかりません。つまり、AZ-104試験を受け直すのではなく、更新アセスメントに合格することによって認定資格を維持できるようになっています。認定資格の有効期限までに更新アセスメントに合格できない場合は、認定資格が失効となり、再度AZ-104試験の合格が必要となるため、注意してください。

　Microsoft Learnの更新アセスメントが利用可能（認定資格の有効期限が切れる約6か月前）になると、マイクロソフトからその通知メールが送信されます。メール内のリンクや、認定ダッシュボードのWebページ内から更新アセスメントの受験を行うことができます。なお、更新アセスメントはオンラインで受験できるため、テストセンターへ出向く必要はありません。また、合格するまで何回でも受験することができますが、3回目以降は、前回の受験から24時間以上のインターバルが必要です。

【認定ダッシュボード】

自分のダッシュボード

これがあなたのMicrosoft認定ダッシュボードです。ここであなたの現行および過去の認定および資格試験に関連するすべての
ものを閲覧できます。また、試験に登録するためにバッジの閲覧やダウンロード、認定に関連する認定やトランスクリプトへの
リンクも用意されています。

MCID:
あなたの認定プロファイルを編集する

トレーニングを検索し、次の試験をスケジュールする

トレーニングを探す　　次の試験をスケジュールする

試験プロバイダ

試験履歴と特定の試験プロバイダの予約および表示および管理
します。ピアソンVUEで受験した試験については、詳細な
スコアレポートを表示することもできます。

Select a provider ⌄　　Go

認定証

各認定資格の「PDF証明書を表示またはダウンロードしま
す。資格の状況に、資格のアーカイブは更新後、最大
48時間かかる事にご留意ください。

認定証を表示

予約

予約なし

本書の活用方法

　本書は、「AZ-104: Microsoft Azure Administrator」の合格を目指す方を対象とした受験対策教材です。各章は、解説と演習問題で構成されています。解説では、出題範囲を丁寧に説明しています。解説を読み終わったら、演習問題を解いて各章の内容を理解できているかチェックしましょう。また、読者限定特典として、サポートページから模擬問題1回分をダウンロードいただけます。受験対策の総仕上げとして役立ててください。

【本書のサポートページ】

https://book.impress.co.jp/books/1120101160
※ご利用時には、CLUB Impressへの会員登録（無料）が必要です。

●解説

重要語句、重要事項

本文中の重要用語や重要語句は太字で示しています。

> **●サブスクリプション**
> 　サブスクリプションは、契約および課金の単位であると同時に、仮想マシンやストレージなどのリソースを管理する単位でもあります。サブスクリプションには**サブスクリプション名**と一意な**サブスクリプションID**が割り当てられ、Azure上に作成する仮想マシンなどのリソースは特定のサブスクリプションの配下で管理されます。
> 　各サブスクリプションには**サービス管理者**を指定可能です。サービス管理者はそのサブスクリプション内のすべてのリソースを管理することができます。

試験対策

理解しておかなければいけないことや、覚えておかなければならない重要事項を示しています。

> **試験対策** ロックは、サブスクリプション、リソースグループ、リソースのスコープで設定可能です。また、上位のスコープで設定されたロックは、下位のスコープに継承されます。

参考

試験対策とは直接関係ありませんが、知っておくと有益な情報を示しています。

> **参考** オプションとしてエフェメラルOSディスクを選択すると、仮想マシンのOSディスクがAzure Storageではなくホストのローカル上に作成されます。この場合、通常のOSディスクに比べてアクセスが高速になりますが、一時ディスクと同様にデータが永続化されず、仮想マシンの停止（割り当て解除）ができないなどの制限もあります。
> エフェメラルOSディスクの詳細や使用要件については、以下のWebサイトを参照してください。
> https://docs.microsoft.com/ja-jp/azure/virtual-machines/ephemeral-os-disks

●演習問題

問題

問題は選択式（単一もしくは複数）です。

> **2** 使用しているMicrosoft Azureの環境にはVM1という名前の仮想マシンがあります。VM1はAzure MarketplaceのWindows Server 2019のイメージから作成された仮想マシンで、現在の状態は実行中です。この仮想マシンのリソースとしての名前をVM2に変更したいと考えています。行うべき操作として適切なものはどれですか。
>
> A. VM2という名前の新しい仮想マシンを作成する
> B. 仮想マシンを停止した後でAzureポータルから名前を変更する
> C. VM1にリモートデスクトップ接続し、コンピューター名を変更して再起動する
> D. VM1のサイズ変更と同時に新しい仮想マシン名を設定する

目次

第1章

Azureの概要と管理ツール

1-1 Microsoft Azureの概要

Microsoft Azureには、非常に豊富な種類のサービスが含まれています。本節では、クラウドコンピューティングにおけるサービスモデルの考え方と、Microsoft Azureで提供されるサービスおよびデータセンター、サブスクリプションの取得方法などについて説明します。

1 クラウドコンピューティングにおけるサービスモデル

クラウドコンピューティングは、IaaS、PaaS、SaaSの3つのサービスモデルに分類されます。各サービスモデルにより、**クラウドプロバイダー**（提供者）と**テナント**（利用者組織）の責任の範囲が異なります。

●IaaS（Infrastructure as a Service）

サービスとして、CPUやメモリ、ストレージ、ネットワークなどのコンピューティングリソースを提供します。クラウドプロバイダーは、ハードウェアのレイヤーを提供および管理します。OSのメンテナンスやネットワーク構成、ミドルウェアやアプリケーションの管理はテナントに委ねられます。

例えば、Microsoft AzureのVirtual Machinesは、IaaSに分類されるサービスの1つです。

●PaaS（Platform as a Service）

サービスとして、アプリケーションの実行環境を提供します。クラウドプロバイダーにより提供される実行環境には、仮想マシンやネットワークリソースなどのハードウェア、OS、ミドルウェアが含まれます。テナントは、そのマネージドホスティング環境にアプリケーションをデプロイして、管理します。

例えば、Microsoft AzureのApp Serviceは、PaaSに分類されるサービスの1つです。

●SaaS（Software as a Service）

サービスとして、アプリケーションの機能を提供します。SaaSでは、アプリケーションを提供するすべてのレイヤー（仮想マシン、ネットワークリソース、データストレージ、アプリケーションなど）がクラウドプロバイダーによって管理されます。テナントはクラウドプロバイダーが管理するアプリケーションにアクセスし、提供されるサービスを利用します。

例えば、マイクロソフトが提供するMicrosoft 365（旧称Office 365）やMicrosoft Intuneは、SaaSに分類されるサービスの1つです。

【3つのサービスモデルと管理責任範囲】

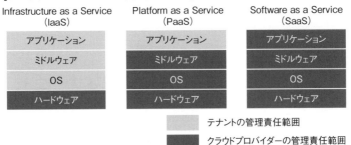

Microsoft Azureは、IaaSとPaaSを提供するクラウドサービスです。

2 Microsoft Azureの概要

Microsoft Azure（以下、**Azure**）とは、2010年1月に正式にサービスを開始した、マイクロソフトが提供するクラウドサービスです。「Azure」という言葉は、「空色」や「青空」を意味します。一般的にクラウドサービスは「雲」に例えられるので、その雲が浮かんでいる空を連想して覚えてもらえるようにという思いが込められています。

Azureでは、マイクロソフトが全世界に展開しているデータセンターによって、利用者がアプリケーションや仮想マシンを迅速にプロビジョニングし、実行することができます。Azureを利用することで、従来のオンプレミス型での実装に比べ、より早く、より多くのビジネス目標を達成でき、実装や運用にかかる経費も節約できます。

【これまでのAzureの主なできごと】

年月	できごと
2008年10月	技術イベントProfessional Developer Conferenceで「Windows Azure」を発表。評価期間としてPaaS型サービスを公開
2010年1月	世界21ヶ国でAzureの正式サービス開始。1月はサービス開始の試用期間として、2月から課金を開始

年月	できごと
2013年4月	AzureのIaaS型サービスとして、仮想マシンや仮想ネットワークを正式に開始
2014年2月	Azure日本データセンターを開設し、新しいリージョンとして「東日本」と「西日本」が選択可能に
2014年4月	「Windows Azure」の名称を「Microsoft Azure」に変更

3 Microsoft Azureで提供される主なサービス

　Azureには非常に豊富な種類のサービスが含まれており、現在もそのサービスの数は増え続けています。ここでは、Azureで提供される主なサービスについて説明します。

●コンピューティング

　コンピューティングサービスにおいて最も代表的なものが、仮想マシンを提供する**Azure Virtual Machines**です。このサービスでは、クラウド上に仮想マシンのインスタンスをデプロイし、WindowsまたはLinuxプラットフォームで任意のワークロードを実行することができます。ほかにも、仮想マシンのスケールアウトなどを自動化する**Azure Virtual Machine Scale Sets**や、Webアプリケーションを実行する**Azure App Service**などが含まれています。

●ネットワーキング

　ネットワーキングのサービスには、仮想マシンなどのAzure上のリソースをネットワーク接続するための**仮想ネットワーク**や、オンプレミスとAzure上のネットワークを接続する**仮想ネットワークゲートウェイ**などがあります。また、ネットワーク通信を制御するための**ネットワークセキュリティグループ**や**Azure Firewall**も含まれています。

●ストレージ

　ストレージのサービスには、Azure上にテキストデータやバイナリデータなどの非構造化データの格納や保存ができる**Azure Blob Storage**や、Azure上でファイル共有を行うために使用される**Azure Files**などがあります。

●コンテナー

　仮想マシンではなく、アプリケーションとそのアプリケーションの実行環境だけを用意して動作させる、コンテナー技術のためのサービスです。コンテナー関連のサービスには、コンテナーの実行および管理を行うための**Azure Container Instances**（**ACI**）や、複数のコンテナー管理を行うためのオーケストレーションサービスである**Azure Kubernetes Service**（**AKS**）などがあります。

●データベース

　構造型または非構造型のデータベースをAzure上に作成し、使用するためのサービスです。構造型のデータベースとして使用できる**Azure SQL Database**や、非構造型データベースとして使用できる**Azure Cosmos DB**などがあります。また、MySQL Community Editionを基盤とした**Azure Database for MySQL**や、PostgreSQLデータベースエンジンに基づいた**Azure Database for PostgreSQL**もあります。

●IoT、機械学習（Machine Learning）、人工知能（AI）

　IoTデバイスからのデータ収集や中継機能として**Azure IoT Central**や**Azure IoT Hub**などがあります。また、その収集したデータを利用して機械学習を行うための**Azure Machine Learning**や、学習済みのAIモデルを提供する**Azure Cognitive Services**、ボットの作成から公開までを支援する**Azure Bot Service**なども含まれています。

●IDとセキュリティ

　Azureをはじめとするクラウドサービスにおける認証基盤として動作する**Azure Active Directory（Azure AD）**などが含まれています。また、**Azure AD Multi-Factor Authentication（MFA）**などのように認証セキュリティを強化するためのサービスや、Azureのサービス上で使用する暗号化キーを保護する**Azure Key Vault**などのサービスもあります。

【Azureサービス全体像】

コンピューティング　ネットワーキング　ストレージ　コンテナー

データベース　IoT、機械学習、AI　ID　セキュリティ

Microsoft Azure

4　Microsoft Azureのデータセンター

　Azureは、マイクロソフトが管理および運用する世界各地のデータセンターで稼働しています。これらのデータセンターはリージョン別に編成されて、ユーザーに提供されています。

　リージョンとは、Azureのデータセンターのコレクションです。データセンターそのものは100以上の施設として展開されていますが、その世界各地にあるデータセンターを地区ごとにグループ化したものがリージョンであり、現在は60を超えるリージョンが利用可能です。例えば、日本国内のリージョンとしては「東日本」と「西日本」があります。リージョン間は、Microsoftバックボーンネットワークによって接続されています。

　各リージョンには少なくとも1つのデータセンターがあり、リージョンによっては複数存在する場合もあります。セキュリティの維持のために詳細な所在地は公表されていませんが、東日本リージョンのデータセンターは東京と埼玉に、西日本リージョンのデータセンターは大阪に設置されています。リージョン内のデータセンターは互いに近い位置にあり、低待機時間の高速なネットワークで結ばれています。

　また、東日本リージョンと西日本リージョンは**リージョンペア**でもあります。各リージョンでは、冗長構成などを利用するときにペアとなるリージョンが決まっており、その組み合わせをリージョンペアと言います。

　利用者は、一部のリージョンを除き、任意のリージョンを自由に選択して使用することができます。Azure上のほとんどのサービスや構成オプションはどのリージョンでも利用可能です。ただし、一部のサービスや構成オプションの利用は特定のリージョンのみに限定されているため注意が必要です。

【データセンターとリージョンの関係】

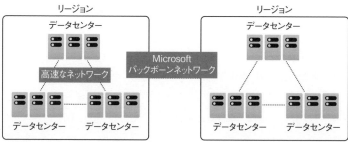

Azure上のほとんどのサービスや構成オプションはどのリージョンでも利用可能です。ただし、一部のサービスや構成オプションの利用は特定のリージョンのみに限定されていることに注意が必要です。

一部のリージョンは特定の機関や組織だけに対して提供されます。これらの特殊なリージョンの情報は、以下のWebサイトを参照してください。
https://docs.microsoft.com/ja-jp/azure/virtual-machines/regions#special-azure-regions

リージョンはマイクロソフトが管理しているため、今後、リージョンが追加されたり変更されたりする可能性があります。リージョンの最新情報は、以下のWebサイトを参照してください。
https://azure.microsoft.com/ja-jp/global-infrastructure/geographies/

5　サブスクリプションの取得

　Microsoft Azureを利用するには、**サブスクリプション**を取得する必要があります。サブスクリプションとは、いわゆる「契約」を表す言葉であり、サブスクリプションの取得によってAzureのサービスが利用可能になります。

　Azureサブスクリプションには次のようなものがあります。Azureの利用にはいずれかの契約が必要です。

●Azureダイレクト（従量課金）

　最も一般的な契約方法であり、毎月の使用量に基づいて支払いを行います。利用金額や期間に対する拘束はなく、いつでもキャンセルできます。支払いは、クレジットカードまたはデビットカードを使用します。事前に承認されていれば、請求書による支払いも可能です。

●Azure EA（エンタープライズ契約）

　主に、大企業向けの契約方法です。Azure EAの場合、利用期間（3年間）と前払いによる料金のコミットメントが必要ですが、長期的に見るとAzureを低料金で利用できます。

●Azureインオープン

　　Azureダイレクトと似ていますが、支払い方法が異なります。事前にリセラーから12か月間有効なプリペイド式のクレジットを$100（米ドル）単位で購入し、そのクレジットで支払います。この契約方法には、複雑な従量課金の見積もりを単純化できるという利点があります。

●CSP（クラウドソリューションプロバイダー）

　　マイクロソフトではなく、CSP（クラウドソリューションプロバイダー）と契約して、Azureを従量課金で利用する方法です。請求はCSPが独自に行い、Azureに関するサポートもCSPから受けられます。選択するCSPによってサポート内容が異なるため、自社に合ったCSPを選択できるという利点もあります。

【Azureの契約方法】

6 無料サブスクリプションの取得

　　Azureでは、利用者が実際に課金される前にサービスの内容や使い勝手を評価できるよう、**無料サブスクリプション（無料評価版）**を取得できるようになっています。無料サブスクリプションには、Azureの25を超えるサービスを1か月の期間内で自由に評価できる、$200（米ドル）分のクレジット（使用権）が含まれています。

　　また、無料サブスクリプション内で作成したリソースや環境は、有料のサブスクリプションに切り替えれば引き続き利用可能です。そのため、最も一般的な契約方法であるAzureダイレクトを使用する場合、まずは無料サブスクリプションを取得してAzureの利用を開始し、期限が来たら有料のサブスクリプションに切り替えて使うということが

できます。

 無料サブスクリプションに含まれるクレジットは$200となっているため、為替によって現地通貨での金額は変動する場合があります。また、無料サブスクリプションの使用制限に達した場合、サービスの利用が制限されます。

●サブスクリプションを取得するために必要なアカウント

無料サブスクリプションを取得するには、「**Microsoftアカウント**」か「**Azure ADアカウント**」のいずれかのアカウントが必要になるので、事前にアカウントを準備しておきます。

【サブスクリプションの取得に必要なアカウント】

アカウントの種類	説明
Microsoftアカウント	マイクロソフトが提供するOutlook.comやOneDriveなどのコンシューマー向けサービスに利用するアカウント。Microsoftアカウントはwebサイト（https://signup.live.com/）で新規作成できる。
Azure ADアカウント	マイクロソフトが提供するMicrosoft 365やMicrosoft Intuneなどのエンタープライズ向けサービスに利用するアカウント。すでにMicrosoft 365やMicrosoft Intuneを契約済みの場合、そのアカウントを利用できる。

 Azure ADアカウントは、ドキュメントによっては「組織アカウント」と呼ばれています。

●無料サブスクリプションの取得方法

無料サブスクリプションを取得するには、まず申し込みWebサイト（https://azure.microsoft.com/ja-jp/free/）にアクセスします。そして、MicrosoftアカウントまたはAzure ADアカウントでサインインした後、画面に表示される内容に従って情報を入力し、サインアップを行います。なお、サインアップでは、身元確認のために携帯電話番号とクレジットカードの登録が必要です。そのため、特に業務で使用する場合は、サインアップ時に登録する情報に注意が必要です。

【無料サブスクリプションの取得】

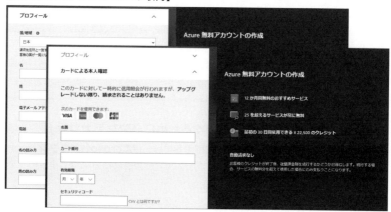

●有料サブスクリプションへのアップグレード

　　無料サブスクリプションの有効期限は1か月です。有効期限が切れる前にその旨を通知する電子メールがマイクロソフトから送信されますが、無料サブスクリプションから有料サブスクリプションへの自動的なアップグレードは行われません。無料サブスクリプションで作成したリソースおよび環境を引き続き使用したい場合は、**Azureポータル**（https://portal.azure.com）にアクセスし、［サブスクリプション］のメニューから明示的にアップグレードする必要があります。

サブスクリプションのアップグレードの際は、サポートプランの選択も必要です。選択するサポートプランによって、料金やテクニカルサポートの有無などが異なります。サポートプランの詳細は、以下のWebサイトを参照してください。

https://azure.microsoft.com/ja-jp/support/plans/

7　Azureアカウントとサブスクリプション

　　Microsoft Azureへのサインアップが完了すると、Azureアカウントが登録され、そのAzureアカウントと関連付けられたサブスクリプションが作成されます。

●Azureアカウント

　　Azureアカウントは、サブスクリプションの追加やキャンセルなど、サブスクリ

プションそのものを管理する単位です。サインアップを行ったMicrosoftアカウントまたはAzure ADアカウントには**アカウント管理者**の権限が与えられ、Azureアカウントを管理することができます。

●サブスクリプション

サブスクリプションは、契約および課金の単位であると同時に、仮想マシンやストレージなどのリソースを管理する単位でもあります。サブスクリプションには**サブスクリプション名**と一意な**サブスクリプションID**が割り当てられ、Azure上に作成する仮想マシンなどのリソースは特定のサブスクリプションの配下で管理されます。

各サブスクリプションには**サービス管理者**を指定可能です。サービス管理者はそのサブスクリプション内のすべてのリソースを管理することができます。Azureポータルからサービス管理者の確認や変更を行うには、サブスクリプションの管理画面の［プロパティ］メニューを使用します。Azureポータルは管理ツールの1つであり、管理ツールについては1-3節で説明します。

【アカウント管理者とサービス管理者】

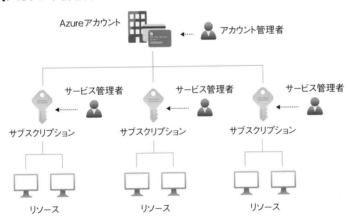

この2つの管理者は、Azureの基本的な管理権限です。なお、既定ではAzureのサインアップに使用したアカウントに、アカウント管理者とサービス管理者の両方が割り当てられます。そのため、Azureのサインアップに使用したアカウントでは、契約の管理とサブスクリプション配下のリソース管理の両方を実施できます。

試験対策　Azureポータルのサブスクリプション管理画面にある［プロパティ］メニューから、サービス管理者の確認や変更が可能です。

8 複数サブスクリプションを持つメリット

サインアップ後、既定で存在するサブスクリプションは1つだけですが、必要に応じてサブスクリプションを追加することもできます。つまり、1つの組織が複数のサブスクリプションを所有できます。複数のサブスクリプションを所有すると、次の3つのメリットが得られます。

●請求書の分割

請求書は、サブスクリプションごとに発行されます。そのため、特定の部門ごとに請求書を発行したい場合は、部門ごとに異なるサブスクリプションを取得して利用します。

●リソースに対するアクセス権の分離

Azure上に作成するリソースは特定のサブスクリプションに紐付いて管理されますが、各サブスクリプションには配下のリソースを管理する管理者を配置できます。そのため、サブスクリプションをアクセス管理の境界として使用可能です。

●クォータの回避とクォータ管理の分離

サブスクリプションには、**クォータ**と呼ばれる「作成可能なリソースの数などの制限」が設定されています。この制限はサブスクリプションごとに設定されるため、複数のサブスクリプションを所有することにより、サブスクリプションごとにクォータ範囲内でのリソース作成が可能になります。

また、クォータには既定値が設定されていますが、必要に応じてこの値の引き上げを要求できます。複数のサブスクリプションを所有する場合は、使用量の確認やこの引き上げ要求などの管理も分離できます。クォータの詳細については第3章で説明します。

1-2 Resource Manager

本節では、デプロイモデルと呼ばれる2つの管理形態の違いや、現在の主流のデプロイモデルであるResource Managerのアーキテクチャ、リソースをまとめて管理するためのリソースグループなどについて説明します。

1 デプロイモデル

現在のAzureでは、仮想マシンなどのリソースを展開、管理するために、次の2種類のデプロイモデルのいずれかを選択できます。この2つのデプロイモデルには、リソースのデプロイや管理の方法に違いがあります。

●クラシックデプロイモデル

Azureの初期から利用されてきたデプロイモデルです。クラシックデプロイモデルは、**ASM**（Azure Service Manager）と呼ばれます。当初はこのデプロイモデルしかありませんでした。

このデプロイモデルでは、各リソースが独立して存在するため、関連リソースをグループ化する方法がありません。そのため、各リソースは個別に作成して管理する必要があり、不要になった際も個別に削除する必要があります。

また、各リソースの整合性をチェックする仕組みも持たないため、ソリューションやアプリケーションを構成する複数のリソースを作成する際は、各リソースを適切な順序で作成する必要があります。

●Resource Managerデプロイモデル

2014年から追加された、現在推奨されているデプロイモデルです。このデプロイモデルは、**ARM**（Azure Resource Manager）と呼ばれます。

Resource Managerデプロイモデルでは、クラシックデプロイモデルとは異なり、関連するリソースをグループ化して管理できます。つまり、関連するリソースのデプロイや削除などを1回の連携した操作で実施できます。また、クラシックデプロイモデルにはなかった、次の機能が提供されています（テンプレートの詳細については1-4節で、ロック、タグ、ロールベースのアクセス制御の詳細については第3章で説明します）。

- リソースグループ
- ロック
- タグ
- ロールベースのアクセス制御（Role-based Access Control）
- テンプレートによるデプロイ

 2023年3月には「仮想マシン（クラシック）」が廃止予定になっており、クラシックデプロイモデルは今後廃止される予定です。

2 Resource Managerデプロイモデルのアーキテクチャ

　Resource Managerデプロイモデルは、リソースの一貫したデプロイと管理を可能にするアーキテクチャを持っています。ユーザーからの要求を効率良く、かつ整合性を保ちながら実行するために、一貫した管理レイヤーが提供されています。

【Resource Managerのアーキテクチャ】

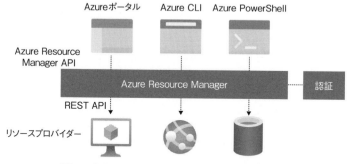

●Azure Resource Manager

　Resource Managerデプロイモデルの中核を担う**エンジン**です。AzureポータルやAzure PowerShellなどの管理ツールからのユーザー要求を受け取り、その要求をREST APIを通じて適切なリソースプロバイダーへ転送します。また、1-4節で説明するARMテンプレートを使用してリソースをデプロイする方法でも、Azure Resource ManagerがARMテンプレートの内容をREST API操作に変換し、各リソースプロバイダーに送信します。

　イメージとして、「レストランにおけるコック長」を思い浮かべてください。ユーザーからの注文はまずコック長であるAzure Resource Managerに届き、そこから注文内容に応じて特定のジャンル専門のコックであるリソースプロバイダーに転送されます。

●リソースプロバイダー

　Resource Managerデプロイモデルにおける要求を処理するプログラムおよびサービスです。各リソースプロバイダーは、デプロイ対象のリソースを処理するための操作を提供します。代表的なリソースプロバイダーには、仮想マシンリソースを提供する**Microsoft.Compute**、ストレージアカウントリソースを提供する**Microsoft.Storage**、Webアプリケーションに関連するリソースを提供する**Microsoft.Web**などがあります。エンジンであるAzure Resource Managerから転送された要求は、各リソースプロバイダーに渡され、ここでリソースの作成や変更などが行われます。

　Azure Resource Managerがレストランにおけるコック長であるのに対し、リソースプロバイダーは「特定のジャンル専門のコック」と考えることができます。和食の注文については和食担当のコックが対応し、中華の注文については中華担当のコックが対応するように、仮想マシンの作成要求であればMicrosoft.Compute、ストレージアカウントの作成要求であればMicrosoft.Storageがリソースを作成します。

3　リソースプロバイダーの管理

　リソースプロバイダーの管理は、Azureポータルの［サブスクリプション］の［リソースプロバイダー］のメニューから行います。使用可能なリソースプロバイダーはこの画面に表示されますが、特定のリソースプロバイダーを使用するには登録が必要です。

【リソースプロバイダーの管理】

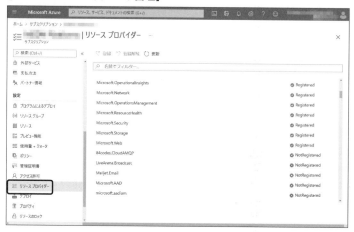

　　この画面にはリソースプロバイダーの一覧が表示されますが、新しいサブスクリプ
ションを取得した直後はほとんどのリソースプロバイダーが登録されておらず、［状態］
列が「NotRegistered」になっています。例えば、代表的なリソースプロバイダーであ
るMicrosoft.Compute（仮想マシンリソースを提供）なども登録されていません。

　　多くのリソースプロバイダーは、必要に応じて自動で登録されます。例えば、仮想マ
シンを初めて作成したときにMicrosoft.Computeが、ストレージアカウントを初めて作
成したときにMicrosoft.Storageが自動的に登録されます。したがって、Azureを利用す
る上で、ほとんどのケースにおいて明示的なリソースプロバイダーの登録は不要です。
ただし、一部のリソースに関しては、作成時にリソースプロバイダーが自動で登録され
ないものがあります。監視のためのリソースプロバイダーである**microsoft.insights**
などが代表的です。このようなものについては、事前にリソースプロバイダーを手動で
登録しておく必要があります。未登録のままではリソース作成や設定時にエラーが発生
するため注意が必要です。

試験対策　　多くのリソースプロバイダーは必要に応じて自動で登録されますが、一部の
リソースプロバイダーについては明示的な登録操作が必要です。

参考

リソースプロバイダーの一覧と関連するAzureサービス、既定の状態について
は以下のWebサイトを参照してください。
https://docs.microsoft.com/ja-jp/azure/azure-resource-manager/management/
azure-services-resource-providers

4　リソースグループ

1

リソースグループとは、複数のリソースをまとめてグループ化し、一元的にデプロイ、
管理、監視するためのフォルダー機能です。Resource Managerのデプロイモデルでは、
リソースグループを作成し、関連するリソースをリソースグループ単位でまとめて管理
することができます。

【リソースグループ】

リソースグループがリソースの動作に影響を与えることはありません。そのため、リ
ソースをどのリソースグループに格納しても、それによってパフォーマンスが変動する
ことはなく、リソースグループの分割方法は自由です。リソースグループを1つだけ作
成し、そこにすべてのリソースを入れておくこともできますが、わかりやすい管理形態
を目指すのであれば、「部門ごと」「リソースの種類ごと」「プロジェクトごと」のよう
な単位でリソースグループを作成し、関連するリソースを管理するとよいでしょう。た
だし、リソースグループには、使用上いくつかのルールがあります。

●1つのリソースは、いずれかのリソースグループに追加する必要があ るが、複数のリソースグループへの追加はできない

1つのリソースは、いずれかのリソースグループに追加する必要があります。つ
まり、どのリソースグループにも含まれないリソースを作成することはできませ
ん。また、1つのリソースを複数のリソースグループに追加することもできません。

●種類の異なるリソースを、1つのリソースグループに追加できる

　1つのリソースグループには、仮想マシンやストレージアカウント、仮想ネットワークなどの種類の異なるリソースを混在させることができます。したがって、特定のシステムを構成するリソース群を1つのリソースグループにまとめて管理することが可能です。

●様々なリージョンのリソースを、1つのリソースグループに追加できる

　1つのリソースグループには、様々なリージョンのリソースを含めることができます。例えば、「東日本リージョンの仮想マシン」と「西日本リージョンの仮想マシン」を1つのリソースグループにまとめられます。

1つのリソースグループには、様々な種類のリソースを含めることができます。また、様々なリージョンのリソースを混在させることも可能です。

リソースグループは、コストを確認する際のフィルターとして使用したり、RBACでのアクセス境界として使ったりもできます。コスト確認やRBACについては、第3章で説明します。

5 リソースグループの作成

　Azureポータルからリソースグループを作成するには、サービス一覧から［全般］のカテゴリ内にある［リソースグループ］をクリックし、表示される画面で［作成］をクリックします。作成時には、サブスクリプションの選択やリソースグループの名前の入力などを行う必要があります。なお、Azure上に作成するリソースやリソースグループの名前は後から変更できないため、事前に組織で命名規則を検討して運用することが推奨されます。

【リソースグループの作成】

 リソースグループの作成時には、リージョンの選択も必要です。リソースグループにはリソースについてのメタデータが格納されるため、リソースグループでのリージョン選択は「メタデータが格納される場所を指定する」という意味があります。

6 別のリソースグループへの移動

　仮想マシンなどのリソースをどのリソースグループ内に作成するかは、リソースの作成時に選択します。ただし、一部を除くリソースについては、作成した後で別のリソースグループに移動することもできます。

【別のリソースグループへの移動イメージ】

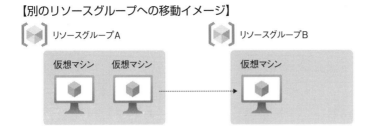

　Azureポータルの場合、移動したいリソースの選択後に［移動］メニュー内にある［別のリソースグループに移動する］をクリックし、移動先のリソースグループなどを選択すればリソースを移動できます。また、Azure PowerShellのコマンドレットである「Move-AzResource」を使用する方法でも移動が可能です。移動が完了するまでに時間

がかかる場合もありますが、移動がリソースの動作に影響を与えることはありません。例えば、実行中の仮想マシンを移動した場合、移動によって仮想マシンが停止したり、移動中に仮想マシンにアクセスできなくなることはありません。そのため、リソースへの影響を考えることなく、移動を実行できます。

【移動するリソースの選択】

※ 画面内の数字は操作の順序を示しています。

【移動先の選択と実行】

　なお、ほとんど同じような操作によって、別のサブスクリプションのリソースグループへの移動を行うこともできます。この移動をAzureポータルから行う場合には、[移動]メニュー内の[別のサブスクリプションに移動する]を使用します。

別のリソースグループへの移動は、Azureポータルのほか、Azure PowerShell
のコマンドレットでも実行できます。Azure PowerShellを使用する場合は、
「Move-AzResource」コマンドレットを使用します。

一部を除き、ほぼすべての代表的なAzureリソースは、別のリソースグループ
や別のサブスクリプションのリソースグループへの移動が可能です。

仮想マシンやストレージアカウントなど、ほぼすべての代表的なAzureリソー
スでは移動がサポートされていますが、一部、移動できないリソースもあり
ます。特定のリソースが移動をサポートしているかどうかについては、以下
のWebサイトを参照してください。
https://docs.microsoft.com/ja-jp/azure/azure-resource-manager/management/
move-support-resources

7 リソースとリソースグループの削除

　不要になったAzureリソースは、Azureポータルなどの管理ツールから削除できます。
Azureのほとんどのリソースは存在するだけで課金が発生するので、課金を停止するに
はリソースの削除を行います。

　リソースは個別に削除する以外に、リソースグループ単位で削除することもできます。
ただし、リソースグループ単位で削除する場合、その中に含まれるすべてのリソースが
削除されるので注意が必要です。また、リソースグループの設計にもよりますが、削除
しようとしているリソースグループ内のリソースに、ほかのリソースグループ内のリ
ソースと依存関係を持つものが含まれている可能性もあります。そのため、本番環境に
おけるリソースグループの削除は、慎重に行う必要があります。なお、リソースグルー
プの削除操作では、確認のために「リソースグループ名」の入力が必要です。

【リソースグループの削除】

 参考 リソースやリソースグループが誤って削除されることを防ぐ、ロックという機能もあります。ロックについては、第3章で説明します。

1-3 管理ツールと基本操作

Azureの管理には、GUIでの操作を提供するAzureポータルだけでなく、コマンドでの操作が可能なAzure CLIやAzure PowerShellなども使用できます。本節では、各種管理ツールの特徴と、基本的な操作について説明します。

1 Azureの管理ツール

Microsoft Azureでは、様々なデバイスおよびプラットフォームから管理できるように、いくつかのツールが用意されています。ここでは、各種管理ツールの概要を説明します。

●Azureポータル

最も代表的な管理ツールです。Webブラウザーさえあれば使用可能で、GUIでAzureを管理できます。

●Azure Mobile App

Azureリソースの監視と操作ができるアプリです。主に、スマートフォンやタブレットなどのデバイスでの使用を想定して提供されています。

●Azure CLI（コマンドラインインターフェイス）

コマンドラインからAzureを操作するための管理ツールです。使用するにはインストールが必要です。

●Azure PowerShell

PowerShellコマンドレットでAzureを操作するための管理ツールです。使用するにはインストールが必要です。

●Azure Cloud Shell

Webブラウザー上で利用可能な、インタラクティブなシェル機能です。Webブラウザー画面でコマンドによる管理操作を実行できます。

2 Azureポータル

Azureポータル（https://portal.azure.com）は、Azureを操作するためのWebベースの管理ツールです。Azureポータルは標準的なHTML 5.0で記述されているため、Webブラウザーさえあれば利用できるのが特徴です。Windows、MacなどのPCだけでなく、モバイルデバイスも含めた次のWebブラウザーの最新バージョンがサポートされています。

- ・Microsoft Edge
- ・Safari（Macのみ）
- ・Chrome
- ・Firefox

●Azureポータルのビュー

Azureポータルには、既定のビューとして、次の2種類が用意されています。

- ・ホーム
  最近使用したメニューやリソースのほか、Azureを最大限に活用するために役立つ情報（無料オンライントレーニング、ドキュメント、最新情報など）へのリンクがまとめられています。

【ホーム】

- ・ダッシュボード
  ユーザー独自の管理画面を作成する機能です。ダッシュボードには、Azureの任意のリソースの任意の情報をタイルとしてピン留めしておくことができます。

【ダッシュボード】

●お気に入りバー

　Azureポータルの画面左上の画面左上の［≡］のメニューアイコン（ポータルメニューを表示する）をクリックすると、［お気に入りバー］が表示されます。お気に入りバーには、よく使用されるサービスが既定で登録されていますが、サービスの追加や削除も可能です。お気に入りバーに特定のサービスを追加したい場合は、［すべてのサービス］をクリックし、一覧から登録したいサービスにポインターを合わせて星マークをクリックします。

●特定のメニューやリソースの検索

　Azureポータルのメニューは、お気に入りバーや［すべてのサービス］から検索して使用することもできますが、Azureポータルの画面上にある［リソース、サービス、ドキュメントの検索］のボックスを使うのもお勧めの方法です。例えば、このボックスに「vm」と入力すると、仮想マシンに関連するサービスのほか、「vm」という名前を含むAzure上のリソースにもアクセスすることができます。

3　Azure Mobile App

　Azure Mobile Appは、Azureリソースの監視と操作ができるアプリです。iOSやAndroidを搭載するスマートフォンやタブレットなど、モバイルデバイスでの使用を想定して提供されています。このアプリは、App StoreまたはGoogle Playから無償でダウンロードできます。

【Azure Mobile App】

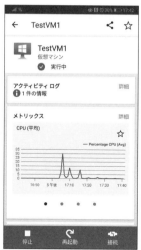

　このアプリでは、すでに作成済みのAzureリソースの監視や操作が可能です。例えば、既存の仮想マシンリソースについての情報の確認や、開始、停止などの操作が行えます。ただし、リソースを作成するためのメニューはありません。したがって、基本的には「参照用」という位置付けのツールと言えます。

本節の後半で説明するAzure Cloud Shellは、Azure Mobile App内でも使用できます。そのため、Azure Mobile Appでも、コマンドを使用すればリソース作成は可能です。

4　Azure CLI（コマンドラインインターフェイス）

　Azure CLIは、コマンドラインからAzureを操作するために提供されている管理ツールです。マルチプラットフォームに対応しており、Windows、MacOS、Linuxを搭載するコンピューターで使用できます。例えばWindowsの場合は、コマンドプロンプトでAzureを操作するためのコマンドを入力し、リソースの管理を行うことができます。

●Azure CLIのインストール

　Azure CLIを使用するには、事前にインストールが必要です。Azure CLIはマイクロソフトのWebサイトから無償で提供されているので、使用するOSに適したも

のをダウンロードし、インストールします。

・Azure CLIのダウンロードサイト
https://docs.microsoft.com/ja-jp/cli/azure/install-azure-cli

●Azure CLIの確認

Azure CLIをインストールすると、コマンドラインからAzureを操作するコマンドが使用できるようになります。Azure CLIでは、コマンドの先頭に「az」と入力し、その後ろに「使用するサービス」や「実行したい操作」、「対象のリソース」などを指定すると、Azureの様々な操作を行えます。「az」だけを実行すると、基本的なコマンドを確認できます。

【基本的なコマンドの確認】

```
az
```

【azの実行画面】

なお、Azure CLIにはバージョンがあり、バージョンアップによって新しいコマンド操作が追加される可能性があります。Azure CLIのバージョンを確認したり更新したりするには、次のコマンドを実行します。

【Azure CLIのバージョン確認】

```
az version
```

【Azure CLIの更新】

```
az upgrade
```

●Azure CLIの接続

Azure CLIを使用してリソースを操作する際は、最初にAzureに接続を行い、認証を受ける必要があります。Azure CLIでAzureに接続するには、次のコマンドを実行し、表示されるWebブラウザー画面で認証情報を入力します。

【Azureへの接続】

```
az login
```

【az loginの実行画面】

●Azure CLIでのリソースの操作

接続が終わると、Azure上のリソースやサービスの操作が可能になります。例えば、次のようなコマンドを実行できます。

【ストレージアカウントを作成する】

```
az storage account create -n <ストレージアカウント名> -g <リソースグループ名>
-l <リージョン名(英語)>
```

【特定の仮想マシンを再起動する】

```
az vm restart -g <リソースグループ名> -n <仮想マシン名>
```

このように、azの後ろに「使用するサービス」や「実行する操作」、「対象のリソー

ス」などの情報を指定して実行します。指定可能な情報を調べる方法はいくつか存在しますが、その1つが**az find**を使用する方法です。az findの後ろにキーワードを指定して実行すると、関連するコマンドやその実行例を表示できます。

【キーワードからコマンドを探す】

```
az find "<任意のキーワード>"
```

【ストレージ（storage）」というキーワードからコマンドを探す】

```
az find "storage"
```

【az find "storage"の実行画面】

```
管理者:コマンドプロンプト                                                    ×

C:¥WINDOWS¥system32>az find "storage"
Finding examples...

Here are the most common ways to use [storage]:

Create a storage container in a storage account.
az storage container create --name mystoragecontainer

Delete blobs or files from Azure Storage. (autogenerated)
az storage remove --account-name myaccount --container-name MyContainer --only-show-errors --recursive

Remove all the blobs in a Storage Container.
az storage remove --container-name MyContainer --name path/to/directory

Please let us know how we are doing: https://aka.ms/azureclihats
```

実行すべきコマンドが特定できた場合、あるいはコマンドの名前がすでにわかっている場合は、引数「--help」を使用すると、そのコマンドに関する詳細な情報を得られます。例えば、そのコマンドにサブコマンドが必要な場合は、使用できるサブコマンドの一覧が表示されます。

【az storageのヘルプの確認】

```
az storage --help
```

5 Azure PowerShell

Azure PowerShellは、PowerShellコマンドレットでAzureを操作するために提供されている管理ツールおよびモジュールです。Azure CLIと同様にマルチプラットフォームに対応しているため、Windows、MacOS、Linuxを搭載するコンピューターで使用できます。

●管理ツールおよびモジュールのインストール

　Azure PowerShellを使用するには、事前にPowerShellの管理ツールと、**モジュール**のインストールが必要です。Windowsには「Windows PowerShell」という管理ツールが標準で搭載されていますが、既定ではAzureを管理するコマンドレットは実行できません。そのため、Windowsデバイスを使用する場合でも、モジュールのインストールは必要です。モジュールとは、簡単に言えば「特定の管理用コマンドレットのセット」です。Azureを管理するためのモジュールをインストールすることにより、Azure管理用のコマンドレットが実行できるようになります。

　Azure PowerShellモジュールをインストールするには、PowerShellの画面を開いて次のコマンドレットを実行します。なお、モジュールをダウンロードするには、デバイスがインターネットに接続されている必要があります。

【Azure PowerShellモジュールのインストール】

```
Install-Module Az
```

【Install-Module Azの実行画面】

　なお、Azure PowerShellのモジュールにもバージョンがあり、バージョンアップによって新しいコマンドレットが追加される可能性があります。Azure PowerShellのバージョンを確認したり更新したりするには、次のコマンドを実行します。

【Azure PowerShellモジュールのバージョン確認】

```
Import-Module Az
Get-Module Az
```

【Azure PowerShellモジュールの更新】

```
Update-Module Az
```

●Azure PowerShellの接続

　Azure PowerShellを使用してリソースを操作する際は、最初にAzureへの接続を行い、認証を受ける必要があります。Azure PowerShellでAzureに接続するには、次のコマンドレットを実行し、表示されるダイアログで認証情報を入力します。

【azureへの接続】

```
Connect-AzAccount
```

【Connect-AzAccountの実行画面】

●Azure PowerShellでのリソースの操作

接続後は、Azure上のリソースやサービスの操作が可能になります。例えば、次のようなコマンドレットを実行できます。

【ストレージアカウントを作成する】

```
New-AzStorageAccount -Name <ストレージアカウント名> -ResourceGroupName <リ
ソースグループ名> -Location <リージョン名(英語)> -SkuName <レプリケーションオプ
ション>
```

【特定の仮想マシンを再起動する】

```
Restart-AzVM - ResourceGroupName <リソースグループ名> -Name <仮想マシン名>
```

このように、目的の操作に対応するコマンドレットを入力し、その後ろに対象リソースのパラメーターなどを指定して実行します。コマンドレットには「<動詞>-<名詞>」という名前付け規則が適用されているため、これを覚えておくと、どのようなコマンドレットなのかを想像しやすくなります。また、使用できるコマンドレットを探すには**Get-Command**が役立ちます。Azureを操作するコマンドレットは、名詞の先頭に「Az」が付いているため、これを利用して特定のコマンドレットを探すことができます。

【特定の文字列を含むコマンドレットを探す】

```
Get-Command -Name *任意の文字列*
```

【「azstorage」という文字列が含まれるコマンドレットを探す】

```
Get-Command -Name *AzStorage*
```

【Get-Command -Name *AzStorage*の実行画面】

```
PS C:\WINDOWS\system32> Get-Command -Name *AzStorage*

CommandType     Name                                               Version     Source
Alias           Disable-AzStorageSoftDelete                        3.5.1       Az.Storage
Alias           Enable-AzStorageSoftDelete                         3.5.1       Az.Storage
Alias           Get-AzStorageContainerAcl                          3.5.1       Az.Storage
Cmdlet          Add-AzStorageAccountManagementPolicyAction         3.5.1       Az.Storage
Cmdlet          Add-AzStorageAccountNetworkRule                    3.5.1       Az.Storage
Cmdlet          Close-AzStorageFileHandle                          3.5.1       Az.Storage
Cmdlet          Copy-AzStorageBlob                                 3.5.1       Az.Storage
Cmdlet          Disable-AzStorageBlobDeleteRetentionPolicy         3.5.1       Az.Storage
Cmdlet          Disable-AzStorageBlobRestorePolicy                 3.5.1       Az.Storage
Cmdlet          Disable-AzStorageDeleteRetentionPolicy             3.5.1       Az.Storage
```

　実行すべきコマンドレットが特定できた場合、あるいはコマンドレットの名前がすでにわかっている場合は、コマンドレットの後ろに「-?」というオプションを指定すると、そのコマンドレットに関する詳細な情報が得られます。また、実行例（サンプル）を参照したい場合は、「Get-Help <確認したいコマンドレット> -Examples」と指定することで、そのコマンドレットの実行例を参照できます。

【New-AzStorageAccountのヘルプの確認】

```
New-AzStorageAccount -?
```

【New-AzStorageAccountの実行例の確認】

```
Get-Help New-AzStorageAccount -Examples
```

6 Azure Cloud Shell

　Azure Cloud Shellは、Webブラウザー上でシェルを実行する機能を提供します。Webブラウザー画面でコマンドによる管理を行いたい場合に活用できます。
　Azure Cloud Shellでは、「Bash」と「PowerShell」の2種類が用意されています。この2つのシェルはAzure Cloud Shellの起動時だけでなく、使用中でもいつでも切り替えが可能で、使い慣れたシェルを選択して使用できます。一般的には、Windowsユーザー

であればPowerShell、LinuxやMacOSユーザーであればBashを選択することが多いようです。

●Azure Cloud Shellの使用

　Azure Cloud Shellへのアクセスにはいくつかの方法がありますが、Azureポータル上の「Cloud Shell」アイコンをクリックするのが最も基本的な方法です。そのほかに、Azure Cloud ShellのURL（http://shell.azure.com）に直接アクセスしたり、Azure Mobile Appのアプリ内のメニューを選択する方法もあります。いずれの方法でアクセスした場合でも、同じように使用できます。

　Azure Cloud Shellを初めて使用する際は、ストレージアカウントを作成するための画面が表示されます。ストレージアカウントを作成するのは、Azure Cloud Shellとのセッションが切れても、ユーザーが作成したデータなどを保持しておくためです。画面上では自身が所有するサブスクリプションを選択して「ストレージの作成」をクリックするだけですが、これによってAzure Cloud ShellをサポートするAzure上の最寄りのリージョンに、以下の3つのリソースが自動的に作成され、作成されたファイル共有が「home/<ユーザー名>/clouddrive」のディレクトリにマウントされます。なお、ストレージアカウントやファイル共有の詳細については、第5章で説明します。

　　・リソースグループ名：cloud-shell-storage-<リージョン名>
　　・ストレージアカウント名：cs<一意のGUID>
　　・ファイル共有名：cs-<ユーザー名>-<ドメイン名>-<一意のGUID>

【Azure Cloud Shellへの初回アクセス】

ストレージの作成画面は各ユーザーがAzure Cloud Shellに初めてアクセスする際のみ表示されます。それ以降は、作成されたファイル共有が自動的にマウントされます。

●Azure Cloud Shellを使用するメリット

　Azure Cloud Shellのメリットとして、Azure CLIやAzure PowerShellモジュールの事前インストールが不要という点が挙げられます。Azure CLIやAzure PowerShellをローカルの管理用デバイスから使用する場合、事前にツールやモジュールをインストールする必要がありますが、Azure Cloud Shellでは、Azure CLIやAzure PowerShellモジュールが最初からインストールされています。そのため、Webブラウザーさえあれば、どこからでもコマンドを用いてAzureを管理することができます。

　また、Azure Cloud Shellを開くとWebブラウザーの画面が上下に分割され、画面上部にAzureポータル、画面下部にAzure Cloud Shellのプロンプトが表示されます。そのため、コマンド操作の結果をGUIですぐに確認できる点もメリットとして挙げられます。

　そのほかにも、下記のようなメリットや特徴があります。

・SSHでLinuxの仮想マシンへの接続確認が手軽にできる
・テキストエディター（code）など、日常的に使用されるCLIツールを搭載している
・Node.js、.NET、Pythonなどの複数の主要なプログラム実行環境および言語がサポートされている

1-4 ARMテンプレート

Microsoft Azureでは、ARMテンプレートを用いてリソースを作成できます。
本節では、ARMテンプレートを用いるメリットや、その使用方法、構造などについて説明
します。

1 ARMテンプレートの概要

　Azureのリソースは、Azureポータルなどの管理ツールから手動で作成するほか、テンプレートを用いて作成することもできます。テンプレートによるリソース作成（デプロイ）は、作成するリソースとその構造を記述し、それをARMに送ることで実行されます。Resource Managerデプロイモデルのエンジンである ARMが解釈できる形のテンプレートという意味で、**ARMテンプレート**と呼ばれます。

【ARMテンプレートから新しいリソースを作成】

ARMテンプレート

```
{
 "$schema":"https://schema.management.azure.com/schemas/2019-04-
01/deploymentTemplate.json#",
 "contentVersion": "1.0.0",
 "parameters": {
   "vmName": {
     "type": "string",
     "defaultValue": "demo-vm1",
     "metadata": {
       "description": "VM name"
     }
}
}
```

デプロイ → 新しい
リソース

2 ARMテンプレートを使用するメリット

　ARMテンプレートはAzureを使う上で必須ではありませんが、よく使われている機能の1つです。ARMテンプレートを使用することで、次のようなメリットを得られます。

●エラーの削減

　仮想マシンなどのリソースを作成する際は多くのパラメーターの指定が必要であるため、手動によるリソース作成は時間がかかり、設定ミスも起きやすくなり

ます。ARMテンプレートを使用すれば、確実に毎回同じ方法でデプロイすることができます。

●一貫性のあるデプロイの実現

　例えば、仮想マシンなどのリソースを作成する際は、「仮想マシン名」などのパラメーターを一定の命名規則に従って設定したり、使用するストレージの種類を統一して作成したいというニーズがあります。手動でのリソース作成では、1つ1つのパラメーターをその都度入力していくため、一貫性のあるデプロイを実現しにくい面がありますが、ARMテンプレートを使用すれば実現しやすくなります。

●再利用性の向上

　作成したARMテンプレートは、いつでも繰り返し利用できます。そのため、「後で同じリソースのセットが必要になったときにARMテンプレートからデプロイする」「テスト環境で利用したARMテンプレートと同じものを運用環境で使用する」など、再利用性を向上できます。

●複数のデプロイの自動化（オーケストレーション）

　あるシステムを構成するために、依存関係を持つ複数のリソースを手動で作成する場合、1つ1つのリソースを適切な順序で作成する必要があります。また、その都度、作成が完了するのを待つ必要もあります。ARMテンプレートを使用すれば、依存関係を崩すことなく、複数のリソースを一度の操作でデプロイすることができます。

3　ARMテンプレートの構造

　ARMテンプレートは、展開するリソースとその構造を**JSON**（JavaScript Object Notation）形式で記述します。JSON形式は、「<キー>:<値>」のように、キーと値のペアで構成されます。なお、大文字と小文字は区別されるため、文字列を指定する際は注意が必要です。

　ARMテンプレートは次のような構成になっており、｛｝（波かっこ）内の各セクションに情報を記述します。

```
{
  "$schema": "https://schema.management.azure.com/schemas/2019-04-01/
deploymentTemplate.json#",
  "contentVersion": "",
  "parameters": {},
  "variables": {},
  "resources": [],
```

```
  "outputs": {}
}
```

また、ARMテンプレートでのJSONは機能が拡張されており、[ ]（角かっこ）で式が実行できるようになっています。ARMテンプレートでは様々な独自関数が提供されており、式の中で関数を使用することで、文字列、整数、ブール値、配列、またはオブジェクトを返すことができます。例えば、concatという関数を使用すると、複数の文字列を連結して1つの連結文字列を返すことができます。

●$schemaセクション（必須）

テンプレート言語のバージョンが記述された「JSONスキーマファイル」の場所を指定するセクションです。指定するバージョン番号はデプロイのスコープと使用するJSONエディターによって異なるため、それぞれ適切なスキーマ定義のURLを記述します。

仮想マシンやストレージアカウントなど、いわゆる「リソース」をデプロイする場合は次のように指定します。ARMテンプレートを使用する際に最もよく使われる記述です。

```
"$schema": "https://schema.management.azure.com/schemas/2019-04-01/
deploymentTemplate.json#",
```

上記はVisual Studio CodeでAzure Resource Managerツール拡張機能を利用している場合の記述です。それ以外の環境およびエディターを使用する際には、次のように記述します。

```
"$schema": "https://schema.management.azure.com/schemas/2015-
01-01/deploymentTemplate.json#",
```

リソースではなく、テナントや管理グループをデプロイする場合にはそのための記述が必要です。詳細については、以下のWebサイトを参照してください。
https://docs.microsoft.com/ja-JP/azure/azure-resource-manager/templates/syntax

●contentVersionセクション（必須）

テンプレートのバージョンを記述するセクションです。このセクションは必須ですが、値は「1.0」や「1.0.0」のように自由に指定することができます。

```
"contentVersion": "1.0.0",
```

　このセクションで指定する情報は動作に影響を与えるものではなく、テンプレートのバージョン管理を行うための「単なるメモ書き」です。テンプレートの作成者は、テンプレートの内容に変更を加えた際にこの値を更新し、テンプレートの利用者はこの値を確認して適切なテンプレートを使用していることを確認できます。

●parametersセクション

　このセクションには、リソースをデプロイするときにユーザーが入力可能なパラメーターを指定できます。必須ではありませんが、多くの場面で使用されるセクションです。

　このセクションを使わずにARMテンプレートを構成した場合、テンプレートを実行するたびにまったく同じリソースがデプロイされることになり、「リソースの名前」や「サイズ」などもすべて同じ値になってしまうため、汎用性がありません。そこで、特定のパラメーターの値については、このセクションを使ってテンプレートの実行時にユーザーが入力できるようにします。これによって、リソースをデプロイする際に一部のパラメーターの値がカスタマイズ可能となり、ARMテンプレートの汎用性が向上します。

　このセクションを使用する場合は、ユーザーが値として指定可能なデータ型（stringやintなど）を決めておく必要があります。また、必要に応じて、パラメーターの既定値や、数値の取り得る範囲も指定できます。このセクションの主な要素は次のとおりです。

【parametersセクションの主な要素】

要素名	説明
type	パラメーターのデータ型（必須要素） 指定可能な型は、string、securestring、int、bool、object、secureObject、arrayのいずれか
defaultValue	値が指定されない場合のパラメーターの既定値
allowedValues	ユーザーが選択可能な値の配列 指定された以外の値は許容されない
minValue	int型の値における最小値
maxValue	int型の値における最大値
description	ユーザーに表示されるパラメーターの説明

　例えば、仮想マシンをデプロイする際に必要となる「管理者ユーザー名」と「パスワード」をテンプレートの実行時に指定できるようにするには、次のように記述します。

```
"parameters": {
  "adminUsername": {
    "type": "string",
    "metadata": {
      "description": "Username for the Virtual Machine."
    }
  },

  "adminPassword": {
    "type": "securestring",
    "metadata": {
      "description": "Password for the Virtual Machine."
    }
  }
},
```

この記述では、「type」で使用できる値のデータ型を指定し、「description」でユーザーに表示される説明を指定しています。

●variablesセクション

このセクションでは、テンプレート内で使用する値を変数として定義できます。必須ではありませんが、このセクションで変数を定義することによって複雑な式が減り、テンプレートのわかりやすさが向上します。

例えば、仮想マシンを作成するときにはネットワーク関連のリソース作成や設定も必要になるので、ネットワークに関する情報をこのセクションに記述しておきます。そうすると、テンプレートの利用者が、ネットワーク関連のリソース作成や設定について意識することなく仮想マシンを作成できます。さらに、ネットワーク設定の変更が必要になった際、テンプレートを編集する人が素早くその箇所を見つけ、修正できます。

また、このセクションの変数には、parametersセクションの情報と組み合わせた値を定義することもできます。例えば、仮想マシン名をparametersセクションでユーザーに入力させ、ネットワークインターフェイス名は「<仮想マシン名>－nic」とするなど、ユーザーが入力した値に、特定の文字列や識別子を追加したい場合にも活用できます。

次に、仮想マシンを作成するARMテンプレートのサンプルのvariablesセクションを記載します。

```
"variables": {
  "nicName": "[concat(parameters('vmName'),'-nic')]",
  "networkSecurityGroupName": "[concat(parameters('vmName'),'-nsg')]",
```

```
"publicIpName": "[concat(parameters('vmName'),'-ip')]",
"virtualNetworkName": "MyVNET"
"addressPrefix": "10.0.0.0/16",
"subnetName": "Subnet",
"subnetPrefix": "10.0.0.0/24",
},
```

　仮想マシンの作成時は、「ネットワークインターフェイス」「ネットワークセキュリティグループ」「パブリックIPアドレス」といったリソースの作成または指定も必要になります。この例では、これらのリソースの名前が「＜仮想マシン名＞－＜特定の文字列＞」となるように、**concat**という関数を使用しています。concatは文字列関数の1つで、複数の文字列値を結合して連結した文字を返すため、これによりネットワークインターフェイス名（nicName）は「＜仮想マシン名＞-nic」となります。

　また、仮想ネットワークに関する情報（virtualNetworkName、addressPrefix）やサブネットに関する情報（subnetName、subnetPrefix）については、固定値を指定しています。これにより、ユーザーが意識しなくとも、作成した仮想マシンではこれらの値が共通となります。この変数値を、この後のresourcesセクション内で使用することで、このテンプレートで作成した仮想マシンが同じ仮想ネットワークおよびサブネットに接続されます。

ARMテンプレートで使用できる関数には様々なものがあります。ほかの関数に関する情報や、独自の関数を作成する方法については、以下のWebサイトを参照してください。

https://docs.microsoft.com/ja-jp/azure/azure-resource-manager/templates/template-functions

●resourcesセクション（必須）

　このセクションでは、デプロイまたは更新するリソースを定義します。つまり、テンプレートを利用して、「何を」「どのような値で」作成するかを決定する重要なセクションです。デプロイするリソースの種類によって必要な情報は異なるため、このセクション内で使用する要素も変化しますが、主に使用されるのは次の要素です。

【resourcesセクションの主な要素】

要素名	説明
type	操作するリソースの種類。リソースプロバイダーの名前空間とリソースの種類を組み合わせた形式とする。例えば、ストレージアカウントを作成する場合は「Microsoft.Storage/storageAccounts」と指定する。
apiVersion	リソースの作成に使用するREST APIバージョン
name	リソースの名前
location	リソースがサポートされているリージョン
sku	SKU（Stock Keeping Unit）の値。一部のリソース作成で指定が必要。例えば、ストレージアカウントを作成する場合は冗長性の種類を指定する。
kind	typeで指定したリソースにさらに複数の種類がある場合にそれらを指定する。一部のリソース作成で指定が必要。例えば、ストレージアカウントを作成する場合はストレージアカウントの種類を指定する。
properties	リソース固有の構成設定。指定する情報は、操作するリソースの種類に依存する。

1

参考　SKUとは、コストや機能および性能などを表す管理単位です。

　type、apiVersion、name、location要素は、ほとんどのリソースのデプロイで必須です。また、apiVersionの要素では、リソースの作成に使用するREST APIバージョンを指定しますが、Microsoft Azureでは既存のすべてのREST APIバージョンがサポートされています。そのため、今後、新しいバージョンのREST APIがサポートされたとしても、過去に作成したテンプレートが使用可能です。ただし、使用するバージョンによって使用できる要素が異なる場合があります。

　次に、ストレージアカウントを作成するARMテンプレートのサンプルのresourcesセクションを記載します。

```
"resources": [
  {
    "type": "Microsoft.Storage/storageAccounts",
    "apiVersion": "2019-06-01",
    "name": "[variables('storageAccountName')]",
    "location": "[parameters('location')]",
    "sku": {
      "name": "[parameters('storageAccountType')]"
    },
```

```
    "kind": "StorageV2",
    "properties": {}
  }
],
```

　このサンプルでは、ストレージアカウントを作成するために、type要素でMicrosoft.Storage/storageAccountsを指定しています。これにより、「Microsoft.Storageというリソースプロバイダーに、ストレージアカウント（storageAccounts）に関する要求を行う」という指定になります。apiVersionは、ここでは2019-06-01を指定していますが、過去のバージョンを指定することも可能です。nameではvariablesセクションのstorageAccountNameの値を、locationではparametersセクションのlocationの値を使用しています。また、skuではparametersセクションのstorageAccountTypeの値をSKU名（name）として使用しています。そのため、このサンプルを使用するには、variablesセクションやparametersセクションも構成されている必要があります。kindは、ここで記述した情報（StorageV2）がそのまま使用されます。

　resourcesセクションでは、このほかにも様々な要素を使用することができます。このセクションで使用可能な要素の一覧は、以下のWebサイトを参照してください。
　https://docs.microsoft.com/ja-jp/azure/azure-resource-manager/templates/template-syntax#resources

●outputsセクション

　このセクションでは、デプロイによって返される値を指定します。このセクションは必須ではありませんが、デプロイ後に特定の情報を出力したい場合に使用します。

　テンプレートからリソースをデプロイする場合、実際にデプロイしないと確定できない情報が含まれている場合があります。例えば、ストレージアカウント名は、parametersセクションでユーザーに入力させることもできますが、variablesセクションで**uniqueString**という関数を使用してランダムに付けることもできます。しかし、ランダムな名前を付けるように構成した場合は、実際にデプロイしないとどのような名前が付けられたかを確認できません。また、仮想マシンにどのようなIPアドレスが割り当てられたかという情報は、実際にデプロイしないとわかりません。デプロイされて初めてIPアドレスが割り当てられるためです。このように、デプロイしないと確定しない情報を出力するために活用できるのがoutputsセクションです。

　次に、ストレージアカウントを作成するARMテンプレートのサンプルのoutputs

セクションを記載します。

```
"outputs": {
  "storageAccountName": {
    "type": "String",
    "value": "[variables('storageAccountName')]"
  }
}
```

　このサンプルでは、outputsセクションによって、storageAccountNameの情報を出力しています。typeで値のデータ型、valueで値の内容を指定しています。先ほどの例のように、variablesセクションでuniqueString関数を使用してランダムな名前を付けた場合は、このように記述することで使用された値を出力できます。出力された値は、デプロイ後にAzureポータル内のメニューなどで確認できます。

試験対策 　各セクションの役割や利用場面、どのような情報を定義できるかを確認しておきましょう。

4 クイックスタートテンプレート

　ARMテンプレートは一から作成することもできますが、数多くのサンプルが**クイックスタートテンプレート**というWebサイトで公開されています。クイックスタートテンプレートでは、「仮想マシンの作成」や「ストレージアカウントの作成」などの一般的な操作に対応するテンプレートが公開されており、これらのテンプレートを部分的にカスタマイズして利用することが可能です。

・クイックスタートテンプレート
https://azure.microsoft.com/ja-jp/resources/templates/

【クイックスタートテンプレート】

　このWebサイトで公開されているテンプレートは、ブラウザーから直接アクセスして内容を参照するほか、Azureポータルなどからも利用できます。Azureポータルからクイックスタートテンプレートを利用する場合は、ポータルメニューの［リソースの作成］から「テンプレート」を検索すると表示される［テンプレートのデプロイ］メニューをクリックして［作成］をクリックし、表示された［カスタムデプロイ］画面で、利用するテンプレートを選択できます。

【Azureポータルでのクイックスタートテンプレートの利用】

[テンプレートの編集] をクリックすると、JSON形式での内容確認や変更、ダウンロードなどができます。

5 テンプレートからのデプロイの実行と結果確認

テンプレートからのデプロイを開始すると、各セクションで定義された内容に従ってデプロイが実行されます。parametersセクションが構成されている場合には、特定の値を入力する必要があります。例えば、ストレージアカウントを作成するテンプレート（storage-account-create）では、parametersセクションでstorageAccountTypeが指定されているため、デプロイ時には作成先のサブスクリプションやリソースグループの選択に加え、それらの情報も指定する必要があります。[確認と作成] をクリックした後に表示される [ご契約条件] の内容を確認し、[作成] をクリックするとデプロイが実行されます。

【テンプレートからのデプロイ】

デプロイが実行されると、その旨が [通知] に表示され、通知内のリンクをクリックするとデプロイの進行状況やその結果が画面上に表示されます。結果画面では、parameterセクションのために入力した値は [入力] メニュー、outputsセクションで指定した情報は [出力] メニューから確認できます。なお、カスタマイズしたテンプレートを再利用したい場合は、[テンプレート] のメニューをクリックすると、ダウンロー

ドなどが可能です。

【テンプレートからのデプロイ結果確認】

　また、特定のリソースグループ内のデプロイの履歴や結果は、リソースグループの［デプロイ］メニューで確認できます。一覧から特定の履歴をクリックすると、通知からの確認時と同様の画面が表示され、使用されたテンプレートの内容確認やダウンロードなどが可能です。

【リソースグループの［デプロイ］メニューからの結果確認】

試験対策　デプロイの履歴や結果は、リソースの格納先であるリソースグループの［デプロイ］メニューで確認できます。

演習問題

1 クラウドコンピューティングにおけるサービスモデルのうち、Microsoft Azureで提供されるサービスはどのサービスモデルに分類されますか（2つ選択）。

    A.   SaaS
    B.   PaaS
    C.   IaaS
    D.   BaaS

2 リージョンの説明として、適切なものはどれですか。

    A.   リソースをグループ化したもの
    B.   Azureを利用するために必要な契約
    C.   作成可能なリソースの数などの制限
    D.   Azureのデータセンターのコレクション

3 リージョンの特徴に関する説明として、誤っているものは次のうちどれですか。

    A.   冗長構成などのためのリージョンペアが決まっている
    B.   一部のリージョンを除き、利用者は任意のリージョンを自由に選択できる
    C.   どのリージョンでも、同じサービスおよび構成オプションを使用することができる
    D.   国によっては2つ以上のリージョンが存在する場合がある

4 複数のサブスクリプションを持つメリットの説明として、誤っているものは次のうちどれですか。

    A.   長期的にAzureを低料金で使用できる
    B.   リソースのアクセス権を分離できる
    C.   クォータの回避やクォータ管理の分離ができる
    D.   請求書を分割できる

5 Resource Managerデプロイモデルに変更されたことで使用できるように
なった機能として、適切なものはどれですか(2つ選択)。

    A.   サブスクリプション

    B.   リソースグループ

    C.   Azureポータル

    D.   ARMテンプレート

6 リソースプロバイダーに関する説明として、誤っているものは次のうちどれ
ですか。

    A.   既定では多くのリソースプロバイダーは登録されていない

    B.   Microsoft.Computeは、仮想マシンリソースの操作を提供する

    C.   すべてのリソースプロバイダーは、リソースの操作時に自動的に登
録される

    D.   Azure Resource Managerに送られた操作要求は、リソースプロバイ
ダーに転送される

7 リソースグループに関する説明として、適切なものは次のうちどれですか。

    A.   1つのリソースグループには、同じ種類のリソースのみ含めることが
可能

    B.   1つのリソースグループには、様々なリージョンのリソースを含める
ことが可能

    C.   1つのリソースを、複数のリソースグループに含めることが可能

    D.   どのリソースグループにも含めないリソースを作成することが可能

8 リソースグループの操作に関する説明として、適切なものは次のうちどれで
すか。

    A.   リソースグループの名前は、後から変更することができる

    B.   あるリソースグループ内のリソースを別のリソースグループに移動
できる

    C.   別のリソースグループへの移動中は、含まれるリソースが停止する

    D.   リソースグループを削除しても、そのリソースグループ内のリソー
スは削除されない

9 ローカルのWindows 10デバイスから初めてPowerShellを使用してAzure
の管理を行う場合、最初に必要となるコマンドまたはコマンドレットとして
適切なものはどれですか。

    A.   Connect-AzAccount

    B.   Get-Command

    C.   az login

    D.   Install-Module Az

10 Azure Cloud Shellに関する説明として、誤っているものは次のうちどれで
すか。

    A.   BashとPowerShellのシェルを選択して使用できる

    B.   Azure CLIやAzure PowerShellを使用することができる

    C.   アクセスするたびにストレージアカウントを作成する必要がある

    D.   Webブラウザー画面でコマンドを用いてAzure管理ができる

1

11 ARMテンプレートの特徴に関する説明として、適切なものはどれですか。

    A.   クラシックデプロイモデルで使用できる

    B.   エラーの削減や一貫性のあるデプロイを実現できる

    C.   テンプレートはHTML形式で記述する

    D.   一度作成したテンプレートは、Azureのバージョンアップで使用でき
なくなる

12 テンプレートからデプロイを行う際に、特定の情報の値をユーザーに入力し
てもらうために構成するセクションは、次のうちどれですか。

    A.   outputs

    B.   variables

    C.   contentVersion

    D.   parameters

13 次のAzureポータルのメニューのうち、テンプレートからのデプロイの履歴や出力結果の確認に使用できるものとして、最も適切なものはどれですか。

    A.   [リソースグループ]の[デプロイ]

    B.   [サブスクリプション]の[使用量+クォータ]

    C.   [お気に入りバー]の[すべてのリソース]

    D.   [リソースの作成]の[テンプレートのデプロイ]

解答

1 B、C

Microsoft Azureは、IaaSとPaaSを提供するクラウドサービスです。
BaaSとは「Backend as a Service」の略で、モバイルアプリなどのバックエンド部分を提供するサービスを指す言葉として使われます。これは、クラウドコンピューティングのサービスモデルを表すものではありません。

2 D

リージョンとは、Azureのデータセンターのコレクションです。「東日本」や「西日本」などのように、世界各地にあるデータセンターを地区ごとにグループ化したものがリージョンです。
リソースをグループ化したものは、リソースグループです。Azureを利用するために必要な契約は、サブスクリプションです。作成可能なリソースの数などの制限は、クォータです。

3 C

一部のサービスや構成オプションは、特定のリージョンのみに限定されています。例えば、仮想マシンの可用性オプションはリージョンによって選択可能なものが異なります。

4 A

複数のサブスクリプションを持つことはできますが、それによって長期的にAzureを低料金で使用できるわけではありません。

5 B、D

クラシックデプロイモデルからResource Managerデプロイモデルに変更されたことで、リソースグループやARMテンプレートが使用可能になりました。ほかにも、タグやロック、ロールベースのアクセス制御なども、Resource Managerデプロイモデルで提供される機能です。
サブスクリプションやAzureポータルは、クラシックデプロイモデルでも利用可能です。

6 C

多くのリソースプロバイダーは、リソースを初めて操作する際に自動的に
登録されます。ただし、一部のリソースに関しては、作成時にリソースプ
ロバイダーの自動的な登録が行われないものがあり、その場合には事前に
明示的な登録が必要です。

7 B

1つのリソースグループには、様々な種類のリソースを含めることも、様々
なリージョンのリソースを含めることも可能です。
どのリソースグループにも入らないリソースを作成することはできませ
ん。また、1つのリソースを複数のリソースグループに追加することもで
きません。1つのリソースは必ず1つのリソースグループの配下で管理され
ます。

8 B

リソースグループ内のリソースは、別のリソースグループに移動すること
ができます。移動操作は、Azureポータルや、Azure PowerShellのMove-
AzResourceコマンドレットで行います。移動によってリソースの動作が影
響を受けることはありません。
リソースグループの名前は、後から変更できません。また、リソースグルー
プを削除すると、そのリソースグループ内のすべてのリソースが削除され
るため、注意が必要です。

9 D

Windows 10デバイスからPowerShellを使用してAzureの管理を行う場合は、
最初に「Install-Module Az」を実行してそのデバイスにAzure PowerShellの
モジュールをインストールする必要があります。モジュールのインストー
ル後は、「Connect-AzAccount」を実行してAzureに接続すると、各種の操
作を実行できます。
Get-Commandは、使用可能なコマンドレットを確認するためのコマンド
レットです。az loginは、Azure CLIでの接続の操作コマンドです。

10 C

Azure Cloud Shellを初めて使用する際には、ストレージアカウントの作成
が必要です。それ以降は、そのストレージアカウントのファイル共有が自
動的にマウントされるため、作成は不要です。

11 **B**

ARMテンプレートを使用することで、エラーを減らし、一貫性のあるデプロイを実現することができます。また、依存関係のある複数のリソースを作成する場合、依存関係を崩すことなく、複数のリソースを一度の操作でデプロイできます。
ARMテンプレートは、Resource Managerデプロイモデルで使用できる機能であり、JSON形式で記述します。既存のすべてのREST APIバージョンがサポートされるため、一度作成したテンプレートはいつでも使用可能です。

12 **D**

parametersセクションには、リソースをデプロイするときにユーザーに入力させるパラメーターを指定します。これにより、「リソースの名前」や「サイズ」などをユーザーが入力できるようになるため、テンプレートの汎用性を向上できます。
outputsセクションには、デプロイによって返される値を指定します。variablesセクションには、テンプレート内で使用する値を変数として定義します。contentVersionセクションには、テンプレートのバージョンを記述します。

13 **A**

［リソースグループ］の［デプロイ］を使用するのが最も適切な方法です。テンプレートからデプロイを行うと直後に結果情報が表示されますが、［デプロイ］のメニューでは後から履歴や出力結果を確認できます。
［サブスクリプション］の［使用量+クォータ］は、クォータの確認や引き上げ要求などを行うためのメニューです。［お気に入りバー］の［すべてのリソース］では全リソースの一覧を表示できますが、そこからデプロイの履歴などを追跡するのは困難です。［リソースの作成］の［テンプレートのデプロイ］は、デプロイ時に使用しますが、後から履歴の確認などはできません。

第2章

Azure Active Directory

2-1 Azure Active Directoryの概要

Microsoft Azureの利用には認証と認可を行う必要があり、適切な利用者だけがアクセスして使用できることが重要です。そのためのID管理サービスとして、Azure Active Directoryがあります。
本節では、Azure Active Directoryの概要について説明します。

1 認証と認可

コンピューターシステム上のサービスやアプリケーションを利用する際には、特定の利用者だけがそれらを利用できるように、認証と認可を行う必要があります。

●認証

認証とは、「本人確認」のプロセスです。コンピューターシステムの世界では、一般にユーザー名とパスワードを利用して本人確認を行います。認証を通じて本人確認を行うことにより、「なりすまし」を防止する効果があります。

●認可（承認）

認可とは、「そのIDがサービスやアプリケーションにアクセス可能であるか」を確認するプロセスです。つまり、認証されたIDで利用できるサービスやアプリケーションの範囲は、認可によって決定されます。例えば、認証されたユーザーがアプリケーションにアクセスする際、認可のプロセスによって、アクセスできるユーザーであるかの判断が行われます。認可は、正しく認証が行われていることが前提で成り立つ仕組みです。

2 AD DSによる認証と認可

従来、オンプレミスのシステムに対して認証と認可を実現するために、**AD DS**（Active Directory Domain Services）をインストールしたドメインコントローラーを構築し、運用してきました。
AD DSでは、ドメインを1つの管理単位として、**Kerberos**（ケルベロス）という仕組みを用いて認証と認可を行います。ドメインコントローラーがホストするAD DSのデータベース内に

は、ユーザー名とパスワードなどの認証情報が格納されています。ドメイン参加したクライアントコンピューターの起動後は、AD DSに登録された認証情報でサインイン（ログオン）することで、認証成功の証としてドメインコントローラーがTGT（Ticket Granting Ticket）と呼ばれるチケットを発行します。ドメイン内のほかのメンバーサーバーへのアクセスでは、認証済みの証であるTGTをドメインコントローラーに提示し、その有効性の確認を受けます。TGTの有効性が確認されると、次にメンバーサーバーにアクセスするためのST（Service Ticket）と呼ばれるチケットが発行されます。そして、クライアントコンピューターからメンバーサーバーへのアクセス時は、このSTを提示することで、アクセス可能であるか判断されます。

【AD DSによる認証と認可】

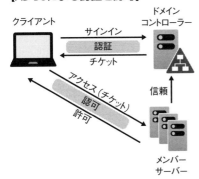

AD DSのように、ユーザー名やパスワードなどの認証情報を管理するサービスは、一般的に「ディレクトリサービス」と呼ばれます。

3　Azure Active Directory

　一般的なシステムと同じように、Microsoft Azureを利用するためにも認証と認可を行う必要があります。その認証と認可のために使用されるのが、Azure Active Directoryと呼ばれるサービスです。

　Azure Active Directory（以下、**Azure AD**）は、クラウドでの認証と認可を行うためのサービスです。Azure AD自体もクラウド上で管理するので、「クラウドベースのディレクトリサービス」とも言えます。クラウドベースではありますが、ディレクトリサービスの1つであるため、認証と認可のプロセスはAD DSと同じように行われます。

　例えば、Azureポータルなどを使用してAzureにアクセスする際には、最初にAzure ADでの認証が行われ、認証が成功した場合、その証としてAzure ADから**トークン**（アクセストークン）が発行されます。オンプレミスとは異なり、クラウドの場合の認証後のアクセス先は各SaaSアプリになりますが、それらのSaaSアプリへのアクセス時はトークンを用いて認可が行われます。Azure ADと連携（登録）するSaaSアプリはトークンの発行元のAzure ADを信頼するため、そのトークンの提示を受け入れ、アクセスが許可されます。

【Azure ADによる認証と認可】

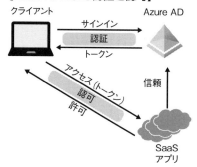

　SaaSアプリをAzure ADに登録すると、それらのSaaSアプリにアクセスする際の認証基盤としてAzure ADを利用できます。これによってSaaSアプリとAzure ADとの信頼関係が構成され、認証はAzure ADで、ユーザーごとの認可はSaaSアプリで行う、というように認証と認可を分離することができます。Azure ADに登録できるSaaSアプリには、Microsoft 365（Office 365 Exchange Onlineなど）やSalesforce、Box、Facebook、Gmailなどが挙げられます。

4 AD DSとAzure ADの違い

　Azure ADもAD DSと同様にディレクトリサービスであるため、認証と認可のプロセスの動作はAD DSとほぼ同じです。また、組織で使用するIDを管理するという点も同じです。ただし、使用目的や使用されるプロトコルなど、いくつかの違いがあります。

●使用目的の範囲の違い

　AD DSはオンプレミス向けの認証と認可のメカニズムであるのに対し、Azure ADはクラウド向けの認証と認可のメカニズムです。したがって、使用目的の範囲が異なります。

●使用されるプロトコルの違い

AD DSは社内ネットワークで使用され、Kerberosというプロトコルで認証と認可を行います。一方、Azure ADはインターネット環境で使用されるパブリッククラウドサービスであるため、SAML（Security Assertion Markup Language）、WS-Federation、OpenID Connect、OAuthなどのプロトコルで認証と認可を行います。

●組織構成の違い

AD DSは、ドメインコントローラーと呼ばれるサーバーを展開し、フォレストおよびドメインを構成して管理を行います。また、必要に応じて同じフォレスト内に子ドメインを作成することもでき、このとき親ドメインと子ドメインは信頼関係で結ばれます。一方、Azure ADはクラウドサービスであるため、サーバーの展開は不要です。また、組織は**テナント**（ディレクトリ）という単位で管理され、AzureやMicrosoft 365をサインアップするとテナントが1つ作成されます。必要に応じて複数のテナントを作成することもできますが、信頼関係というものはなく、それぞれが独立したテナントとして管理されます。

【AD DSでの組織構成】

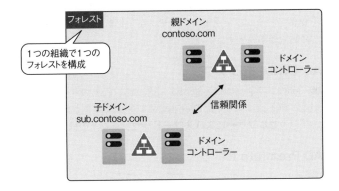

【Azure ADでの組織構成】

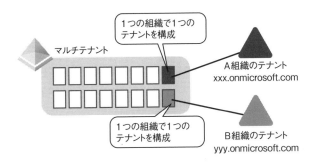

●オブジェクトの管理構造やポリシー管理機能の違い

AD DSでは、ドメイン内にOU（組織単位）を構成してユーザーやグループなどのオブジェクトを階層構造で管理します。また、グループポリシーの機能を使用して、定義したポリシーを特定のOUの配下のオブジェクトに適用することができます。一方、Azure ADでは、ユーザーやグループなどのオブジェクトはフラット構造で管理されるため、OUはありません。また、Azure ADにはポリシーの管理機能はなく、モバイルデバイス管理のためのクラウドサービスである**Microsoft Intune**と共に使用することで、グループ単位でのポリシー管理を実現できます。

5　Azure ADのエディション

Azure ADにはいくつかのエディションがあり、どのエディションを利用するかによって利用可能な機能やコストが異なります。そのため、組織の要件や必要な機能に合わせてエディションを選択する必要があります。

●Azure AD Free

無償版のAzure ADのエディションです。主に、ユーザー管理に関する基本的な機能だけを提供し、オブジェクト（ユーザーなど）数の上限が500,000に設定されているなどの制限があります。

●Azure AD Office 365 アプリ

Microsoft 365のプラン（Office 365 E1、E3、E5、F3）のサブスクリプションに含まれているエディションです。Freeエディションで提供される機能に加え、クラウドユーザーの**セルフサービスパスワードリセット**などの機能を提供します。

●Azure AD Premium P1

有償版のAzure ADのエディションです。オンプレミスとクラウドを一体運用する、企業向けの多くの機能を提供します。例えば、クエリを用いて動的にグループのメンバーを構成する**動的グループ**や、場所やデバイスの状態でアクセスを制御する**条件付きアクセス**などの機能が含まれます。

●Azure AD Premium P2

有償版のAzure ADの最上位エディションです。Premium P1エディションで提供される機能に加え、不正アクセスを検知する**Azure AD Identity Protection**や、時間限定で管理者権限を付与する**Azure AD Privileged Identity Management**などの高度な機能を提供します。

各エディションの価格や機能比較の詳細については、以下のWebサイトを参照してください。

https://www.microsoft.com/ja-jp/security/business/identity-access-management/azure-ad-pricing

6 Azure ADの主な機能

Azure ADには様々な機能があります。利用可能な機能はエディションによっても異なりますが、ここではAzure ADの主な機能を説明します。

●オブジェクトの管理

ユーザーやグループなどを管理する最も基本的な機能です。作成されたユーザーやグループは、認証や認可を行うために使用されます。また、デバイスを登録し、Azure ADのユーザーと使用するデバイスを紐付けることもできます。ユーザーやグループの管理については2-3節で、デバイスの登録については本節の後半で説明します。

●多要素認証（MFA：Azure AD Multi-Factor Authentication）

簡単に言えば、「ユーザー名とパスワードだけでのサインインを禁止」するための機能です。ユーザー名とパスワードだけでは、その文字列情報が漏えいした場合、なりすましが行われるリスクがあります。そこで、セキュリティを高めるために使用されるのが多要素認証です。多要素認証では、本人が知っている情報（ユーザー名とパスワード）だけではなく、本人だけが使用可能な持ち物や生体情報などの追加のセキュリティ情報を用いた認証ができます。具体的には、次のいずれかの検証形式が追加可能です。

・音声通話
・SMS
・Microsoft Authenticatorアプリ
・OATHハードウェアトークン

【音声通話による多要素認証】

本人だけが知る情報

ユーザー名
userA@xxx.abc.com
パスワード
xxxxxxxx

本人だけが使用できる持ち物

例：音声通話の場合
登録しておいた電話番号に
電話がかかるので
案内に従って「#」を押す

両方ともクリアして
はじめて認証完了

●条件付きアクセス

　条件付きアクセスは、設定したポリシー条件に一致するユーザーやデバイスだけにアクセスを許可できるアクセス制御機能です。ポリシー条件で、対象となる「ユーザーとグループ」や「クラウドアプリ」を選択し、どのような「条件」を満たしていたら許可または拒否するかを構成します。許可を与えるための条件としては、OSの種類や場所、デバイスの構成が準拠しているかなどを指定することができます。例えば、次に挙げるようなシナリオに対応できます。

- ・SharePoint Onlineへのアクセスは、Windowsデバイスのみ許可する
- ・Exchange Onlineへのアクセスは、ポリシーに準拠したデバイスのみ許可する
- ・Microsoft 365（Office 365）に管理者がアクセスする際は、多要素認証を必要とする

●セルフサービスパスワードリセット

　ユーザーがパスワードを忘れたときに、ユーザー自身でパスワードをリセットできるようにする機能です。この機能を使うと、管理者がパスワードをリセットする必要がなくなるため、管理者の負荷を減らす機能と言えます。
　パスワードリセットをする上で重要なのは、「リセットしようとしているのが本人であるか？」の確認です。そのため、本人確認の方法にはいくつかの選択肢が用意されています。具体的には、次の方法が使用できます。

- ・モバイルアプリの通知
- ・モバイルアプリコード
- ・電子メール
- ・携帯電話
- ・会社の電話
- ・秘密の質問

【セルフサービスパスワードリセットの設定画面】

　なお、秘密の質問を使用する場合には、登録する質問の数と、リセットするために答える必要がある質問の数、ユーザーが選択可能な質問を構成する必要があります。ユーザーが選択可能な質問の選択肢は、「好きな食べ物」や「子供の頃のニックネーム」などの事前定義された30以上の質問から選ぶだけでなく、オリジナルの質問を作成して使用することもできます。

試験対策 セルフサービスパスワードリセットで［秘密の質問］を構成する場合は、登録する質問の数と、リセットのために答える必要がある質問の数を設定できます。

7 Azure ADへのデバイス情報の登録

　AD DSでは、デバイスそのものの認証やグループポリシーの適用のために「ドメイン参加」という手続きを行い、デバイスをドメインに接続してコンピューターアカウントを使用してきました。Azure ADには、AD DSでのドメイン参加に代わる仕組みとして、デバイス情報を登録できます。Azure ADにデバイス情報を登録することで、Azure ADのユーザーと使用するデバイスを紐付けることができます。これによりデバイスが「業務に使用するデバイス」として扱われ、Azure ADがデバイスのIDを認証できるようになります。

　また、Microsoft Intuneをはじめとした**MDM**（Mobile Device Management）システ

ムと組み合わせることもできます。例えば、Microsoft Intuneと組み合わせると、Azure ADに登録されたデバイスをMicrosoft Intuneの管理デバイスとしても使用できるように構成できます。Microsoft Intuneではデバイスの構成管理用の様々なポリシーを定義できますが、そのポリシーの適用先として「デバイスを含むグループ」やデバイスに紐付いた「ユーザーを含むグループ」を指定する形でのデバイスの構成管理を実現できます。さらに、条件付きアクセスの機能を使用し、デバイスのOSバージョンや構成情報について組織が定めたポリシー（コンプライアンスポリシー）に準拠しているかどうかを判断し、準拠しているデバイスにだけSaaSアプリへのアクセスを許可するように構成することもできます。

【Azure ADとMicrosoft Intuneの組み合わせ】

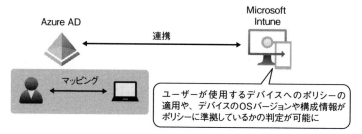

Azure ADにWindowsデバイス情報を登録するには、次に挙げる3つのいずれかの方法を使用します。デバイス情報を登録する方法によって、Windowsにサインインする際に使用する情報が異なります。

●Azure ADデバイス登録

主に、**BYOD**（Bring Your Own Device）、つまりユーザーが個人で所有するデバイスを業務に使用している状況を想定し、そのデバイス情報をAzure ADに登録するための方法です。例えばWindows 10では設定アプリを使用し、デバイス登録を行うためのメニューからAzure ADのユーザー名とパスワードを入力して登録します。それにより、Azure AD上にデバイス情報が登録され、Azure ADユーザーとの紐付けが完了します。Azure ADデバイス登録では、Windowsへのサインイン（ログオン）にローカルのユーザー情報を使用します。

●Azure AD参加

主に、社給のデバイスを想定した登録方法です。例えばWindows 10の設定アプリを使用し、参加を行うためのメニューからAzure ADのユーザー名とパスワードを入力して手続きをすると、Azure AD上にデバイス情報が登録され、Azure ADユーザーとの紐付けが完了します。

Azure AD参加では、Azure ADユーザーの資格情報を使用してWindowsにサインインできるようになり、Azure ADにシングルサインオンできるというメリット

が得られます。したがって、Windowsにサインインした後は、Azureポータルや
そのほかのSaaSアプリにアクセスする際に、再びユーザー名とパスワードを入力
する必要はありません。

●ハイブリッドAzure AD参加

既存のAD DSにドメイン参加しているデバイスを想定した登録方法で、AD DS
とAzure ADの両方にデバイスを参加させる方法です。ハイブリッドAzure AD参
加は、AD DSとのディレクトリ同期を行うためのツールである「Azure AD
Connect」のオプション構成によって行われます。そのため、AD DSとAzure AD
を同期していることが前提です。

ハイブリッドAzure AD参加には、AD DSのドメインに参加したときの機能と、
Azure AD参加したときの機能の両方を利用できるというメリットがあります。た
だし、Windowsへのサインインに使用するのはAD DSの資格情報です。

【デバイス情報の登録方法の違い】

	想定シナリオ	Windowsサインイン	デバイス登録先
Azure ADデバイス登録	BYOD（個人所有）	ローカルユーザー	Azure AD
Azure AD参加	社給デバイス	Azure ADユーザー	Azure AD
ハイブリッドAzure AD 参加	既存のAD DS参加 デバイス	AD DSユーザー	AD DS Azure AD

Azure Active Directoryでは、テナントを作成し、そのテナント中でユーザーやグループを管理します。
本節では、テナントの作成方法と、カスタムドメインの設定について説明します。

1 テナント

　テナントとは、Azure ADサービスのインスタンスであり、1つの組織を表します。Azure ADは、組織をテナントという単位で管理します。テナントを作成すると、同時にディレクトリが作成され、組織のユーザーやグループ、デバイス、リソースへのアクセス制御情報などが格納されます。

> テナントとディレクトリは、通常、同じ意味で使用されます。Azureポータルでも、画面によって「テナント」と表示される場合と「ディレクトリ」と表示される場合がありますが、2つの違いを意識する必要はありません。

●現在のテナントの確認

　Azureポータルで、サービスの一覧から［ID］のカテゴリ内にある［Azure Active Directory］をクリックすると、最初に表示される［概要］メニューで現在のテナントの名前などの情報を確認できます。

【Azureポータルの［Azure Active Directory］】

　Azure ADは、Microsoft 365（Office 365）やMicrosoft Intuneの認証基盤としても使用されるため、Microsoft 365やMicrosoft Intuneのサインアップをしている組織は、すでにAzure ADテナントが作成されています。したがって、Azure ADアカウントでAzureのサインアップを行った場合は、その自テナントの情報がここに表示されます。

　一方、Microsoftアカウント（xxx@outlook.jpなど）でAzureのサインアップを行った場合には、サインアップと同時にテナントが1つ作成されます。この際の既定のテナント名は、「<Microsoftアカウントから生成された名前>.onmicrosoft.com」のようになります。

●テナントに関連付けられたAzureサブスクリプションの確認

　テナントには、Azureサブスクリプションとの関連付けも行われます。1つのAzureサブスクリプションと関連付けられるAzure ADテナントは1つだけです。テナントに関連付けられたAzureサブスクリプションを確認するには、Azureポータルで対象のテナントに切り替えた上で、サービスの一覧から［全般］のカテゴリ内にある［サブスクリプション］をクリックします。この画面に表示されるサブスクリプションが、そのテナントに関連付けられ、かつユーザー自身が使用可能なAzureサブスクリプションです。複数のサブスクリプションを取得している場合には、この画面に複数のサブスクリプション情報が表示されます。

【Azureポータルの［サブスクリプション］】

2　テナントの作成

　必要に応じて、複数のテナントを作成することもできます。ただし、AD DSのドメインとは異なり、複数のテナント間に信頼関係は構成されず、それぞれが独立したテナントとして管理されます。

●新しいテナントの作成方法

　Azureポータルで新しいテナントを作成するには、[Azure Active Directory]の[概要]メニュー内で[テナントの管理]、[作成]の順にクリックします。その後、表示される画面で、テナントの種類として[Azure Active Directory]を選択し、[組織名]や[初期ドメイン名]、[国/地域]を設定して作成します。なお、初期ドメイン名には、ほかの組織とバッティングしない一意の名前を指定する必要があり、すでにほかの組織で使用されている名前を指定した場合はその旨を表すメッセージが表示されます。また、初期ドメイン名は「xxx.onmicrosoft.com」という形式になります。

【テナントの作成】

参考　テナントの種類には、「Azure Active Directory（B2C）」という選択肢もあります。Azure Active Directory（B2C）は、GoogleやAmazon、FacebookなどのソーシャルIDやローカルアカウントIDなどを使用して、アプリケーションやAPIにシングルサインオンできるようにするためのサービスです。

　テナントの作成が完了すると、Azureポータルで操作するテナントの切り替えができるようになります。テナントを切り替えるには、[Azure Active Directory]の[概要]のメニュー内で[テナントの管理]をクリックし、[テナントの切り替え]画面でテナントを選択して[スイッチ]をクリックします。

【テナントの切り替え】

 参考 テナントの切り替えは、Azureポータルの上部にある［ディレクトリとサブスクリプション］から行うこともできます。

●新しいテナントでのAzureの利用

　繰り返しの説明になりますが、1つのAzureサブスクリプションと関連付けられるAzure ADテナントは1つだけです。そのため、新しいテナントを作成した場合は、そのテナントに紐付いたAzureサブスクリプションは存在しません。新しいテナントでAzureのサービスを使用するには、既存のテナントで使用しているAzureサブスクリプションとは別に、そのテナントで新しいAzureサブスクリプションを取得（サインアップ）する必要があります。

【AzureサブスクリプションとAzure ADテナント】

85

3 カスタムドメイン

　Azure ADのドメイン名（テナント名）は、ユーザーがAzure ADで認証される際に入力する資格情報の一部になります。例えば、Azureポータルにサインインする際には「<ユーザー名>@<Azure ADドメイン名>」というように、ドメイン名を指定して認証を行います。また、ドメイン名はテナント作成時に指定しますが、初期ドメイン名は「xxx.onmicrosoft.com」という形式になり、「xxx」の部分にはほかの組織とバッティングしない名前を指定する必要があります。多くの場合、簡単な名前はすでにほかの組織で使用されてしまっているため、初期ドメイン名はある程度の長い名前になります。

　必要に応じて、カスタムドメイン名を追加することができます。カスタムドメイン名とは、例えば「xxx.com」や「xxx.co.jp」のようなドメイン名であり、カスタムドメイン名を設定しておくと、そのドメイン名でAzure ADの認証を行えます。つまり、ユーザーがAzureポータルにサインインするときも、「<ユーザー名>@xxx.com」のように短い名前が使用できるようになります。

　ただし、無制限にカスタムドメイン名の設定ができてしまうと、各組織が好き勝手なドメイン名を付けてしまう恐れがあります。そこで、カスタムドメイン名を追加するには、組織がそのドメイン名を所有しており、それをインターネット上で確認できる状態でなければいけません。つまり、カスタムドメイン名の設定では、「そのドメイン名の正規の持ち主であるか」という所有権が確認されます。そのため、組織が管理している外部DNSサーバー上に、カスタムドメイン名を所有していることを示すレコード（TXTまたはMXレコード）を登録する必要があります。レコード情報を登録し、ドメイン名の所有権が確認されて初めて、そのドメイン名がAzure AD上で使用可能になります。

【レコードの登録とカスタムドメイン名】

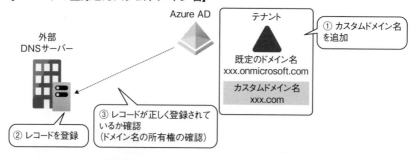

登録すべきレコード情報は、カスタムドメイン名の追加設定時に表示されます。

●カスタムドメインの設定

カスタムドメイン名の設定は、Azureポータルの[Azure Active Directory]の[カスタムドメイン名]のメニューから行います。

この画面には既定のドメイン名が登録されていますが、既定のドメイン名を削除することはできません。組織で所有しているドメイン名をカスタムドメイン名として追加し、それをプライマリとして使用するように設定します。[カスタムドメインの追加]をクリックすると、カスタムドメイン名を入力する画面が表示されます。その画面で、組織が所有するドメイン名を入力し、[ドメインの追加]をクリックします。

【カスタムドメイン名の追加】

続けて、DNSレコードに関する情報が表示されます。この画面に表示されるレコード情報が、外部DNSサーバーに登録するべきレコード情報です。なお、外部DNSサーバーには、TXTレコードとMXレコードの両方を登録する必要はありません。いずれかを登録すれば所有権が確認できるため、外部DNSでサポートされているレコードの種類に合わせて選択します。この画面に表示されるTXTレコードまたはMXレコードの情報を確認し、外部DNSサーバーにそのレコードを登録した上で[確認]をクリックします。すると、Azure側からレコードの参照が行われ、確認されるとそのドメイン名が使用可能になります。

【DNSレコード情報の確認】

　なお、カスタムドメイン名を追加すると、追加したドメイン名が「プライマリ
ドメイン」として使用されます。プライマリドメインは、ユーザー作成時の既定
値として使用されます。別のドメイン名をプライマリドメインに設定したい場合
には、そのドメイン名をクリックし、プライマリドメインの変更を行います。

試験対策　カスタムドメイン名の設定を行うには、TXTレコードまたはMXレコードを登録し、そのドメイン名の所有者であることを確認する必要があります。

参考　所有権の確認が完了していない場合は、状態が［未確認］となり、まだそのドメイン名を使用することはできません。未確認のドメイン名をクリックすると、レコードに関する情報を再度表示できます。

2-3 ユーザーとグループ

Azure Active Directoryでは、認証や認可に使用するユーザーやグループの情報を管理することができます。
本節では、ユーザーやグループの作成および管理方法、ロールの割り当てについて説明します。

1 ユーザー

ユーザーは、Azure ADでの認証を行うために必要な情報です。Azureポータルや
Microsoft 365（Office 365）へのアクセス時にはAzure ADでの認証が行われるため、これらを利用する1人1人に対してユーザーを作成する必要があります。Azure ADでは、次の種類のユーザーを作成し、管理することができます。

●ユーザー

通常の組織内のユーザーを表します。したがって、組織内の利用者の数だけユーザーを作成します。作成されたユーザーには、クラウドサービスのライセンスや
Azure ADのロール、アプリケーションのアクセス許可の割り当てを行うことができます。

●ゲストユーザー

外部のユーザーを表します。Azure ADにはB2Bコラボレーションという機能があり、外部のユーザーを招待することができます。外部のユーザーとは、ほかの
Azure ADテナント内のユーザーやMicrosoftアカウントなど、組織外の任意のメールアドレスを持つユーザーを指します。これらをゲストユーザーとして招待すると、ライセンスやロール、アプリケーションのアクセス許可を割り当てること、言い換えれば、組織内のアプリケーションやデータを外部ユーザーと共有することができます。

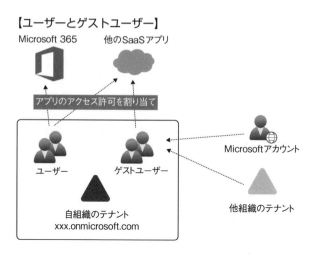

【ユーザーとゲストユーザー】

2 ユーザーの作成

　Azureポータルでユーザーを作成するには、［Azure Active Directory］の［ユーザー］のメニューで［新しいユーザー］をクリックします。作成にあたっていくつかの情報を入力する必要があるため、事前に設定内容を確認しておく必要があります。

●ID

　［ユーザー名］や［名前］、［名］、［姓］を設定します。このうち、［ユーザー名］と［名前］の入力は必須です。また、カスタムドメインを追加している場合には、ユーザー名のドメイン名部分（@以降）を変更することができます。既定では、プライマリドメインが選択されます。

●パスワード

　ユーザーに対する初期パスワードを設定します。ここでは、自動生成されたパスワードを使用するか、個別のパスワードを設定するかのいずれかを選択できます。ただし、いずれを選択した場合でも、ここで設定するパスワードは初期パスワードとして扱われるため、ユーザーの初回サインイン時にパスワードの変更が求められます。

●グループとロール

　［グループ］では、作成するユーザーが所属するグループを選択します。［役割］は、Azure ADテナントの特定の管理権限を割り当てたい場合に設定します。特定の役割を割り当てない場合は、特別な管理権限を持たない［ユーザー］というロール

が使用されます。

●設定

　サインインをブロックするかどうかを設定し、[利用場所]を国の一覧から選択します。[利用場所]はAzureの利用においては必須ではありませんが、特定のライセンスの割り当てを行うために必要になる場合があります。例えば、Azure AD Premiumのライセンスを割り当てるためには[利用場所]が設定されている必要があり、未設定の場合はライセンス割り当て時にエラーになります。

●ジョブ情報

　[役職]や[部署]など、ユーザーに付随する情報を設定します。これらの情報は必須ではありませんが、ユーザー検索や動的グループでのクエリに使用することができます。例えば、ユーザー検索では[部署]のフィルターを使用でき、特定の部署のユーザーを一覧で表示することができます。

【ユーザーの作成】

試験対策　Azure AD Premiumなどの一部のクラウドサービスのライセンス割り当てを行うには、ユーザーに[利用場所]を設定しておく必要があります。

3 ユーザーの一括作成

　Azureポータルの［ユーザーの作成］を使用してユーザーを作成する場合、作成するユーザーの情報を1人ずつ入力する必要があり、複数のユーザーを作成するには効率が良い方法とは言えません。そこで、CSVファイルにユーザー情報をまとめておいてユーザーを一括作成する方法が用意されています。複数のユーザーを効率良く作成したい場合は、一括作成を使用します。

●CSVテンプレートのダウンロードと編集

　一括作成を行うには、作成するユーザー情報を事前にCSVファイルに入力しておきます。CSVファイルは手動でも作成できますが、AzureポータルからCSVファイルのテンプレートをダウンロードできるため、それをダウンロードして使用するのが確実な方法です。テンプレートは、Azure ADの［ユーザー］のメニューで［一括操作］、［一括作成］、［ダウンロード］の順にクリックして入手できます。

【CSVテンプレートのダウンロード】

　ダウンロードしたテンプレートは、［バージョン番号］、［列の見出し］、［サンプルデータ］という3つの行で構成されています。最初の2行は変更する必要がないため、3行目以降のユーザーデータとなる内容を変更して使用します。インポートするCSVファイルには、少なくとも、名前（displayName）、ユーザー名（userPrincipalName）、初期パスワード（passwordProfile）、サインインのブロック（accountEnabled）の列に適切な情報が入力されている必要があります。特に、ユーザー名の列は「＜ユーザー名＞@＜Azure ADドメイン名＞」で指定しなければならないため注意が必要です。

【CSVテンプレートの編集】

●ユーザーの一括作成

　CSVファイルを作成できたら、そのCSVファイルをアップロードしてユーザーを一括作成します。CSVファイルのアップロードは、CSVテンプレートをダウンロードするときと同じ画面内で実行できます。アップロードするファイルを指定すると、そのCSVファイルの検証が行われ、CSVファイルの行や列の並びが適切な形式になっているかどうかがチェックされます。

　CSVファイルの検証結果に問題がなければ［送信］がクリックできるようになり、送信するとCSVファイル内の各行の情報に従ってユーザーが作成されます。

Azureポータルから一括作成する方法のほかに、Windows PowerShellを使用する方法もあります。詳細は以下のWebサイトを参照してください。
https://docs.microsoft.com/ja-jp/microsoft-365/enterprise/create-user-accounts-with-microsoft-365-powershell?view=o365-worldwide

4　グループ

　グループは、ユーザーをまとめて扱うためのオブジェクトです。ユーザー単位でアクセス許可やライセンスの割り当てを行うこともできますが、複数のユーザーに同じ設定を適用したい場合にはグループを使用すると効率良く設定できます。例えば、あるSaaSアプリのアクセス許可の割り当てをグループに対して行うと、そのグループのメンバーとなっているすべてのユーザーに、間接的にアクセス許可を割り当てることができます。また、そのグループのメンバーからあるユーザーを削除すれば、個々のユーザーに個別に割り当てられているアクセス許可は残りますが、グループを用いて間接的に割り当てられていたアクセス許可を削除できます。このように、同じ設定を複数のユーザーに割り当てる際に活用できるのがAzure ADのグループです。

【グループに対するアクセス許可やライセンスの割り当て】

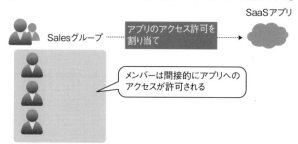

　なお、Azureの利用においては、Azure AD Freeであってもグループ単位でAzureサブスクリプションに対するアクセス許可設定が可能です。ただし、そのほかのSaaSアプリに対するアクセス許可やライセンスの割り当てをグループ単位で行うには、Azure AD Premiumのライセンスが必要です。

　Azureポータルから作成できるAzure ADのグループには、次の2つの種類があります。この種類の選択によって、使用目的とメンバーに含めることができるものが異なります。

●セキュリティ

　AzureおよびAzure ADでのアクセス管理において、一般的に使用されるグループの種類です。アクセス許可やライセンスの割り当てを、グループ単位でまとめて行うために使用されます。この種類のグループのメンバーには、ユーザーやデバイスだけでなく、ほかのグループを含めて入れ子にすることができます。

●Microsoft 365

　Microsoft 365（Office 365）での使用を想定したグループの種類です。主に、組織の内外のユーザーとの共同作業を行う目的で使用されます。この種類のグループはメールアドレスを持つため、グループメールやカレンダーなどに使用できます。なお、Microsoft Teamsでチームを作成した場合やSharePoint Onlineでサイトを作成した場合には、同じ名前のMicrosoft 365グループが作成されます。ただし、Microsoft 365グループに含めることができるのはユーザーのみです。

参考　グループの種類がセキュリティの場合、入れ子の構成が可能です。ただし、現時点では、グループ単位でのSaaSアプリのアクセス許可やライセンスの割り当てにおいて、入れ子はサポートされておらず、グループに直接所属しているユーザーにしか割り当てが行われないため、注意してください。

5 グループのメンバー管理

　グループには、メンバーとしてユーザーやデバイスなどを追加して使用します。グループにメンバーを追加することで、グループ単位でのアプリのアクセス許可やライセンスの割り当てが可能になります。メンバーの管理方法には、次の2種類があります。

●手動でのメンバー管理

　基本的なメンバー管理の方法です。この管理方法では、管理者が手動でグループにユーザーやデバイスをメンバーに追加し、静的に管理します。手動でメンバー管理を行うには、グループの作成時に［メンバーシップの種類］で［割り当て済み］を選択します。

【手動でのメンバー管理】

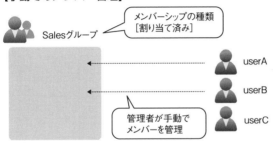

●動的なメンバー管理

　ユーザーやデバイスの属性に基づいて動的にメンバーを管理する方法であり、動的グループとも呼ばれます。この方法は、Azure AD Premiumエディションでのみ使用することができます。動的なメンバー管理を行うには、グループの作成時に［メンバーシップの種類］で［動的ユーザー］または［動的デバイス］を選択します。

　この管理方法では、**動的メンバーシップルール**と呼ばれるクエリの機能を使用して、グループのメンバーを動的に管理します。例えば、「ユーザーの部署属性（department）が "Sales" という値と等しい」といったように、ユーザーの部署や役職の属性とその値を条件に指定するクエリを記述し、条件に一致するユーザーを自動的にメンバーに含めることができます。ユーザーの属性値が変更され条件に一致しなくなった場合には、自動的にグループのメンバーから削除されます。そのため、手動でのメンバー管理に比べて、組織内での異動などによる変更をグループに反映させやすいといったメリットが挙げられます。

【動的なメンバー管理】

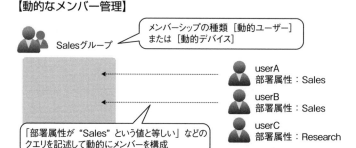

　動的メンバーシップルールでは、次の演算子が使用可能です。これらの演算子を使用してクエリを作成し、条件を満たすユーザーやデバイスを特定します。

【動的メンバーシップルールで使用可能な主な演算子】

演算子	説明	構文
Equals	等しい	-eq
Not Equals	等しくない	-ne
Starts With	特定の値で始まる	-startsWith
Not Starts With	特定の値で始まらない	-notStartsWith
Contains	特定の値を含む	-contains
Not Contains	特定の値を含まない	-notContains
Match	一致する（正規表現）	-match
Not Match	一致しない（正規表現）	-notMatch
In	一覧に含まれる	-in
Not In	一覧に含まれない	-notIn

【構文例：ユーザーの部署属性が "Sales" と等しい】

```
(user.department -eq "Sales")
```

【構文例：ユーザーの姓属性が "Arai" から始まる】

```
(user.surname -startsWith "Arai")
```

【構文例：ユーザータイプ属性が "Guest" と等しくない】

```
(user.userType -ne "Guest")
```

　また、必要に応じて論理演算子（-not、-and、-or）を使用して複数の式を結合することもできます。この3つの論理演算子は優先順位の高いものから、-not、-and、-orの順で評価されます。ただし、「かっこ（）」を追加することで、優先して評価すべき箇所を指定することができます。

【構文例：ユーザーの部署属性が "Sales" または "Research" と等しい】

```
(user.department -eq "Sales") -or (user.department -eq "Research")
```

【構文例：ユーザーの部署属性が "Sales" と等しく、かつ、ユーザーの姓属性が "Arai" から始まる】

```
(user.department -eq "Sales") -and (user.surname -startsWith "Arai")
```

【構文例：ユーザーの部署属性が "Sales" または "Research" と等しく、かつ、ユーザーの国属性が "JP" と等しい】

```
(user.country -eq "JP" -and (user.department -eq "Sales" -or user.department -eq "Research"))
```

試験対策　各演算子の意味と評価の順序など、動的メンバーシップルールの構文を確認しておきましょう。

6　グループの作成

　Azureポータルでグループを作成するには、［Azure Active Directory］の［グループ］のメニューで［新しいグループ］をクリックします。作成時には、グループ名のほかに、グループの種類やメンバーシップの種類などを選択します。
　手動でメンバー管理を行うには、グループの作成時に［メンバーシップの種類］で［割り当て済み］を選択します。その上で、メンバーを構成するリンクをクリックし、画面に表示される一覧から、このグループにメンバーとして追加するユーザーやグループなどを選択します。

【手動でメンバー管理を行う場合】

　一方、動的なメンバー管理を行う場合は、[メンバーシップの種類]で[動的ユーザー]または[動的デバイス]を選択します。その上で[動的クエリの追加]をクリックし、画面上に表示される[プロパティ]、[演算子]、[値]をそれぞれ指定してクエリを作成します。必要に応じて、テキストボックスにクエリを直接記述することもできます。

【動的なメンバー管理を行う場合】

7　ロールと割り当て

　テナント内のユーザーやグループの管理は、管理権限を持つユーザーだけがその操作を実行できます。Azure ADでは、あらかじめ「ロール」と呼ばれる管理権限が用意されており、ユーザーに対してロールを割り当てることで、そのユーザーに管理権限を設定できます。Azure ADにあらかじめ用意された主なロールには次のようなものがあり、割り当てるロールによって管理できる範囲が異なります。

【主なAzure ADのロール】

ロール	説明
グローバル管理者	Azure ADに関わるすべての操作が可能
グローバル閲覧者	グローバル管理者が読み取れるすべての情報の参照が可能
ユーザー管理者	ユーザーとグループに関わる操作やサポート利用に関する操作が可能
パスワード管理者	既存のユーザーに対するパスワード変更（リセット）操作が可能
ライセンス管理者	ユーザーおよびグループに対するライセンスの割り当て、削除、更新が可能
レポート閲覧者	サインインおよび監査レポートを読み取ることが可能

　既定では、テナントを作成したユーザーに対し、すべての操作が可能な「グローバル管理者」と呼ばれるロールが割り当てられます。

　ユーザーに対してロールを割り当てるには、Azureポータルの［Azure Active Directory］の［ロールと管理者］のメニューか、［ユーザー］の詳細設定画面の［割り当てられたロール］のメニューを使用して設定します。どちらから操作を行った場合でも結果は同じであるため、ロール単位で設定したいのか、ユーザー単位で設定したいのかによって使い分けてください。［ロールと管理者］から設定を行う場合は、割り当てるロールをクリックし、さらに［割り当ての追加］をクリックして割り当てるユーザーを選択します。

2

【[ロールと管理者] の設定画面】

テナントを作成したユーザーには、グローバル管理者のロールが既定で割り当てられます。

試験対策

組織の一般的な管理要件に対応する様々なロールがあらかじめ用意されています。組み込みのAzure ADロールの一覧は、以下のWebサイトを参照してください。

https://docs.microsoft.com/ja-jp/azure/active-directory/roles/permissions-reference

参考

2-4 ディレクトリ同期

Azure Active Directoryでは、新規にユーザーやグループを作成して管理するほか、ディレクトリ同期を行い、オンプレミスのAD DSに登録されたユーザーやグループを使用することができます。
本節では、ディレクトリ同期やその構成方法および確認事項について説明します。

1 ディレクトリ同期による管理

　Azure ADのテナントでは、クラウド上に独自にユーザーやグループを作成して管理することができます。しかし、オンプレミスの環境にAD DSを展開している組織では、管理者は2つのディレクトリを管理する必要が出てきます。つまり、組織内に新しい社員が加わった場合にはそれぞれのディレクトリに新しくユーザーを作成する必要があり、組織内での異動があった場合にはそれぞれのディレクトリでグループメンバーの変更などを行う必要があります。

　各ディレクトリを個別に管理するのは、ユーザーへの負担も大きくなります。ユーザーは、オンプレミスのリソースやアプリケーションにアクセスする場合はAD DSの資格情報を使用する必要があり、Azure ADに登録されたSaaSアプリにアクセスする場合にはAzure ADの資格情報を使用する必要があります。

【2つのディレクトリ管理の課題】

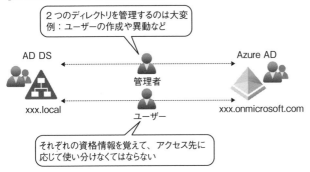

　オンプレミスの環境にAD DSを展開している組織でAzure ADも使っていきたい場合は、「Azure Active Directory Connect」と呼ばれる同期ツールを用いて、ディレクトリ

同期を行うことができます。

●Azure Active Directory Connect

Azure Active Directory Connect（以下、**Azure AD Connect**）は、AD DSと Azure ADのディレクトリを統合するためのツール、すなわち同期ツールです。この ツール自体は、マイクロソフトのダウンロードセンターから無償で提供されて おり、ドメイン参加しているWindows Serverにインストールして使用します。こ のツールをインストールしたWindows Serverは「Azure AD Connect同期サー バー」と呼ばれます。

・Microsoft Azure Active Directory Connect
https://www.microsoft.com/en-us/download/details.aspx?id=47594

AD DSとAzure ADはディレクトリとしては別物ですが、このツールをインス トールしてディレクトリ同期を行うことにより、2つのディレクトリ管理における 煩雑さを軽減できます。ディレクトリ同期は、基本的にはAD DSからAzure AD への一方向となり、AD DSに登録されているユーザーやグループの情報をAzure ADに同期します。同期間隔は既定で30分に設定されており、同期されたユーザー およびグループをAzure ADで変更することはできませんが、AD DSで変更され た情報は再びAzure ADに同期されます。これにより、管理者はAD DSで管理し ているものと同じ情報をAzure ADに登録する必要がなくなり、ユーザーはAD DS で使用している資格情報をそのままAzure ADでも使用できるようになります。

【ディレクトリ同期】

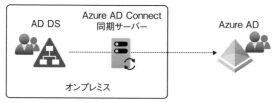

AD DS　　Azure AD Connect 同期サーバー　　Azure AD

オンプレミス

参考

Azure AD Connectを使用するには、Active Directoryスキーマのバージョン、フォ レストの機能レベル、同期サーバーとなるWindows Serverのバージョンなど の前提条件があります。Azure AD Connectの前提条件の詳細については、以 下のWebサイトを参照してください。
https://docs.microsoft.com/ja-jp/azure/active-directory/hybrid/how-to-connect-install-prerequisites

Azure AD Premiumエディションでは、パスワードなどの一部の情報について Azure ADからAD DSに同期できます。この方向の同期は、ライトバック（書き戻し）とも呼ばれます。

●同期サーバーの冗長構成

Azure AD Connectを使用してディレクトリ同期を行う場合、アクティブな同期サーバーは基本的には1台です。ただし、同期サーバーの障害などのために、**ステージングモード**という構成にすることもできます。ステージングモードを使用すると、Azure AD Connectのセカンドサーバーを構成できます。セカンドサーバーは、接続されたすべてのディレクトリからデータを読み取りますが、接続されたディレクトリへの書き込みは行いません。プライマリサーバー（アクティブな同期サーバー）で障害が発生したときの切り替えや、同期サーバーの交換の際にステージングモードが役立ちます。

【同期サーバーの冗長構成】

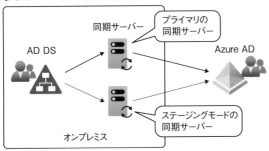

 Azure AD Connectは、マルチフォレストにも対応しています。ただし、複数のフォレストを複数の同期サーバーで1つのAzure ADテナントに同期するような構成はサポートされていません。サポートされるAzure AD Connectの構成パターンの詳細については、以下のWebサイトを参照してください。
https://docs.microsoft.com/ja-jp/azure/active-directory/hybrid/plan-connect-topologies

2 ディレクトリ同期を行う際の確認事項

　Azure AD Connectによるディレクトリ同期を行う場合、同期ツール自体の要件以外にも様々な確認事項があります。ここでは、それらの中から特に注意すべき点について説明します。

●各ディレクトリでの使用可能な文字の違い

　AD DSとAzure ADの各ディレクトリでは、使用可能な文字に違いがあります。例えば、AD DSでのユーザープリンシパル名（userPrincipalName）では、ユーザー名部分に「@」を使用できるため、yamadaというユーザーのユーザープリンシパル名を「y@mada@contoso.com」などとする設定が可能です。しかし、Azure ADのユーザープリンシパル名では、ユーザー名部分に「@」を含めることはできません。

　このように、双方のディレクトリで使用可能な文字には違いがあり、そのままディレクトリ同期を行うとエラーになってしまう可能性があります。そこでディレクトリ同期の前に、Azure ADで使用できない文字がAD DSで使われていないかを確認する必要があります。そのためのツールとして、マイクロソフトは**IdFix**と呼ばれるツールを提供しています。IdFixツールを使用すると、AD DSにアクセスし、Azure ADで使用できない文字の確認などの問題の検出やその修正を実行できます。

【IdFixツール】

試験対策　ディレクトリ同期における無効な文字などの検出と修正には、IdFixというツールが役立ちます。

参考　IdFixツールの詳細やダウンロードなどについては、以下のWebサイトを参照してください。
https://microsoft.github.io/idfix/

●各ディレクトリのドメイン名の相違

　Azure AD Connectは、AD DSユーザーとAzure ADユーザーをマッピングさせることでディレクトリ同期を実現しています。ユーザー名が同一かどうかのチェックは、AD DSユーザーとAzure ADユーザーの「ユーザー名@ドメイン名」の形式の名前（ユーザープリンシパル名）で確認するため、AD DSとAzure ADのドメイン名は同じである必要があります。しかし、AD DSのドメイン名に「xxx.local」のような名前が使われているなど、Azure ADのドメイン名と同じではない場合もあります。

　どちらも同じドメイン名（xxx.comなど）を使用している場合はそのまま同期を構成できますが、双方のドメイン名が一致していない場合には、次図のいずれかの方法で対応してから同期を構成する必要があります。

【ドメイン名が一致していない場合の対応方法】

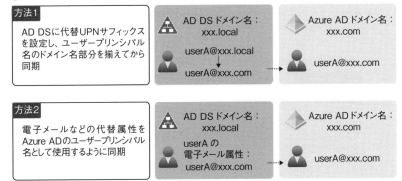

　方法1の場合、Azure ADで使用するドメイン名を、AD DSで代替UPNサフィックスとして追加します。代替UPNサフィックスとは、AD DSのドメイン名に対する別名設定です。代替UPNサフィックスを構成すると、AD DSのユーザープリンシパル名のドメイン名部分で「追加したドメイン名」が選択できるようになります。ただし、この方法ではAD DSにサインインする際に使用する「ユーザー名@ドメイン名」の情報も変更されてしまいます。それを回避したい場合には、方法2を使用します。

　方法2では、ユーザープリンシパル名の代わりに、電子メールなどの代替属性を使用して同期を行います。この方法の場合には、事前準備としてAD DSのユーザーのプロパティの電子メール（mail）属性に、Azure ADのユーザー名を設定します。そして、同期ツールをセットアップする際に、「AD DSの電子メール属性」を「Azure ADのユーザー名」として使用するように指定して同期を実行します。

●同期の監視

　同期されたユーザー情報はAzure ADのユーザー管理画面から確認できますが、

同期に関わるサーバー群が適切に動作しているかどうかなどの監視も行うべきです。同期が正しく行われるには、オンプレミスに配置されているドメインコントローラーやAzure AD Connectをインストールした同期サーバーが適切に動作している必要があるからです。例えば、同期サーバーが停止していると、AD DSで行われた変更がいつまで経ってもAzure AD側に反映されなくなってしまいます。

　これらのサーバー群を監視するため、Azure AD Premiumエディションには Azure Active Directory Connect Health（以下、**Azure AD Connect Health**）と呼ばれる機能が用意されています。Azure AD Connect HealthによってオンプレミスのIDインフラストラクチャを監視することで、環境の信頼性が向上できます。具体的には、Azure AD Connect Healthエージェントというプログラムにより、同期に関する情報などがサーバー群から収集され、その情報がAzure AD Connect Healthポータル（https://aka.ms/aadconnecthealth）に表示されます。Azure AD Connect Healthポータルには、同期エラーに関するアラートなどを表示する様々なビューが用意されているため、主要なIDコンポーネントの正常性を1つの画面でまとめて確認できます。

【Azure AD Connect Healthポータル】

演習問題

1 Azure ADに関する説明として、誤っているものは次のうちどれですか。

    A.   Kerberosという仕組みを用いて認証と認可を行う

    B.   Azure ADの管理自体はクラウドで行う

    C.   クラウドでの認証と認可を行うためのサービスである

    D.   Azure ADにはSaaSアプリを登録し、その認証基盤として利用できる

2 Azure ADとAD DSとの比較に関する説明として、適切なものはどれですか（2つ選択）。

    A.   どちらも親ドメインと子ドメインという親子関係を用いて構成できる

    B.   どちらもディレクトリサービスだが、使用目的の範囲が異なる

    C.   Azure ADではOUを用いてオブジェクトを階層的に管理できる

    D.   Azure ADにはグループポリシーの管理機能はない

3 Azure ADのセルフサービスパスワードリセットで、秘密の質問によるリセットが利用できるようにしたい場合、管理者が構成する必要のあるパラメーターはどれですか（2つ選択）。

    A.   リセットするために答える必要がある質問の数

    B.   ユーザーがリセットできる回数

    C.   質問ごとのレベル

    D.   登録する質問の数

4 Azure ADにデバイス情報を登録する方法のうち、Windowsにサインインする際にAzure ADユーザーの資格情報を使用できるものは次のうちどれですか。

    A.   AD DSドメイン参加

    B.   ハイブリッドAzure AD参加

    C.   Azure ADデバイス登録

    D.   Azure AD参加

5 Azureポータルで新しくAzure ADのテナントを作成する場合に、初期ドメイン名の形式として適切なものはどれですか。

    A.　xxx.aad.azure.com

    B.　xxx.onmicrosoft.com

    C.　xxx.outlook.jp

    D.　xxx.azurewebsites.net

6 Azure AD Freeエディションを利用しているテナントで、カスタムドメイン名を設定したい場合に必要となる操作および作業として適切なものはどれですか。

    A.　エディションのアップグレード

    B.　Azureサブスクリプションのサインアップ

    C.　DNSレコードの登録

    D.　テナントの切り替え

7 新しく作成したAzure ADユーザーにAzure AD Premium P1のライセンスを割り当てようとするとエラーが表示され、ライセンスの割り当てに失敗してしまいました。次のうち、見直すべき情報として適切なものはどれですか。

    A.　ユーザーの[ユーザープリンシパル名]属性

    B.　ユーザーの[サインインのブロック]属性

    C.　ユーザーの[利用場所]属性

    D.　テナントの[カスタムドメイン名]

8 AzureポータルからAzure ADユーザーの一括作成を行いたい場合に使用するファイル形式として適切なものはどれですか。

    A.　RTFファイル

    B.　LDIFファイル

    C.　TMPファイル

    D.　CSVファイル

9 Azure ADでのアクセス許可やライセンスの割り当てをまとめて行うために、Azure ADのユーザーやデバイスを含めることができるグループの種類として適切なものはどれですか。

    A.   セキュリティグループ
    B.   配布リスト
    C.   Microsoft 365グループ
    D.   管理グループ

10 Azure AD Freeエディションのテナントがあります。ユーザーの部署属性の値に基づいて動的にグループのメンバーを管理したい場合、最初に行うべき操作として適切なものはどれですか。

    A.   動的メンバーシップルールの作成
    B.   カスタムロールの作成
    C.   カスタムドメイン名の追加
    D.   エディションのアップグレード

2

11 テナント内のグループには、次の構文で動的メンバーシップルールが構成されています。

```
(user.country -eq "JP" -and -not (user.department -eq "Sales" -or
user.department -eq "Research"))
```

このグループに含まれるメンバーとして適切なものはどれですか。

    A.   部署属性に"Sales"、国属性に"JP"の値を持つユーザー
    B.   部署属性に"Research"、国属性に"US"の値を持つユーザー
    C.   部署属性に"Dev"、国属性に"JP"の値を持つユーザー
    D.   部署属性に"Research"、国属性に"JP"の値を持つユーザー

12 次のAzure ADの1ロールのうち、すべてのグループおよびメンバーの管理やほかのユーザーへのロールの割り当てを行うことができるロールはどれですか。

    A.　ユーザー管理者

    B.　グローバル管理者

    C.　ライセンス管理者

    D.　グローバル閲覧者

13 ディレクトリ同期を行う前に、Azure ADでは使用できない文字がAD DSで使われていないかなどを確認するために役立つツールとして適切なものはどれですか。

    A.　Azure AD Connect

    B.　IdFix

    C.　Azure AD Connect Health

    D.　Azure CLI

解答

1 A

Kerberosは、AD DSで使用されるプロトコルです。Azure ADは、SAML、
WS-Federation、OpenID Connect、OAuthなどのプロトコルで認証と認可を
行います。

2 B、D

AD DSはオンプレミス内での認証と認可のために使用されますが、Azure
ADはクラウドでの認証と認可のために使用されます。また、AD DSはグルー
プポリシーという管理機能を用いてコンピューターの構成管理を行うこと
ができますが、Azure ADにはグループポリシーの機能はありません。
Azure ADでは構成管理にMicrosoft Intuneなどのクラウドサービスを使用し
ます。
ドメインの親子関係や、OUを用いたオブジェクトの階層的な管理はAD DS
の特徴です。

3 A、D

セルフサービスパスワードリセットで秘密の質問によるリセットが利用で
きるように構成する場合は、登録する質問の数と、リセットするためにい
くつの質問に答える必要があるかを管理者が設定します。ユーザーがリ
セットできる回数や、質問ごとのレベルに関する設定はありません。

4 D

どの方法でデバイス情報を登録するかによって、Windowsにサインインす
る際に使用する情報が異なります。Azure ADユーザーの資格情報を使用し
てWindowsにサインインできるように構成するには、Azure AD参加を行う
必要があります。ハイブリッドAzure AD参加ではAD DSのユーザーの資格
情報、Azure ADデバイス登録ではローカルユーザーの資格情報を使用して
Windowsにサインインすることになります。
AD DSドメイン参加は、従来のAD DSドメイン環境にデバイス情報を登録
する管理形態です。

5 B

新しく作成するテナントの初期ドメイン名は「xxx.onmicrosoft.com」とい

う形式になり、ほかの組織とバッティングしない一意の名前を指定する必要があります。初期ドメイン名の形式は決まっていますが、必要に応じてカスタムドメイン名を追加し、別のドメイン名を使用できるように構成することができます。

6 C

カスタムドメイン名は、「xxx.com」や「xxx.co.jp」のように短いドメイン名を追加するという設定です。カスタムドメイン名はAzure AD Freeのエディションでも使用できますが、追加したドメイン名を使用するには、DNSレコードを登録してドメイン名の所有権を確認できるようにする必要があります。

Azureサブスクリプションのサインアップは、そのテナントでAzureの仮想マシンなどのサービスを使用するための操作です。また、テナントの切り替えは、Azureポータルで操作するテナントを切り替えるための操作です。

7 C

Azure AD Premiumなどの一部のクラウドサービスのライセンス割り当てを行うには、ユーザーの［利用場所］属性を事前に設定しておく必要があります。この属性が未設定になっていると、ライセンスの割り当て時にエラーが表示されます。

8 D

Azure ADで複数のユーザーを効率良く作成したい場合などのために、CSVファイルを用いて一括作成する方法が用意されています。CSVファイルの適切な行および列にユーザー情報をまとめておき、そのファイルをアップロードすることによって一度の操作で複数のユーザーを作成できます。

9 A

ユーザーやデバイスを含めることができ、Azure ADでのアクセス許可やライセンスの割り当てをまとめて行うために使用できるグループの種類はセキュリティグループです。Microsoft 365グループにはデバイスを含めることができず、Azure ADでのアクセス許可やライセンスの割り当てを行うこともできません。

配布リストは、Exchange Onlineでのメーリングリストとして使用するグループです。管理グループはAzure ADのグループの種類ではなく、複数のAzureサブスクリプションにまとめて同じAzure Policyを適用するためなど

に使用されます。

10 **D**

Azure ADでは、動的メンバーシップルールと呼ばれるクエリを定義し、ユーザーやデバイスの属性に基づいてグループのメンバーを動的に管理することができます。ただし、これはAzure AD Premiumエディションで使用できる機能であるため、Azure AD Freeエディションでは使用できません。したがって、今回のシナリオでは最初にエディションをアップグレードする必要があります。

カスタムロールは、Azure ADテナントの管理権限を与えるためのオリジナルのロールを作成する操作です。カスタムドメイン名の追加は、短いドメイン名を追加する設定です。

11 **C**

動的メンバーシップルールの論理演算子は優先順位の高いものから、-not、-and、-orの順で評価されます。また、かっこを追加した場合はかっこ内が優先的に評価されます。そのため、この構文は、「ユーザーの部署属性が"Sales"または"Research"と等しくなく、かつ、ユーザーの国属性が"JP"と等しい」という意味を持ちます。

12 **B**

選択肢のうち、すべてのグループおよびメンバーの管理やほかのユーザーへのロールの割り当てを行うことができるのは、グローバル管理者のみです。ユーザー管理者は、グループやメンバーの管理操作を行うことはできますが、ほかのユーザーへロールを割り当てることはできません。また、グローバル閲覧者はすべての情報を読み取ることはできますが、変更を行うことはできません。

ライセンス管理者はユーザーやグループに対するライセンス関連の操作（割り当てなど）が可能なロールであり、グループのメンバー管理やほかのユーザーへのロール割り当ては行えません。

13 **B**

AD DSとAzure ADの各ディレクトリでは使用可能な文字に違いがあるため、そのままディレクトリ同期を行うとエラーになってしまう可能性があります。その確認を行うためにIdFixというツールが提供されており、このツールを使用して無効な文字の確認などの問題の検出やその修正ができます。

Azure AD Connectは、ディレクトリ同期を実行するためのツールです。
Azure AD Connect Healthは、同期サーバーなどのIDインフラストラクチャ
を監視および把握するための機能です。Azure CLIは、コマンドラインから
Azureを操作するための管理ツールです。

第3章

ガバナンスと
コンプライアンス

3-1 環境管理

組織でMicrosoft Azureを使用する場合、テナント内の複数のユーザーが同じサブスクリプションを使用して様々なリソースを作成することになります。
本節では、Microsoft Azureの環境管理に役立つ仕組みや機能について説明します。

1 Microsoft Azureの環境管理

　Azureでは、サブスクリプションを取得し、そのサブスクリプションの配下に仮想マシンやストレージなどの様々なリソースを作成します。ただし、テナント内には複数のユーザーがいるため、ただ使用できればよいというわけではありません。作成されたAzure上のリソースを管理者が把握し、各リソースの用途や管理部門などを明確にしておく必要があります。ビジネスに影響を及ぼすような重要なリソースがある場合には、誤って削除されないように保護する必要もあります。また、Azureでリソースを作成する際に「特定のリージョンだけを選択可能にしたい」など、組織としてAzureを使用する上での制限を設けたい場合は、その制限の構成や違反しているリソースがないかどうかの確認も必要です。さらに、複数のサブスクリプションを所有している場合には、そのような制限の構成や違反の有無をサブスクリプションごとに確認する必要があります。

【Azure環境の管理要素】

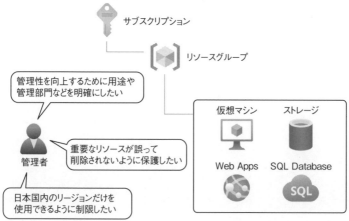

Azureでは、そのような環境管理のために次の機能を用意しています。これらの機能の使用は必須ではありませんが、これらを組み合わせて活用することによって、組織でAzureを使用する上での環境管理に役立ちます。

●タグ

Azureの各リソースに付与できる「キーと値」のペアです。リソースにタグを付けることで、リソースを整理でき、検索性の向上やコスト集計などに役立ちます。

●ロック

リソースの変更や削除を禁止する機能です。誤ってリソースが変更されたり削除されたりすることを防ぎます。

●クォータ

作成できるリソースの数などの上限設定です。予期しない多額の課金が発生するのを防ぐための設定ですが、必要に応じて引き上げを要求することもできます。

●Azure Advisor

Azure環境および存在するリソースをスキャンし、アドバイスを提供する機能です。マイクロソフトが提供する推奨事項に基づいて問題点を見つけ、それを解決するための方法を提案します。

●Azure Policy

組織でAzureを使用する上での「ルール」を構成する機能です。例えば、「Azureでのリソース作成時に特定のリージョンだけを選択可能」などのルールを構成できます。Azure Policyについては3-3節で説明します。

●RBAC

Azureリソースへの詳細なアクセス制御を実現する機能です。アクセス許可のコレクションであるロールを、サブスクリプションやリソースグループなどのレベルで設定し、「ユーザーが何に対して何をできるか」を制御します。RBACについては3-4節で説明します。

●管理グループ

複数のサブスクリプションをグルーピングする機能です。複数のサブスクリプションに、同じAzure PolicyやRBACの設定を適用したい場合に活用できます。

試験対策　環境管理のために役立つ各機能の内容や目的を確認しておきましょう。

2 タグ

　Azureでは様々な種類のリソースやリソースグループを作成することができます。各リソースの作成時にはリソースに名前を付ける必要があり、仮想マシンの作成時には「仮想マシン名」、リソースグループの作成時には「リソースグループ名」を設定します。しかし、名前だけではそのリソースの用途や管理部門がわかりにくく、リソースの数が多くなると全体の管理性が低下してしまいます。

　そこで、タグを使用すると、リソース管理が容易になります。イメージとしては、組織が所有するデバイスや備品などにラベルを貼ってメモ書きしておくのと同じです。タグは「キー（名前）と値」のペアの情報で構成されます。リソースやリソースグループにタグを付けておくとリソースの整理に役立ちます。

　タグの使い方は自由ですが、リソースの管理部門や用途などを管理するのであれば、「管理部門：開発部」や「用途：テスト」のようなタグを付与します。これによって「管理部門：開発部」というタグが付いたリソースの一覧を表示できるようになり、リソースの検索性が向上します。また、タグはコスト分析の際の「フィルター」として使用可能で、特定のタグが付いたリソースにどれくらいのコストが発生しているのかを確認できます。

【タグ付けされたリソース】

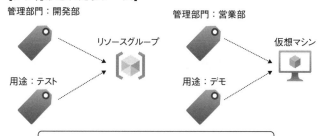

タグを設定すると、特定のタグが付いたリソースの検索や、コスト分析におけるタグごとの集計が可能になる

試験対策　タグは、リソースの検索時だけではなく、コスト集計にも役立ちます。

●リソースへのタグ付け

　タグは、リソースの作成時に付与する以外に、既存のリソースに追加すること

もできます。Azureポータルでのリソース作成時にタグを付ける場合、作成途中に［タグ］というタブが表示されるため、そこで任意の名前と値を入力してタグを設定します。既存のリソースのタグを確認、追加したい場合は、Azureポータルで該当のリソースの［タグ］メニューを使用します。

【既存リソースのタグの確認と追加】

既定ではタグは必須ではありませんが、作成されるリソースに特定のタグと値を必ず付与したい場合などはAzure Policyで実現できます。

●特定のタグが付いたリソースの検索

Azureポータルで、特定のタグが付いたリソースを一覧表示したい場合は、サービス一覧から［全般］のカテゴリ内にある［タグ］をクリックします。［タグ］の画面にはAzureで使用されているタグの一覧が表示され、特定のタグをクリックするとそのタグが付いたリソースが表示されます。

3 ロック

Azureをはじめとしたクラウドサービスでは、簡単に仮想マシンなどのリソースを作成できます。その一方で、削除も簡単にできてしまうという特徴があります。苦労して作成、設定した仮想マシンであっても、誤ってワンクリックするだけで消えてしまうのは、クラウドサービスの恐ろしいところです。

そのような悲劇が起こらないように、Azureではロック機能を使用することができます。ロックは、リソースの変更や削除を禁止します。つまり、誤ってリソースが変更されたり削除されたりすることを防げるため、Azure上の特に重要度の高いリソースは

ロックをしておくと安心して使用できます。ロックを設定した本人であっても、ロックを解除しない限り特定の操作が禁止されるため、自身の操作ミスの防止にも役立ちます。

●ロックの種類

ロックには次の2種類があり、種類によって禁止される操作が異なります。

ロックの種類	読み取り操作	変更操作	削除操作
削除	可	可	不可
読み取り専用	可	不可	不可

　［削除］のロックは、削除操作のみを禁止するロックであり、リソースの設定確認や設定変更などは許可されます。一方、［読み取り専用］のロックは、削除操作に加えて変更操作も禁止されます。例えば、実行中の仮想マシンに対して［読み取り専用］のロックをかけた場合には、その仮想マシンを削除できなくなるだけでなく、仮想マシンの停止などの操作もできなくなります。したがって、実際に顧客にサービスを提供している仮想マシンに［読み取り専用］のロックを設定しておけば、ほかのユーザーによって誤って停止されることを回避できます。

●ロックの設定

　Azureポータルでロックを設定するには、リソースグループやリソースの［ロック］メニューで［追加］をクリックし、ロック名や種類を選択します。サブスクリプションに対するロックの場合は、サブスクリプションの［リソースのロック］メニューを使用しますが、設定で必要になるパラメーターは同じです。

【リソースグループに対するロック】

　ロックは、サブスクリプション、リソースグループ、リソースの各スコープで設定できますが、上位のスコープで設定されたロックは下位に継承されます。例えば、リソースグループのスコープで削除ロックを設定した場合は、リソースグ

ループの削除だけでなく、そのリソースグループ内の個々のリソースの削除も禁止されます。そのため、リソースグループに対してロックを設定すると、関連するリソース群をまとめて保護できます。

【ロック設定の継承】

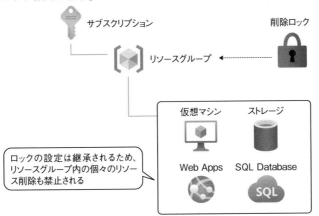

ロックの設定は継承されるため、リソースグループ内の個々のリソース削除も禁止される

試験対策

ロックは、サブスクリプション、リソースグループ、リソースのスコープで設定可能です。また、上位のスコープで設定されたロックは、下位のスコープに継承されます。

4 クォータ

クォータとは、作成できるリソースの数などの上限設定のことです。1つのサブスクリプション内で作成できる仮想マシンやストレージなどの数にはクォータが設定されており、その上限に達しない範囲での作成が可能です。また、クォータは既定で適用されますが、必要に応じてマイクロソフトに引き上げを依頼することもできます。

クォータはあくまでも「安全装置」として用意されているものです。Azureは従量課金であるため、Azure上に必要以上のリソースが作成されると、その分、無駄な課金が発生してしまいます。そのため、作成できる数の上限が設定されていないと、仮想マシンを延々と作り続けるような誤ったスクリプトが実行された場合、エンドレスで仮想マシンが作成され、結果として多くのコストが発生してしまいます。そういったときでも一定の値でストップするように、クォータが安全装置として機能します。

ただし、本当にクォータの値を超えた数の仮想マシンを作成したい場合などのために、

クォータ引き上げの要求が可能になっています。

【クォータによる制限】

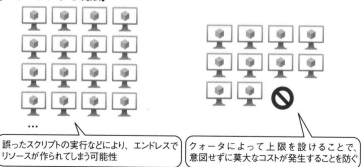

誤ったスクリプトの実行などにより、エンドレスで
リソースが作られてしまう可能性

クォータによって上限を設けることで、
意図せずに莫大なコストが発生することを防ぐ

　クォータはサブスクリプションごとに設定されているため、複数のサブスクリプションを所有する場合、各サブスクリプションでクォータを管理します。

参考

サブスクリプションごとのクォータの値については、以下のWebサイトを参照してください。
https://docs.microsoft.com/ja-jp/azure/azure-resource-manager/management/
azure-subscription-service-limits

●クォータの確認と引き上げ依頼

　クォータの確認は、Azureポータルの［サブスクリプション］で個別のサブスクリプションの選択後に表示される［使用量＋クォータ］のメニューから行えます。この画面ではクォータの一覧が表示され、各クォータの値と現在の使用量を確認することができます。

【Azureポータルの［使用量＋クォータ］】

　現在のクォータ値を超えるリソースの数が必要な場合には、［引き上げを依頼する］をクリックしてサポートリクエストを送信するか、各クォータの詳細画面から増加の要求を行います。これに基づいてマイクロソフトがクォータの引き上げを行うと、クォータの値が増加します。

ほとんどのクォータはリージョンレベルで管理されています。そのため、東日本リージョンだけを選択してクォータの増加を要求した場合は、東日本リージョンのクォータの値のみ増加し、ほかのリージョンのクォータの値は増加しません。

5 Azure Advisor

　Azure Advisorは、Azure環境および存在するリソースをスキャンし、アドバイスを提供する機能です。つまり、Azureを使用する上でのコンサルタントとして機能します。Azure Advisorによって、既存のAzure環境内のリソースの構成や利用統計情報などが分析され、マイクロソフトでの推奨事項（ベストプラクティス）と比較した結果が返されます。

【Azure Advisorのイメージ】

Azure Advisorを使用するには、Azureポータルのサービス一覧から［管理＋ガバナンス］のカテゴリ内にある［Advisor］をクリックします。このメニューをクリックするだけで環境がスキャンされて、カテゴリごとに推奨事項に従っているかどうかの結果が表示されます。

【AzureポータルのAdvisor】

Advisorで表示される推奨事項には、「信頼性」「セキュリティ」「パフォーマンス」「コスト」「オペレーショナルエクセレンス」という5つのカテゴリがあります。例えば、BLOBデータを保護するための論理的な削除が無効になっているストレージアカウントがある場合は、「信頼性」のカテゴリで論理的な削除を有効にするよう提案されます。また、CPU使用率が低いなど、ほとんど使用されていない仮想マシンがある場合には、その仮想マシンをシャットダウンするかサイズを変更するような提案が「コスト」のカテゴリに表示されます。

【表示された推奨事項の確認】

　Advisorで表示されるのはあくまでも提案であり、組織の運用的に問題がない場合には、必ずしもすべての提案を受け入れる必要はありません。なお、特定の推奨事項を一定期間表示されないようにしたり、無視することもできます。

> カテゴリごとに表示される推奨事項の詳細は、以下のWebサイトを参照してください。
> https://docs.microsoft.com/ja-jp/azure/advisor/advisor-overview

6　管理グループ

　組織で複数のサブスクリプションを所有している場合は、それらのサブスクリプションのアクセス制御や、ポリシーおよびコンプライアンスを効率的に管理する方法が必要になることがあります。例えば、Azure Policyで、リソースの展開時に選択可能なリージョンを制限するポリシーを作成し、そのポリシーを複数のサブスクリプションに割り当てて使用したい場合などです。このようなポリシーの割り当てや管理はサブスクリプションごとに行うことも可能ですが、その場合、サブスクリプションごとに複数回の設定が必要になります。また、割り当てを変更したい場合も、個別に変更する必要があります。

　管理グループは、複数のサブスクリプションに同じAzure PolicyやRBACの設定を適用したい場合などに役立ちます。管理グループで複数のサブスクリプションをグルーピングすることにより、管理グループ単位でAzure PolicyやRBACを設定可能で、それらの設定内容は配下のサブスクリプションやリソースに継承されます。つまり、管理グルー

プに対してポリシーを割り当てれば、その管理グループの配下にあるすべての管理グループ、サブスクリプション、リソースにそのポリシーを適用できるため、複数のサブスクリプションを所有している場合でも、ポリシーやアクセス制御を効率良く設定、維持できます。

【管理グループにポリシーを設定】

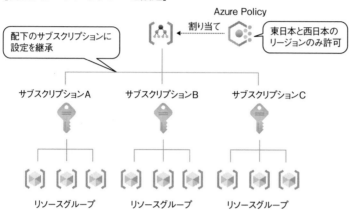

●管理グループの作成と管理

　管理グループの作成や管理を行うには、Azureポータルのサービス一覧から［管理＋ガバナンス］カテゴリにある［管理グループ］をクリックします。管理グループを使用するには、最初にルート管理グループの作成が必要です。ルート管理グループは、その名のとおり、最上位の管理グループです。操作としては、画面内で［管理グループの使用を開始します］をクリックするだけですが、この操作により「Tenant Root Group」という名前のルート管理グループが作成され、テナントが所有しているすべての既存のサブスクリプションがルート管理グループの子として追加されます。ルート管理グループを作成した後は、組織の管理形態に合わせて任意の管理グループを作成し、管理グループの階層を形成できます。

【新しい管理グループの作成】

　管理グループを作成したら、その管理グループの配下で管理するサブスクリプションを追加します。ここでの［追加］とは、サインアップではなく移動を意味します。既定では、すべての既存のサブスクリプションがルート管理グループに子として登録されているため、作成した管理グループの［サブスクリプション］メニューで［追加］をクリックし、子として管理するサブスクリプションを選択して［保存］をクリックします。この操作により、サブスクリプションがその管理グループの子として扱われるようになり、管理グループに割り当てられたポリシーやアクセス制御は、子のサブスクリプションおよびリソースに継承されます。

【管理グループの階層とサブスクリプションのイメージ】

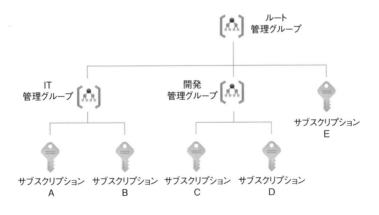

管理グループの階層の深さは、最大6レベルまでサポートされています。各管理グループには複数の子を含められますが、各管理グループとサブスクリプションの親となる管理グループは1つだけです。

Microsoft Azureは従量課金のクラウドサービスであるため、その使用にはコストが発生します。
本節では、コストの管理および確認方法、コストを削減するオプションなどについて説明します。

1 Microsoft Azureの使用により発生するコスト

　Azureでは、テナント内で複数のユーザーが仮想マシンやストレージなどの様々なリソースを作成し、使用できます。ただし、Azureは従量課金のクラウドサービスであるため、それらのリソースを使用した分だけコストが発生します。コストは、使用したリソースの種類やデータ量、リージョンなどにより異なりますが、ここでは1つの例として、仮想マシンのサービスを利用した場合のコストについて説明します。

　Azure仮想マシンのサービスを利用するには、その仮想マシンを実行するコンピューティング環境（CPUやメモリなど）のほか、ストレージやネットワークも必要です。その3つの区分で発生するコストの合計が仮想マシンのサービスを利用した場合にかかるコストとなります。

【仮想マシンを利用した場合の主なコスト】

仮想マシンの実行時間　　　　ストレージのデータ量　　　　ネットワークの送信データ量

 ＋ ＋

　　分単位　　　　　　ディスク容量とトランザクション量　　アウトバウンド通信のみ

●仮想マシンに関するコスト

　まず、コンピューティング環境のコストは、使用するOSの種類やサイズによって単価が決まります。Windows Serverの仮想マシンの場合には、CALを含むWindowsのライセンスを含めた料金で設定されており、使用するOSの種類やサイズの選択によって決まる単価と、実際の実行時間が掛け算されてコストが決定します。逆に言えば、仮想マシンを停止している間はコストが発生しないため、必要なときだけ起動し、使い終わったら停止すればコストを抑えることができます。なお、実行中の仮想マシンのコストは、分単位で計算されます。

●ストレージに関するコスト

　仮想マシンにインストールされたOSや、その仮想マシン内で作成および保持するデータは、ストレージ（ディスク）に保存されます。ストレージのコストは種類と容量に基づいて計算されます。ストレージの種類にもいくつかの選択肢がありますが、Standard HDDよりもPremium SSDのほうが単価が高く、容量も大きいほど単価が高く設定されています。また、仮想マシンが停止していてもその仮想マシンで使用しているストレージは保持し続ける必要があるため、ストレージは存在している限りコストが発生します。また、Premium SSD以外の種類のストレージでは、トランザクションについても課金されます。トランザクションには、ストレージに対する読み取り、書き込み、削除などのすべての操作が含まれ、これらに対する課金が行われます。

●ネットワークに関するコスト

　仮想マシンが受信するデータにはコストがかかりませんが、仮想マシンから送信されるデータであるアウトバウンド通信に対してはコストが発生します（ただし、同じリージョン内は除きます）。つまり、仮想マシンから「外に出ていくデータ」だけが課金の対象になります。また、ネットワークのコストは、ゾーン（課金ゾーン）によっても異なります。ゾーンとは、課金のためにAzureリージョンを地域別にグループ化したもので、マイクロソフトによって決定されています。ゾーンには、ゾーン1、ゾーン2、ゾーン3がありますが、アジアおよび日本のリージョンはゾーン2に属しています。

参考　Azureの料金は常に一定ではなく、不定期に変更される場合があります。例えば、2022年7月1日からは、同一リージョン内であっても、異なる可用性ゾーンに配置された仮想マシン間のデータ転送は課金対象となる予定です。料金の最新情報や詳細については、以下のWebサイトを参照してください。
https://azure.microsoft.com/ja-jp/pricing/

2 コストのシミュレーション

　Azureで仮想マシンなどのリソースを作成するとコストが発生します。そのため、コスト意識を持ってAzureを利用することはもちろんですが、実際に作成する前にコストのシミュレーションを行い、これから作成および使用するリソースにどれくらいのコストが発生するのかを確認しておくことが重要です。マイクロソフトでは、Azureの料金の概算を確認するために、料金計算ツールと呼ばれるWebサイトを用意しています。

・料金計算ツール
https://azure.microsoft.com/ja-jp/pricing/calculator/

【料金計算ツール】

　料金計算ツールのWebサイトでは、Azureで使用するリソースの種類やそのパラメーターを指定すると、そのリソースにかかるコストの概算を表示できます。つまり、Azureのコストシミュレーションのための Web サイトです。Web サイトにアクセスした後は、使用する製品を選択し、表示される内容に従ってパラメーターを指定するだけです。例えば、[仮想マシン]の製品を選択した場合には、リージョンやOS、インスタンス（サイズ）、仮想マシンの数や実行時間を指定すると、1か月当たりに発生する料金が表示されます。また、必要に応じて結果を保存したり、Excelスプレッドシートとしてエクスポートすることもできるため、シミュレーションの結果をほかのユーザーと簡単に共有できます。

3 コストの確認および管理

　Azureでリソースを作成して使用すると、そのリソースに対してコストが発生します。新しいリソースのデプロイは簡単に実行できるため、定期的に分析や監視を行わないと、いつの間にか多額のコストが発生していたという事態になりかねません。そのため、現在どれくらいのコストが発生しているのかを定期的に把握することは重要です。

　また、Azureをはじめとしたクラウドサービスは使い放題というわけにはいかないため、予算を設定したいと考える組織もあります。予算の範囲でAzureを使用することで、過大なコストの発生を防ぎ、予算に対する現在のコストを把握することで、今後の支払いの見通しを立てることができます。さらに、長期的な観点では、一定期間の累積コストの傾向を把握することで、年単位でのコストの見積もりなどにもつながります。この

ように、Azureを計画的に使用するためにもコストの確認や分析は重要です。

　これらのコストに関する管理タスクを実行するために、Azureポータルには［コストの管理と請求］があります。［コストの管理と請求］はサービス一覧の［全般］のカテゴリ内にあり、コスト分析や予算設定を行う［コスト管理］メニューのほか、請求書の確認や支払い情報の変更を行うメニューなどがあります。

●コスト分析

　　現在発生しているコストの確認やその分析を行うには、［コスト管理］内の［コスト分析］メニューを使用します。コスト分析では、［累積コスト］［1日あたりのコスト］［サービスごとのコスト］などのあらかじめ用意されているビューを切り替えて、コストに関する情報を確認できます。

【コスト分析のビューの切り替え】

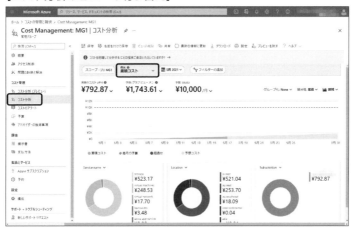

　　また、各ビューでは様々なフィルターを使用することもできます。フィルターには［Resource group name］や［タグ］などがあり、特定のリソースグループや特定のタグが付いたリソースに発生したコストの集計や推移を確認できます。なお、累積コストのビュー画面の下部に表示される円グラフの項目を［タグ］などに変更することも可能です。

【コスト分析のフィルターの追加】

試験対策

［タグ］のフィルターを使用することで、特定のタグが付いたリソースのコストの集計を確認できます。

参考

フィルターとして［タグ］を使用できますが、適用したばかりのタグは表示されないことがあります。詳細は以下のWebサイトを参照してください。
https://docs.microsoft.com/ja-jp/azure/cost-management-billing/costs/understand-cost-mgt-data#how-tags-are-used-in-cost-and-usage-data

参考

コストデータをAzure外のシステムでレビューや分析したい場合のために、コストデータをダウンロードすることもできます。

●予算の設定

　想定以上の過大なコストの発生を防ぐには、予算の設定が有効です。これによって、予算に対する現在のコストの把握と今後の支払いの見通しを立てることができます。予算の設定では、［予算］のメニューで［追加］をクリックし、予算のスコープや評価期間、予算額などを指定します。

【予算の作成】

　予算を作成するときは、指定した予算の割合に達した場合の通知についても設定します。例えば、予算額の80%に達したときに、管理者のメールアドレス宛にアラートメールを送信する設定ができます。こうしておけば、管理者がその事態に気づいて、より多くのコストが発生しないように制限をかけたり、ユーザーに指示することができます。

　また、通知だけでなく特定のアクションをトリガーして実行することもできます。コストはリソースの実行や使用によって発生するため、これ以上のコストが発生しないように仮想マシンを停止したい場合などに役立ちます。そのような特定のアクションを実行したい場合は、仮想マシンの停止などの処理をオーケストレーションするためのAutomation Runbookやロジックアプリ（Logic Apps）を作成し、それらを含めたアクショングループを作成して予算設定で関連付けを行います。

【通知とアクションの設定】

 予算の設定によって、指定した予算の割合に達したときにアラートメールを
送信したり、仮想マシンを停止するなどの特定のアクションを実行できます。

試験対策

 アクショングループの設定は、予算のスコープでサブスクリプションやリソー
スグループを選択時のみ表示されます。予算のスコープで管理グループを選
択した場合は、アクショングループの設定は表示されません。

参考

4 コスト削減オプション

　Azureでは、基本的には各リソースの使用量に基づいてコストが発生します。ただ、
なるべく費用対効果を向上できるように、いくつかのコスト削減オプションが用意され
ています。組織のAzure環境や使用状況に応じてこれらのコスト削減オプションを活用
することで、できるだけコストを抑えてAzureを使用することができます。

●予約

　1年または3年といった長期使用のためのコスト削減オプションです。例えば、
特定の仮想マシンを長期的に使用することが決まっている場合には、予約を使用
してサービス料金を前払いまたは月払いすることで、通常の従量課金制の料金に
比べて大幅にコストを削減できます。仮想マシンのほか、SQL DatabaseやAzure

Cosmos DB、Azure Blob Storageなどのサービスでも予約を利用して、リソース料金に対する割引を受けることができます。予約によって、これらのリソースの使用および実行にかかるコストを最大72%削減できます。予約を購入するには、Azureポータルのサービス一覧の［全般］のカテゴリ内にある［予約］のメニューで［追加］をクリックし、予約する製品およびサービスを選択します。予約の購入後は、該当するリソースに割引が自動的に適用されます。

【予約の購入】

●Azureハイブリッド特典

　ソフトウェアアシュアランス（SA）を購入している組織向けのコスト削減オプションです。組織で所有しているライセンスをAzureへ持ち込むAzureハイブリッド特典によって、Azureリソースにかかるコストを抑えることができます。例えば、Windows Serverの仮想マシンの通常の価格は、Windowsのライセンスを含めた料金が設定されています。Windows Server向けAzureハイブリッド特典を利用すると、オンプレミスのソフトウェアアシュアランス付きWindows Serverライセンスを使用してAzureでWindows Serverの仮想マシンを実行することができ、コストを最大49%削減できます。Windows Server向けAzureハイブリッド特典を利用する場合は、仮想マシンの作成でWindows Serverイメージを選択後にAzureハイブリッド特典を使用するように設定します。

【仮想マシン作成時のAzureハイブリッド特典の使用】

![Microsoft Azure 仮想マシンの作成画面]

Azureハイブリッド特典は、Windows Serverの仮想マシンのほか、ソフトウェアアシュアランス付きSQL Serverのライセンスを所有している場合にも利用できます。この場合は、SQL Serverの仮想マシンや、PaaSのサービスであるSQL DatabaseやSQL Managed Instanceに適用できます。また、Red Hat Enterprise Linux（RHEL）またはSUSE Linux Enterprise Server（SLES）のサブスクリプションを所有している場合は、それらの仮想マシンを実行するときにAzureハイブリッド特典を適用できます。

●Visual Studioサブスクライバー向けのAzureクレジットの活用

Visual Studioサブスクリプションにアクセスできるサブスクライバーは、月単位のAzureクレジットを利用できます。クレジットの額はサブスクリプションのレベルによって異なりますが、月単位のAzureクレジットは開発やテストなどのための自分専用のサンドボックスとして使用でき、仮想マシン、クラウドサービス、そのほかのAzureリソースをプロビジョニングできます。開発/テスト用に時間単位の特別割引料金が適用され、Azure上のサブスクリプションソフトウェアのクラウドの使用権が付与されます。Dev Essentialsユーザーを除き、この特典の利用にクレジットカードは必要ありません。

参考

Visual Studioサブスクライバー向けのAzureクレジットの詳細については、以下のWebサイトを参照してください。
https://docs.microsoft.com/ja-jp/visualstudio/subscriptions/vs-azure-eligibility

組織におけるMicrosoft Azureの使用では、組織が定めたビジネスルールや管理上のルールに違反しないように管理しなければならないことがあります。
本節では、Azure Policyの概要や使用シナリオ、構成方法について説明します。

1 ビジネスルールに基づいたAzureの使用

　Azureの既定では、任意のリージョンやサイズなどのパラメーターを指定してリソースを作成できます。例えば、仮想マシンを作成するときは、東日本や米国東部などの複数の選択肢から任意のリージョンを選択できます。また、仮想マシンのサイズにも豊富な選択肢があり、ハイパフォーマンスコンピューティング用の高コストのサイズも選択できます。しかし、組織によっては、独自のビジネスルールがあり、Azure上の特定の操作を制限したいという事例が考えられます。

●組織の独自のコンプライアンス要件を持つ場合

　例えば、「日本国内のリージョンだけを使用する」などのビジネスルールを持つ組織が考えられます。そのような組織にとって、リソース作成時に任意のリージョンが選択できることは不都合と言えます。

●不要なリソース種類や不適切な構成での作成を制限したい場合

　Azureではリソースに対してコストが発生するため、業務に不要な種類のリソースが作成できたり、必要以上のサイズの仮想マシンが選択できたりすることは、コストを増やす要因になります。それらの操作を防ぐためには、作成できるリソースの種類や、作成時に一部のパラメーターの選択肢を制限することが必要です。

●リソース管理の一貫性を高めたい場合

　ユーザーが自由にパラメーターやタグなどを設定できる場合、Azureを利用するユーザーの数やリソースの数が多いほど、一貫性をもって管理することが難しくなります。管理の一貫性を高めるには、特定のパラメーターの選択肢を限定したり、リソース作成時に特定のタグを付けるなどの方法があります。ただし、既定では非常に多くのパラメーターの選択肢があり、タグを付けるかどうかも任意です。

　このような組織のニーズに対応するものとして、Azureには**Azure Policy**という機能

があります。Azure Policyは、ポリシーの作成や割り当ておよび管理に使用できる
Azureのサービスです。作成したポリシーは、リソースに対して様々なルールを強制で
きるため、ポリシーに準拠するパラメーターのリソース作成のみ許可したり、特定の種
類のリソース作成のみ許可するように構成できます。また、リソースの作成時に特定の
タグの付与を必須にし、リソース管理の一貫性を高めることもできます。このように、
Azure Policyを使用することで、組織のビジネスルールに基づいたAzureの使用環境を
実現できます。

【Azure Policyを実装したAzure環境】

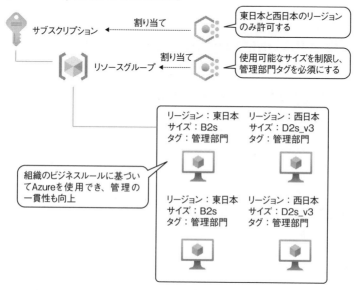

2 Azure Policyの実装手順

　Azure Policyを管理するには、Azureポータルのサービス一覧から［管理＋ガバナンス］
カテゴリ内にある［ポリシー］をクリックします。
　［ポリシー］には、ポリシー定義の作成やその割り当て、適用結果の確認など、一連
の管理タスクを実行するためのメニューがあります。Azure Policyの実装は、次の手順
で行います。

【Azure Policyの実装手順】

手順1　ポリシー定義の作成または確認

▼

手順2　イニシアティブ定義の作成

▼

手順3　割り当ての設定

▼

手順4　結果と評価の確認

●ポリシー定義の作成または確認

　組織の目標を達成するためのルールとなるポリシー定義を作成します。新規に作成することもできますが、最初から用意されている組み込み（ビルトイン）のポリシー定義を使用することもできます。

●イニシアティブ定義の作成

　複数のポリシー定義をまとめて使用したい場合には、イニシアティブ定義を作成します。単一のポリシー定義のみを使用する場合には必須ではありません。

●割り当ての設定

　前の手順で作成した［ポリシー定義］または［イニシアティブ定義］を割り当てるスコープのパラメーターを設定します。割り当ての設定によって、ポリシーの適用範囲が決定されます。

●結果と評価の確認

　割り当てによって、ポリシーの内容に基づいてAzure上の操作が制限されるため、最後はその結果を確認します。また、既存リソースの評価結果を確認し、準拠していないリソースがある場合には、そのリソースの変更や削除などの対応を行います。

試験対策　Azure Policyの実装の手順を確認しておきましょう。

3 ポリシー定義

Azure Policyを使用するには、最初にポリシー定義を作成または確認します。Azure Policyでは、一般的な組織のニーズに対応するポリシー定義が最初から用意されており、それらの組み込みのポリシー定義を利用するとすぐに使いはじめることができます。代表的な組み込みのポリシー定義には次のようなものがあります。

【代表的な組み込みのポリシー定義】

ポリシー定義	説明
使用できるリソースの種類	展開できるリソースの種類を制限する。この定義済みリストに含まれていない種類のリソースの展開は拒否される。
許可されていないリソースの種類	指定した種類のリソースは、展開できないように制限される。
許可されている場所	リソースの展開時に選択可能なリージョンを制限する。
許可されている仮想マシンサイズSKU	仮想マシンのリソースについて、展開および使用できるサイズを制限する。
ストレージアカウントを許可されているSKUで制限する必要がある	ストレージアカウントのリソースについて、展開および構成可能なSKUを制限する。
タグとその値をリソースに追加する	リソースの展開または更新時に特定のタグが設定されていない場合に、必要なタグとその既定値を追加する。

これらの組み込みのポリシー定義は、ポリシーの管理画面の［定義］のメニューで確認することができます。非常に多くの組み込みのポリシー定義が用意されていますが、Azure画面上部の［カテゴリ］や［検索］のボックスを使用することで、目的のポリシー定義を探しやすくなります。

【ポリシーの［定義］】

　組み込みのポリシー定義によって一般的な組織のほとんどのニーズに対応できるはずですが、目的の達成に適したポリシー定義がない場合には新しいポリシー定義を追加することができます。新しいポリシー定義を作成したい場合は［定義］のメニュー内で［ポリシー定義］をクリックし、作成するポリシー定義の名前やカテゴリの指定、ポリシールールなどを構成します。

新しいポリシー定義の作成時には、ポリシールールをJSON形式で記述する必要があります。組み込みのポリシー定義を複製した上で部分的に変更して使用したり、GitHubからポリシー定義のサンプルをインポートして使用することもできます。

組み込みのポリシー定義の詳細については、以下のWebサイトを参照してください。
https://docs.microsoft.com/ja-jp/azure/governance/policy/samples/built-in-policies

4 イニシアティブ定義

　イニシアティブ定義とは、複数のポリシー定義をグループ化するための定義です。組織が定めるビジネスルールによっては、目標を達成するために複数のポリシー定義を同時に適用し、それらすべてのポリシー定義に準拠しているかどうかをまとめて確認したい場合があります。例えば、［許可されている場所］のポリシー定義と［許可されてい

る仮想マシンサイズSKU］のポリシー定義を同時に利用したい場合などです。このような複数のポリシー定義をまとめ、包括的な目標を達成するために使用するのがイニシアティブ定義です。イニシアティブ定義により、複数のポリシー定義を1つの割り当て可能なオブジェクトとしてグループ化して、管理と割り当てを簡略化できます。

【イニシアティブ定義とポリシー定義の関係】

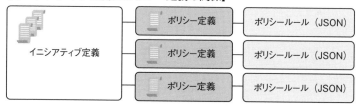

　新しいイニシアティブ定義を作成したい場合は、［定義］のメニュー内で［イニシアティブ定義］をクリックし、作成するイニシアティブ定義やカテゴリの指定、バージョンなどを構成します。また、イニシアティブ定義には1つ以上のポリシー定義を含める必要があるため、［ポリシー］タブで1つ以上のポリシー定義を追加し、追加したポリシー定義に合わせて［ポリシーパラメーター］タブでパラメーターを指定します。

【イニシアティブ定義の作成】

　イニシアティブ定義は、単一のポリシー定義のみを使用する場合には必須ではありません。ただし、今後、使用するポリシー定義の増加が想定されるような場合には、イニシアティブ定義を使用したほうが後からの変更に対応しやすいと言えるでしょう。

ポリシー定義と同様に、イニシアティブ定義にも組み込みのものがあります。組み込みのイニシアティブ定義の詳細については、以下のWebサイトを参照してください。
https://docs.microsoft.com/ja-jp/azure/governance/policy/samples/built-in-initiatives

5 割り当ての設定

　ポリシー定義またはイニシアティブ定義を作成したら、それらの割り当てを設定します。ポリシー定義およびイニシアティブ定義は、管理グループ、サブスクリプション、リソースグループのいずれかのスコープに割り当てることができ、選択したスコープによってポリシーの内容を強制する範囲が決定されます。また、上位のスコープに割り当てたポリシー定義は下位のスコープに継承されます。例えば、管理グループにポリシー定義を割り当てると、その管理グループの配下にあるサブスクリプションおよびリソースグループにも継承されます。そのため、複数のサブスクリプションを所有する環境で、同じポリシー定義を複数のサブスクリプションに割り当てたい場合には、管理グループへの割り当てを行うとよいでしょう。なお、必要に応じて、スコープから一部のリソースグループやリソースなどを除外することもできます。

【割り当てと継承】

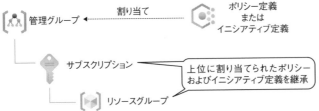

　割り当てを設定するには、［割り当て］のメニュー内で［ポリシーの割り当て］または［イニシアティブの割り当て］をクリックし、スコープや割り当てる定義の選択、割り当て名など設定します。さらに、使用するポリシー定義に合わせて［パラメーター］タブでパラメーターを指定します。例えば、組み込みのポリシー定義である［許可されている場所］を使用する場合は、［パラメーター］タブで許可するリージョンを選択します。また、必要に応じて［非準拠メッセージ］タブで、非準拠時に表示されるメッセージを設定することもできます。ここで設定したメッセージは、リソース作成がポリシーによって拒否されたときに表示されるほか、既存のリソースに対する評価で非準拠とさ

れたリソースの詳細として表示されます。

【割り当ての設定】

 試験対策　割り当ての設定では、スコープから一部のリソースグループやリソースなどを除外することができます。

6 結果と評価の確認

　割り当て設定後、指定したスコープ内に作成されるリソースはポリシーの内容に基づいて制御されます。例えば、組み込みのポリシー定義である［許可されている場所］を割り当て、東日本または西日本のリージョンだけを許可するように構成した場合には、仮想マシンなどのリソース作成時に許可されたリージョン以外を選択しようとすると、ポリシーに準拠してない旨のメッセージが表示されます。そのまま作成を進めても、ポリシーによってリソース作成の検証に失敗し、作成できないよう制御されます。

【リソース作成時の制御】

　また、割り当て設定後はAzure環境がスキャンされ、既存のリソースに対する評価も行われます。ポリシーを割り当てる前に作成された既存のリソースのうちに、割り当てたポリシーに準拠していないリソースがあった場合は、自動的に削除されることはありませんが「非準拠のリソース」としてリストアップされます。例えば、東日本と西日本リージョンだけを許可するようポリシーを割り当てているにも関わらず、既存の仮想マシンに東アジアのリージョンに作成されたものがある場合は、非準拠として評価されます。

　このような既存のリソースに対する評価結果を確認するには、［ポリシー］の［コンプライアンス］をクリックします。［コンプライアンス］では、準拠していないイニシアティブ、準拠していないポリシー、および準拠していないリソースの詳細や全体の割合を確認できます。画面内でポリシーの割り当て名をクリックすると、スコープに含まれるリソースの一覧や各リソースのポリシー準拠状況の詳細、リソースそのものの管理画面にアクセスできます。イニシアティブの割り当て名をクリックした場合は、そのイニシアティブに含まれるポリシーごとの評価から詳細情報へとドリルダウンして評価結果を確認できます。

【Azure環境および既存リソースに対する評価】

ポリシー定義またはイニシアティブ定義の割り当て後は、ポリシーに従って
リソース作成時の操作などが制御されるだけでなく、既存のリソースに対す
る評価も行われます。

コンプライアンスの状態は、準拠または非準拠のほかに、［競合］や［適用除
外］と表示される場合があります。例えば、2つのポリシー定義で、1つのリソー
スに異なる値の同じタグを追加しようとした場合は［競合］となります。
コンプライアンスの状態の詳細については、以下のWebサイトを参照してく
ださい。
https://docs.microsoft.com/ja-jp/azure/governance/policy/how-to/get-
compliance-data#how-compliance-works

3-4 RBAC

Microsoft Azureには、リソースへのアクセス制御を行うRBACという機能があります。
本節では、RBACの概要やロールの定義および割り当て、Azure ADのロールとの違いなどに
ついて説明します。

1 RBACの概要

　クラウドサービスに限らず、システムのリソースやデータに対するアクセス管理はど
の組織でも重要です。Azureにおいても各リソースに対するアクセス制御を行って、「ど
のユーザーがどのリソースにアクセスできるか」や「どのユーザーがどのリソースに対
してどのような操作を実行できるか」を管理する必要があります。例えば、Azureを使
用する組織で、次のようにリソースに対するアクセス制御を行う場合を考えます。

・userAに、リソースグループA内の仮想マシンの管理を許可する
・userBに、リソースグループB内のストレージの管理を許可する
・userCに、リソースグループA内のすべてのリソースの管理を許可する
・Devグループに、サブスクリプション内のSQL Databaseの管理を許可する

【リソースに対するアクセス制御の例】

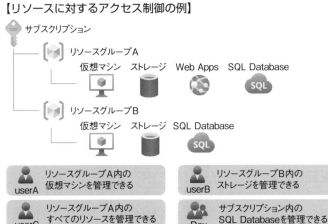

　1章では「サブスクリプションごとに管理者を設定できる」と説明をしましたが、管理者はすべての操作を実行できるため、管理者しかいない場合、細かなアクセス制御を行うことができません。上記の例では、ユーザーやグループによって管理できるスコープが異なり、管理できるリソースの種類も異なります。

　このようなアクセス制御を行うために、Azureにはロールベースのアクセス制御（**RBAC**：Role-Based Access Control）と呼ばれる機能があります。RBACにより、管理グループ、サブスクリプション、リソースグループ、リソースといった各スコープに対して、きめ細かくアクセス制御を行うことで、前述のようなリソースに対するアクセス制御を実現できるようになっています。必要に応じて、「仮想マシンの起動だけができる」や「ストレージの読み取りだけができる」のように、より限定的な操作だけを許可するアクセス権を付与することも可能です。これによって、組織でのAzureの使用における、様々なアクセス制御のニーズに対応できるようになっています。

2 組み込みのロール

　RBACでは、サブスクリプションやリソースグループなどのスコープで、ユーザーやグループに対してロール（役割）を割り当てます。各スコープでどのような操作が実行できるかは、割り当てたロールによって決定されます。そのため、ロールは「アクセス許可のコレクション」と言うこともできます。

　ロールは新しく作成することもできますが、120個を超える組み込みのロールも用意されています。代表的な組み込みのロールには次のようなものがあります。

【代表的な組み込みのロール】

ロール	説明
所有者	ほかのユーザーへアクセス権を付与（委任）する権限を含め、すべてのリソースへのフルコントロールのアクセス権を持つ。
共同作成者	すべてのリソースへのフルコントロールのアクセス権を持つ。ただし、ほかのユーザーへのアクセス権の付与（委任）はできない。
閲覧者	既存のリソースの表示だけができる。

　所有者と**共同作成者**はよく似ていますが、ほかのユーザーへのアクセス権の付与ができるかどうかが異なります。共同作成者のロールを持つ場合、そのユーザー自身はリソースの作成や管理などを行うことができますが、ほかのユーザーに特定のアクセス権を付与することはできません。

　また、組み込みのロールには前述のもの以外に、ほかのユーザーへのアクセス権の付与と全リソースの表示だけができる**ユーザーアクセス管理者**や、仮想マシンの作成や管理が可能な**仮想マシン共同作成者**などもあります。

試験対策 所有者と共同作成者は、実行可能な操作が異なります。また、ユーザーアクセス管理者は、ほかのユーザーへのアクセス権の付与が可能です。各ロールの違いを確認しておきましょう。

参考 組み込みのロールの詳細については、以下のWebサイトを参照してください。
https://docs.microsoft.com/ja-jp/azure/role-based-access-control/built-in-roles

参考 サブスクリプションのサービス管理者は、そのサブスクリプションの所有者ロールと同等のアクセス権を持ちます。

3

●ロール定義の構造

　ロールはアクセス許可のコレクションであり、その内容はJSON形式のファイルで定義されています。各ロール定義には、名前、ID、および説明が含まれます。また、そのロールで実行可能な管理操作（actions）や、実行できない管理操作（notActions）、対象となるスコープの指定も含まれます。ロールは、次のプロパティを持ちます。

【ロールのプロパティ】

プロパティ	説明
roleName	ロールの表示名
id	ロールの一意のID
roleType	カスタムロールかどうか。カスタムロールの場合はCustomRole、組み込みロールの場合はBuiltInRole
description	ロールの説明
actions	実行できる管理操作
notActions	actionsから除外される管理操作
dataActions	対象のオブジェクト内のデータに対して実行できるデータ操作
notDataActions	dataActionsから除外されるデータ操作
assignableScopes	対象となるスコープ

　例えば、組み込みのロールである「共同作成者」は、次のようなJSONファイルで定義されています。このJSONファイルでは、actionsプロパティでワイルドカード（*）が指定されているため、すべての管理操作の実行が許可されています。一方、

notActionsのプロパティで「"Microsoft.Authorization/*/Write"」の指定があるため、ロールやポリシーの割り当ては実行できないことがわかります。

【共同作成者ロールを構成するJSONファイル】

```json
{
  "id": "/providers/Microsoft.Authorization/roleDefinitions/XXXXX-
XXXX-XXXX",
  "properties": {
    "roleName": "共同作成者",
    "description": "すべてのリソースを管理できるフルアクセスが付与されますが……",
    "assignableScopes": [
      "/"
    ],
    "permissions": [
      {
        "actions": [
          "*"
        ],
        "notActions": [
          "Microsoft.Authorization/*/Delete",
          "Microsoft.Authorization/*/Write",
          "Microsoft.Authorization/elevateAccess/Action",
          "Microsoft.Blueprint/blueprintAssignments/write",
          "Microsoft.Blueprint/blueprintAssignments/delete",
          "Microsoft.Compute/galleries/share/action"
        ],
        "dataActions": [],
        "notDataActions": []
      }
    ]
  }
}
```

試験対策　ロールは、JSON形式ファイルで定義されています。どのようなプロパティがあるか確認しておきましょう。

参考　Azure PowerShellを使用してロールの参照や操作を行う場合は、一部のプロパティ名が異なることに注意する必要があります。例えば、ロールの表示名は[Name]のプロパティで定義され、カスタムロールであるかどうかは[IsCustom]のプロパティでtrueまたはfalseのいずれかの値として持ちます。ロール定義や各プロパティの詳細については、以下のWebサイトを参照してください。

https://docs.microsoft.com/ja-jp/azure/role-based-access-control/role-definitions

●組み込みのロールの確認

　組み込みのロールは、管理ツールを使用して確認できます。Azureポータルで組み込みのロールの一覧を確認するには、任意のサブスクリプション、リソースグループ、リソースのいずれかの管理画面で、[アクセス制御（IAM）]のメニューをクリックし、次に[役割]タブをクリックします。[役割]タブでは、各ロールに含まれるアクセス許可やJSON形式での定義などの詳細情報を参照可能です。

【Azureポータルでのロールの確認】

3　カスタムロール

　組み込みロールで組織のニーズを満たすことができない場合は、独自のカスタムロールを作成します。カスタムロールを利用すると、「組み込みのロールでは実現できない、より限定的な操作だけの許可」「複数の組み込みのロールを包含するようなロールの割り当て」などを実現できます。

　例えば、組み込みのロールには「仮想マシン共同作成者」というロールがありますが、このロールが割り当てられたユーザーは、仮想マシンの作成、削除、起動、停止などの

すべての仮想マシン操作を実行できます。しかし、組織によっては、より限定的な操作だけを許可するようアクセスを制御したい場合があります。例えば、「仮想マシンの起動と停止だけを許可する」など特定の操作だけを許可するロールが必要な場合には、カスタムロールを定義し、そのロールをユーザーやグループに割り当てることで実現可能です。

【カスタムロールの割り当て】

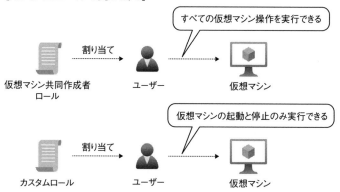

●カスタムロールの作成

　Azureポータルでカスタムロールを作成するには、そのカスタムロールを使用するサブスクリプションやリソースグループなどの管理画面から、[アクセス制御（IAM）]のメニューをクリックし、[追加]、[カスタムロールの追加]の順にクリックします。

　カスタムロールの作成では、既存のロールを複製する方法、最初から作成する方法、JSONファイルをアップロードして作成する方法の3つがあります。最も簡単なのは、必要なアクセス許可を含む既存のロールを複製して、実際のシナリオに合わせて変更する方法です。最初に表示される［基本］タブでは、3つのうち使用する方法と、カスタムロールの名前を指定します。

【カスタムロールの作成［基本］タブ】

　次に、どのような操作を許可するかを設定します。［アクセス許可］タブで［アクセス許可の追加］をクリックして、許可する操作を指定します。アクセス許可の追加画面では、最初にリソースプロバイダーの一覧を選択し、次に特定の操作を選択します。例えば、仮想マシンの操作についてのアクセス許可を追加したい場合には、「Microsoft Compute」のリソースプロバイダーを選択すると、仮想マシンの起動や作成などの特定の操作を追加できます。「一部の操作を除いてすべての操作を許可したい」など特定の操作だけを明示的に除外したい場合には、［権限を除外する］をクリックして除外する操作を追加します。

【アクセス許可の追加】

　続いて、このロールの対象となるスコープを［割り当て可能なスコープ］タブで設定します。既定では、最初の手順で開いた管理画面に合わせて、サブスクリプションやリソースグループがこのタブ内に追加されています。ほかのリソースグループなどもスコープに追加したい場合に、このタブ内の操作を行います。

　最後に、ここまでの設定した内容を［JSON］タブと［確認と作成］タブで確認し、カスタムロールを作成します。［JSON］タブには、ここまで設定した内容がJSON形式で表示されますが、このJSONの内容を直接編集することもできます。例えば、既存の複数のロールを包含するようなカスタムロールは、JSONファイルを直接編

集することで効率良く作成できます。

【カスタムロールの作成［JSON］タブ】

4　ロールの割り当て

　組み込みのロールの確認またはカスタムロールの作成が終わったら、そのロールの割り当てを行います。RBACでは、管理グループ、サブスクリプション、リソースグループ、リソースの各スコープで、ユーザーやグループに対してロールを割り当てます。ロールの割り当てにより、ロール定義に基づいてスコープ内でのアクセス制御が行われ、許可された操作のみ実行できるようになります。したがって、ロールの割り当ては、スコープとロールを理解した上で適切に行う必要があります。誤った割り当て設定によって、必要な操作が実行できなくなる可能性が考えられます。

【スコープの違い】

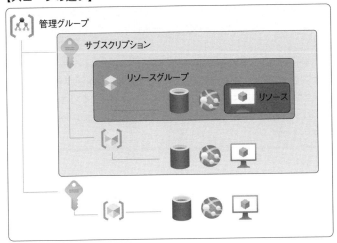

また、ロールはユーザーやグループに対してだけでなく、**サービスプリンシパル**（アプリケーション）に対して割り当てることもできます。例えば、アプリケーションによっては、Azureのリソースにアクセスするものがあります。具体的には、Azureの仮想マシンの起動や停止を行うアプリケーションや、データの参照や保存を行うためにAzureのストレージにアクセスするアプリケーションなどです。そのようなアプリケーションからAzureのリソースにアクセスするときに、アプリケーションのIDとして使用されるのがサービスプリンシパルです。したがって、サービスプリンシパルにロールを割り当てることによって、特定のアプリケーションからAzureリソースへのアクセスを制御することができます。

【ロールの割り当て】

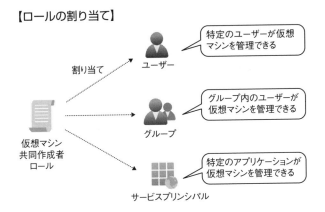

なお、効率良くアクセス権を設定できるように、上位のスコープでのロール割り当て

155

によって設定されたアクセス権は下位に継承されます。そのため、サブスクリプション
にロールを割り当てた場合にはその中のリソースグループとリソースに、リソースグ
ループにロールを割り当てた場合にはその中のリソースにアクセス権が適用されます。

 ロールはマネージドIDに割り当てることもできます。マネージドIDの詳細や
ロール割り当てについては、以下のWebサイトを参照してください。
https://docs.microsoft.com/ja-jp/azure/active-directory/managed-identities-azure-
resources/overview

●ロールの割り当てと確認

　Azureポータルでロールを割り当てるには、サブスクリプションやリソースグ
ループなどを開き、［アクセス制御（IAM）］のメニューをクリックし、さらに［追
加］、［ロールの割り当ての追加］の順にクリックし、割り当てるロールや割り当
て先を選択して設定を保存します。

【ロールの割り当ての追加】

　割り当てたロールは、［アクセスの確認］タブや［ロールの割り当て］タブで確
認できます。［アクセスの確認］タブは、指定したユーザーやグループにどのよう
なロールが割り当てられているかを確認したい場合に便利です。ロールごとの割
り当て状況を確認したい場合は［ロールの割り当て］タブを使用するとよいでしょ
う。

【[ロールの割り当て] タブでの確認】

●複数のロール割り当て時の評価

ロールは、サブスクリプションやリソースグループなどの異なるスコープで割り当てることができます。また、同じスコープでも、内容の異なる複数のロールを割り当てることができます。そのため、設定によっては1人のユーザーに異なる複数のロールが割り当てられる可能性があります。RBACは加算方式のモデルになっているため、複数のロールが割り当てられている場合には、割り当てられたロールの和集合が実際のアクセス許可となります。

例えば、あるユーザーに、サブスクリプションで共同作成者ロールが割り当てられ、さらにそのサブスクリプションの特定のリソースグループで閲覧者ロールが割り当てられているとします。この場合、2つのロールの割り当てスコープは部分的に重複しています。また、サブスクリプションの共同作成者ロールのアクセス許可には、すべてのリソースの読み取り操作の許可が含まれており、閲覧者ロールのアクセス許可をすべて包含しています。したがって、このケースでは、実質的にサブスクリプションの共同作成者ロールとなるため、リソースグループでの閲覧者ロールの割り当ては意味がありません。

【複数のロールの割り当て（1）】

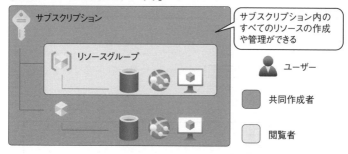

　違う例でも考えてみましょう。例えば、あるユーザーに、サブスクリプション
で閲覧者ロールが割り当てられ、さらにそのサブスクリプションの特定のリソー
スグループで仮想マシン共同作成者ロールが割り当てられているとします。この
ケースでも、2つのロールの割り当てスコープは部分的に重複しています。しかし、
このケースでは、上位スコープとなるサブスクリプションでは実行可能な操作が
少なく、下位スコープとなるリソースグループでは実行可能な操作が多く含まれ
ます。したがって、ユーザーはサブスクリプション内のすべてのリソースを参照
できますが、仮想マシンの作成や管理ができるのは特定のリソースグループ内に
限定されます。ほかのリソースグループ内では読み取りのみ可能で、仮想マシン
を含むリソースの作成はできません。

【複数のロールの割り当て（2）】

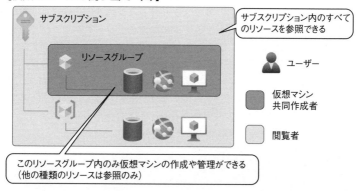

　また、notActionsで特定の操作を除外したロールをユーザーに割り当てた上で、
同じユーザーにその操作へのアクセス権を付与する別のロールを割り当てた場合、
ユーザーはその操作の実行が許可されます。notActionsは、あくまでもロール定義
内で特定の操作を除外するものであり、そのロール定義内でのみ効力があります。
そのため、前述のような複数のロールが割り当てられた場合には、各ロール定義

内でnotActionsによる操作の除外が行われ、その内容が加算方式によって統合された結果が最終的なアクセス許可となります。そういう意味では、notActionsは拒否とは異なり、1つのロール内で許可対象の操作を指定しやすくするものに過ぎないと言えます。

【notActionsを含む複数のロールの割り当て】

ロールA

```
"actions": [
    仮想マシンのすべての操作
],
"notActions": [
    仮想マシンの削除
],
```

ロールB

```
"actions": [
    仮想マシンの削除
],
"notActions": [],
```

この2つのロールの両方が割り当てられたユーザーは仮想マシンを削除することができる

 試験対策　複数のロールが割り当てられた場合は、割り当てられたロールの和集合が実際のアクセス許可となります。ただし、各ロール定義でのnotActionsは加算されません。

5　AzureのロールとAzure ADのロール

　ここまでAzureのロール（RBAC）について説明してきましたが、第2章ではAzure ADのロールについて説明しました。どちらのロールも、ユーザーやグループに割り当ててアクセス制御のために使用されますが、この2つのロールはまったくの別物です。2つのロールには、次のような違いがあります。

【AzureのロールとAzure ADのロールの違い】

	Azureのロール	Azure ADのロール
目的	Azureリソースのアクセス管理	Azure ADリソースのアクセス管理
スコープ	管理グループ サブスクリプション リソースグループ リソース	テナント 管理単位 個々のオブジェクト

	Azureのロール	Azure ADのロール
構成に使用する管理ツール	Azureポータル Azure CLI Azure PowerShell ARMテンプレート REST API	Azureポータル Microsoft 365管理ポータル AzureAD PowerShell Microsoft Graph
カスタムロール	作成可能	Azure AD Premiumでのみ作成可能

　最も大きな違いとして挙げられるのは、ロールの目的です。AzureのロールはAzureの仮想マシンやストレージなどのリソースを管理するためのアクセス制御を行うのに対し、Azure ADのロールはAzure ADのユーザーやグループなどのリソース（オブジェクト）を管理するためのアクセス制御を行います。そのため、Azureのロールだけを持っていても、Azure ADのテナント内にユーザーを作成することはできません。逆も同様で、Azure ADのロールだけを持っていても、Azureで仮想マシンなどのリソースを作成することはできません。このように、2つのロールは目的が異なるため、その割り当てのスコープや構成に使用する管理ツールなどにも違いがあります。

【AzureのロールとAzure ADのロールの目的の違い】

Azureのロールでアクセス制御

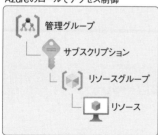

Azure ADのロールでアクセス制御

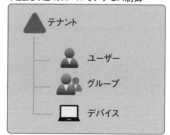

●アクセス許可の昇格

　前述のように2つのロールのアクセス制御の目的は異なり、それぞれのスコープは重なり合っていません。そのため、特定のユーザーがAzureリソースとAzure ADのリソースの両方を管理するには、AzureのロールとAzure ADのロールの両方を割り当てる必要があります。したがって、Azure ADのグローバル管理者ロールだけを持つユーザーは、既定でAzure ADのリソースは管理できますが、Azureのサブスクリプションやリソースは管理できません。

　ただし、例外として、Azure ADのグローバル管理者のロールを持つユーザーは自身のアクセス許可を昇格することができます。アクセス許可の昇格はグローバル管理者のユーザーのみが使用できるオプションであり、昇格によって、グローバル管理者にはテナントが所有するすべてのサブスクリプションのユーザーアクセス管理者ロール（Azureのロール）が割り当てられます。ユーザーアクセス管理者ロールは、Azureのサブスクリプションやリソースへのアクセスが管理できる

ロールであり、自身やほかのユーザーにアクセス権を付与できます。つまり、昇格によって、テナントが所有するすべてのサブスクリプションを管理できるようになるのです。アクセス許可の昇格は、グローバル管理者のユーザーがAzureのサブスクリプションやリソースにアクセスできなくなったときなど、アクセス権の回復が必要なシナリオで役立ちます。

【アクセス許可の昇格】

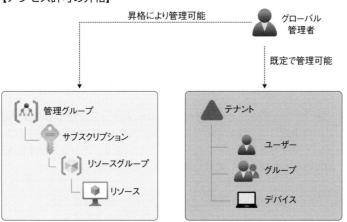

 アクセス許可の昇格の方法については、以下のWebサイトを参照してください。
https://docs.microsoft.com/ja-jp/azure/role-based-access-control/elevate-access-global-admin

演習問題

1 Microsoft Azureの次の機能のうち、既存のAzure環境内のリソースの構成や利用統計情報などを分析し、マイクロソフトでの推奨事項と比較した結果を返すものはどれですか。

    A.　タグ

    B.　RBAC

    C.　ロック

    D.　Azure Advisor

2 1つのサブスクリプションでMicrosoft Azureを使用する環境があります。この環境でコスト確認を行う際に、管理部門や用途などの単位でコストを集計して確認できるようにしたいと考えています。このシナリオを実現するために行うべき操作として最も適切なものはどれですか。

    A.　管理部門や用途ごとのカスタムロールを作成する

    B.　リソースやリソースグループにタグを設定する

    C.　管理部門や用途ごとの管理グループを作成する

    D.　複数の異なるサブスクリプションを使用する

3 使用しているMicrosoft Azureの環境にRG1というリソースグループがあります。RG1には重要度の高い複数のリソースが含まれています。これらのリソースが誤って削除されないように保護する必要がありますが、リソースの変更を防ぐ必要はありません。行うべき操作として最も適切なものはどれですか。

    A.　RG1に削除ロックを設定する

    B.　RG1に重要度というタグを設定する

    C.　RBACを使用し、RG1内のリソースを削除できるユーザーを制限する

    D.　RG1内の個々のリソースに読み取り専用ロックを設定する

4 あなたが使用するMicrosoft Azure環境には1つのサブスクリプションがあります。クォータに対する使用量を確認したところ、ある種類のリソースの使用量が現在のクォータの値に迫っていることに気づきました。あなたは、業務に影響が出ないようにクォータの値を引き上げる必要があります。行うべき操作として最も適切なものはどれですか。

    A.   既存のリソースを別のリソースグループに移動する

    B.   サポートリクエストを作成して送信する

    C.   新しいサブスクリプションを購入する

    D.   不要なリソースを停止する

5 あなたは組織のMicrosoft Azureの管理者で、想定以上の過大なコストの発生を防ぐために、コストの監視を行っています。発生するコストが一定の金額を超えた場合に、アラートメールを受信するために設定すべきものはどれですか。

    A.   Azure Policy

    B.   予約

    C.   Azureハイブリッド特典

    D.   予算

3

6 Azure Policyに関する説明として、誤っているものは次のうちどれですか。

    A.   特定のリージョンだけにリソースが作成されるように制限できる

    B.   誤った操作によってリソースの削除や変更が行われないように保護できる

    C.   特定のタグを付けることを必須にし、リソース管理の一貫性を高めるために役立つ

    D.   必要以上の仮想マシンのサイズが選択できないように制限できる

7 あなたが使用するMicrosoft Azure環境には1つのサブスクリプションがあります。あなたは管理者としてAzure Policyを実装し、組織で定められたいくつかのビジネスルールをリソースに対して強制する必要があります。Azure Policyを実装するための3つの操作を選択し、適切な順序で並べなさい。

    A.　割り当ての設定

    B.　ポリシー定義の作成

    C.　管理グループの作成

    D.　イニシアティブ定義の作成

8 あなたが使用するMicrosoft Azure環境には1つのサブスクリプションがあります。あなたは管理者としてAzure Policyを実装しようとしていますが、組み込みのポリシー定義では組織のビジネスルールを満たすことができないようです。行うべき操作として適切なものはどれですか（2つ選択）。

    A.　イニシアティブ定義を作成する

    B.　新規にポリシー定義を作成し、ポリシールールをJSONで記述する

    C.　GitHubからポリシー定義のサンプルをインポートして使用する

    D.　組み込みのポリシー定義を直接編集する

9 RBACおよびAzureのロールに関する説明として、誤っているものはどれですか。

    A.　カスタムロールを作成するにはAzure AD Premiumが必要

    B.　ロール定義と割り当てによって構成する

    C.　サブスクリプションなどのスコープに対してアクセス制御ができる

    D.　各スコープでどのような操作が実行できるかは、割り当てたロールによって決定される

10 あなたが使用するMicrosoft Azure環境には1つのサブスクリプションがあり、RG1とRG2というリソースグループがあります。あなたは管理者であり、user1に対し、RG1内のすべてのリソースにフルアクセスできるが、ほかのリソースにはアクセスできないように構成する必要があります。また、user1がほかのユーザーにアクセス権を付与できないように構成する必要もあります。user1に割り当てるロールとそのスコープの組み合わせとして最も適切なものはどれですか。

    A.   サブスクリプションの所有者ロール
    B.   サブスクリプションの共同作成者ロール
    C.   RG1の所有者ロール
    D.   RG1の共同作成者ロール

11 あなたが使用するMicrosoft Azure環境には1つのサブスクリプションがあります。また、RG1というリソースグループがあり、このリソースグループ内には3つの仮想マシン(VM1、VM2、VM3)があります。あなたは管理者であり、user1がVM2のリソースを変更できるように構成する必要があります。ただし、VM1とVM3の変更ができてはいけません。行うべき操作として最も適切なものはどれですか。

    A.   VM2を新しいリソースグループに移動し、そのリソースグループの共同作成者ロールをuser1に割り当てる
    B.   user1にRG1の共同作成者ロールを割り当て、さらにVM2の所有者ロールを割り当てる
    C.   user1にRG1の共同作成者ロールを割り当てる
    D.   user1にVM2の共同作成者ロールを割り当てる

3

12 あなたが使用するMicrosoft Azure環境には1つのサブスクリプションがあります。また、RG1とRG2というリソースグループがあり、各リソースグループ内には複数のリソースが含まれています。user1にはサブスクリプションの閲覧者ロールが割り当てられ、さらに、user1にはRG1の共同作成者ロールも割り当てられています。このとき、user1が実行可能な操作はどれですか（3つ選択）。

  A. RG1内にストレージアカウントを作成する
  B. RG2内に仮想マシンを作成する
  C. RG1内の仮想ネットワークを表示する
  D. RG2内のSQL Databaseを表示する
  E. 新しいリソースグループを作成する

13 あなたが使用するMicrosoft Azure環境には複数のサブスクリプションがあります。あなたは管理者としてAzure PolicyやRBACを実装しようとしていますが、すべてのサブスクリプションに対して同じポリシーを割り当てたいと考えています。また、RBACについても、上位のスコープからアクセス権の設定を継承し、効率良く設定したいと考えています。そのために行う操作として最も適切なものはどれですか。

  A. 自身が使用するユーザーにグローバル管理者ロールを割り当てる
  B. 管理グループを作成し、管理グループにすべてのサブスクリプションを追加する
  C. 既存のリソースを削除し、1つのサブスクリプションで管理されるようにリソースを再作成する
  D. サブスクリプション間でリソースを移動し、1つのサブスクリプションに統合する

解答

1 **D**

Azure Advisorは、Azure環境および存在するリソースをスキャンし、マイク
ロソフトが提供する推奨事項に基づいて問題点を見つけ、それを解決する
ための方法を提案します。

タグは、リソースの検索性の向上やコスト集計に役立つ機能です。RBACは
リソースへのアクセス制御を行う機能です。ロックは、誤操作によるリソー
スの変更や削除を防ぐ機能です。

2 **B**

リソースやリソースグループに、管理部門や用途などタグを設定すること
で、そのタグごとのコスト集計ができます。異なるサブスクリプションを
使用する方法でも、サブスクリプション単位でコストを分割して確認でき
ますが、管理するサブスクリプションが増えるため、このシナリオの最適
解とは言えません。同様に、管理グループ単位でもコストを確認できます
が、このシナリオでは1つだけのサブスクリプションを使用しているため
最適解とは言えません。

カスタムロールはRBACでのアクセス制御を行うための機能であり、コスト
集計を目的としたものではありません。

3 **A**

RG1に削除ロックを設定することで、リソースグループおよび含まれるリ
ソースの削除操作を禁止できます。個々のリソース読み取り専用ロックを
設定することでも結果的にリソース削除を防止できますが、このシナリオ
ではリソースの変更を防ぐ必要はないため、削除ロックを使用するのが最
適解と言えます。

タグは単なるメモ書きであり、特定の操作を禁止する設定ではありません。
また、RBACはリソースを削除できるユーザーを制限できますが、誤操作を
防ぐものではありません。

4 **B**

クォータの値を引き上げるには、サポートリクエストを作成して送信する
か、増加の要求を行う必要があります。このいずれかの操作によってマイ
クロソフトに連絡が行われ、結果的にクォータの値が増加します。クォー
タの値はサブスクリプションごとに設定されているため、新しいサブスク

3

リプションを購入する方法でも今回のシナリオを回避できますが、管理するサブスクリプションが増えるため、このシナリオでは最適解とは言えません。

同一サブスクリプションの別のリソースグループに移動しても、クォータの値は変わりません。また、不要なリソースを削除すれば使用量は減りますが、停止では変わりません。

5 D

予算を設定することで、指定した予算の割合に達したときにアラートメールを送信することができます。アラートメールの送信のほか、Automation Runbookやロジックアプリを用いて特定のアクションを実行することもできます。

Azure Policyは、ビジネスルールに基づいてAzureの特定の操作を制限したい場合などに役立つ機能です。予約とAzureハイブリッド特典は、コストを削減するためのオプションです。

6 B

誤った操作によって、リソースの削除や変更が行われないように保護する機能はロックです。Azure Policyは、組織のビジネスルールに基づいたAzure環境を実現するための機能であり、ポリシーに準拠するパラメーターのリソース作成のみを許可したり、リソースの作成時に特定のタグを付けることを必須にして管理の一貫性を高めることなどができます。

7 B、D、A

Azure Policyを実装するには、まず、組織の目的を達成するためのポリシー定義を作成します。次に、イニシアティブ定義を作成し、複数のポリシー定義をグループ化します。そして、イニシアティブ定義をサブスクリプションやリソースグループなどに割り当て、その評価を確認します。

作成したポリシーは管理グループに割り当てることもできますが、今回のシナリオでは1つのサブスクリプションしか持たないため、管理グループの作成は不要です。

8 B、C

目的の達成に適した組み込みのポリシー定義がない場合には、新しいポリシー定義を追加することができます。新規に作成してポリシールールをJSONで記述するほか、組み込みのポリシー定義を複製して編集したり、

GitHubからポリシー定義のサンプルをインポートして使用することもできます。組み込みのポリシー定義を直接編集することはできませんが、複製したものを編集して使用することは可能です。

イニシアティブ定義は、複数のポリシー定義を同時に適用し、それらのすべてのポリシー定義に準拠しているかどうかをまとめて確認するために使用します。

9 A

Azureには様々な組み込みのロールがありますが、独自のカスタムロールを作成することもできます。Azureのカスタムロールの作成には特別な契約などは不要です。ただし、Azure ADのカスタムロールを作成するにはAzure AD Premiumの契約が必要となります。

10 D

このシナリオでは、RG1をスコープとする共同作成者のロールをuser1に割り当てるのが最も適切です。サブスクリプションをスコープとする共同作成者のロールを割り当てた場合は、RG2に対してもフルアクセスを持つことになるため、最適解とは言えません。

所有者ロールでは、ほかのユーザーへアクセス権を付与できてしまうため、このシナリオでは不適切です。

11 D

user1にVM2の共同作成者ロールを割り当てるのが、このシナリオでは最も適切です。VM2を新しいリソースグループに移動し、そのリソースグループの共同作成者ロールを割り当てる方法でも要件は実現できますが、新しいリソースグループの作成や管理が必要になるため、このシナリオの最適解とは言えません。

RG1に共同作成者ロールを割り当てた場合はVM1とVM3も変更できてしまうため、このシナリオでは不適切です。

12 A、C、D

複数のロールが割り当てられる場合は、割り当てられたロールの和集合が実際のアクセス許可となります。今回のシナリオでは、まず、user1にはサブスクリプションの閲覧者ロールが割り当てられているため、サブスクリプション内のすべてのリソースを表示できます。さらに、RG1の共同作成者ロールも割り当てられているため、RG1内ではリソースに対するすべて

の操作を行うことができます。

サブスクリプションには閲覧者ロールしか割り当てられていないため、新しいリソースグループを作成することはできません。RG2については、サブスクリプションからのアクセス権の継承によって、リソースの表示はできますが作成はできません。

13 B

管理グループを作成して複数のサブスクリプションをグルーピングすることにより、管理グループ単位でのAzure PolicyやRBACの設定ができます。管理グループに対して設定した内容は配下のサブスクリプションやリソースに継承されるため、同じポリシーの割り当てやアクセス権の設定を効率化できます。

1つのサブスクリプションで管理するように変更するのも1つの方法ではありますが、既存のリソースの削除や再作成を伴う操作は最適解とは言えません。また、多くのリソースはサブスクリプション間で移動できますが、移動できない種類のリソースもあります。

グローバル管理者はAzure ADのリソースのアクセス管理ためのロールであり、今回のシナリオでは不適切です。

第4章

仮想マシン

仮想マシンの計画

Microsoft Azureが提供するサービスの中で、最もポピュラーなものが仮想マシンサービスです。
本節では、仮想マシンサービス概要や特徴のほか、サービスを利用する前に計画しておくことや知っておくべきことなどについて説明します。

1 仮想マシンサービスの概要

　第1章ではクラウドサービスのサービスモデルについて取り上げ、その1つであるIaaSでは「サービスとして、CPUやメモリ、ストレージなどのコンピューティングリソースを提供する」と説明しました。つまり、クラウドプロバイダーによってハードウェアのレイヤーが提供されるということです。ただし、「CPUだけ」や「メモリだけ」のように、特定のリソースだけが提供されるのは現実的ではありません。ユーザーは、CPUなどの特定のリソースだけを使用したいわけではなく、業務やテストなどのためのコンピューティング環境を必要としているからです。そのため、Azureを含む一般的なクラウドサービスでは、仮想マシン（VM：Virtual Machine）という単位で、コンピューティング環境をサービスとして提供しています。

【仮想マシン】

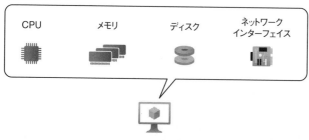

コンピューティング環境に必要なリソースをサービスとしてまとめて提供

　Azure仮想マシンは、マイクロソフトのデータセンターで実行される仮想マシンのインスタンスです。マイクロソフトのデータセンター内には数多くのラックがあり、そのラックに格納された各ブレードでWindows Serverを実行するHyper-Vサーバー（ホスト）

が動作しています。そのホスト上に仮想マシンを作成して実行するのがAzure仮想マシンサービス（Azure Virtual Machines）です。具体的にデータセンター内のどのホスト上で仮想マシンが実行されるかなどはマイクロソフトで管理されており、ユーザーが意識する必要はありません。リージョンやサイズなどの特定のパラメーターを指定するだけで、データセンター内のホスト上に仮想マシンが作成され、インターネットを介してリモート接続し、自由に使用できます。

【データセンター内のHyper-Vサーバー】

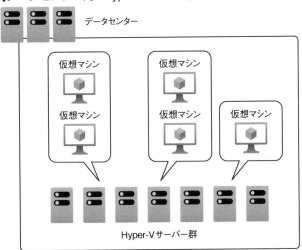

●Azure仮想マシンサービスの特徴

Azure仮想マシンサービスを利用することで、WindowsまたはLinuxの仮想マシンを作成し、その仮想マシン上で任意のワークロードを実行できます。Azure仮想マシンサービスには、次のような特徴があります。

・様々なOS、性能が選択できる
仮想マシン上で実行するOSの様々なイメージが提供されており、その中から使用するイメージを自由に選択できます。また、仮想マシンの性能（サイズ）についても、汎用向けのものから高度な科学技術計算に対応できるものまで非常に多くの選択肢が用意されており、用途に合わせて選択可能です。

・迅速に展開できる
仮想マシンの作成時はパラメーターを指定する必要がありますが、作成そのものはほんの数分で完了します。また、テンプレートを用意すれば、同じ構成の仮想マシンを簡単に複数作成できます。

・柔軟に性能が変更できる
プロセッサ数やメモリ容量などの仮想マシンの性能（サイズ）は、仮想マシンの作成時だけでなく、いつでも変更可能です。そのため、一時的に多くのメモリを要する処理を実行したい場合など、状況やニーズに応じて柔軟に対応することができます。

・強固なセキュリティとコンプライアンスが確保されている
仮想マシンを実行するマイクロソフトのデータセンターは、多層防御による高度なセキュリティが確保されており、多くの国際的なコンプライアンスポリシーに準拠しています。さらに、マルウェア対策ソフトウェアやディスクの暗号化機能なども提供されています。

・運用コストが抑えられる
仮想マシンはその実行時間により分単位で課金されます。そのため、夜間など、業務時間外の時間帯は仮想マシンを停止することにより、運用コストを軽減できます。さらに、予約やAzureハイブリッド特典により、コストをより削減することもできます。

【Azure仮想マシンサービスの特徴】

| 豊富な選択肢 | 迅速な展開 | 柔軟な性能変更 | 強固なセキュリティとコンプライアンス | 安価な運用コスト |

2　仮想マシンの計画

　仮想マシンの作成そのものは、ほんの数分で完了します。ただし、仮想マシンの作成に関わるパラメーターは非常に多く、それらを理解した上で作成する必要があります。ほとんどのパラメーターは仮想マシン作成後に変更できますが、仮想マシンの名前やイメージ、可用性オプションなどの一部のパラメーターについては後から変更できません。そのため、各パラメーターについて理解し、作成の前に各パラメーターをどのような値にするか検討しておく必要があります。仮想マシンの作成時に必要となる代表的なパラメーターには次のものがあります。

●仮想マシンの名前

リソースとしての仮想マシンの名前です。設定した名前は仮想マシンを識別するためだけでなく、ディスクやネットワークセキュリティグループなどの関連するリソース群の名前の一部にも使用されます。また、仮想マシンで実行されるOSでのホスト名（コンピューター名）としても使用されます。

●リージョン

仮想マシンの作成先となるリージョンです。リージョンによって、仮想マシンで選択可能なサイズや可用性オプション、発生するコストなどが異なります。そのため、組織が定めているコンプライアンス要件だけでなく、可用性オプションの必要性なども考慮してリージョンを決定する必要があります。

●サイズ

仮想マシンの性能を決定するパラメーターです。選択するサイズによって仮想マシンの処理能力や割り当てられるメモリ容量などが異なるため、仮想マシンの用途や求められるパフォーマンスに適したサイズを選択する必要があります。

●ディスク

仮想マシンで使用するOSディスクの種類や、追加データディスクなどの構成です。ディスクの種類の選択肢にはPremium SSDやStandard HDDなどがあり、種類によってコストやディスクパフォーマンスが異なります。

●イメージ

仮想マシンにインストールされるOSは、選択するイメージによって決定されます。WindowsまたはLinuxのベースイメージのほか、サードパーティのソフトウェアを含むものなど、様々なイメージが選択できます。

●可用性オプション

仮想マシンの可用性を高めるためのオプションです。可用性オプションを指定した同じ役割の仮想マシンを複数配備することで、Azureの障害時やメンテナンス時に同時に停止しないように構成することができます。

●仮想ネットワークおよびサブネット

仮想マシンのネットワークインターフェイス（NIC）を接続する仮想ネットワークおよびサブネットを指定するパラメーターです。Azureでは、仮想ネットワークを使用して、Azure仮想マシン同士やほかのAzureサービスとのプライベート接続を行います。接続する仮想ネットワークおよびサブネットによって、通信可能な範囲が決定されます。仮想ネットワークおよびサブネットの詳細については、第6章で説明します。

●拡張機能

　仮想マシンに追加することができるアドオンです。初期設定用のスクリプトを実行するためのCustom Script Extensionや、サードパーティのソフトウェア製品を使用するためのエージェントなどを、必要に応じてインストールできます。

仮想マシンを含む、リソースの名前付け規則に関するベストプラクティスについては、以下のWebサイトを参照してください。
https://docs.microsoft.com/ja-jp/azure/cloud-adoption-framework/ready/azure-best-practices/resource-naming

---

3　仮想マシンのサイズ

　サイズとは、仮想マシンの性能を決定するパラメーターであり、選択したサイズによって仮想マシンに割り当てられるvCPUの数やメモリ容量が異なります。オンプレミスで使用するHyper-VやVMware Workstation Playerなどでは作成する仮想マシンのvCPUの数やメモリ容量を数値で直接指定しますが、Azure仮想マシンではこれらを数値で指定できません。その代わりに、それらの定義情報をまとめたものがサイズとして用意されており、サイズの選択によってvCPUの数やメモリ容量などが決定します。また、仮想マシンの作成時にはサイズの選択が必要ですが、仮想マシンの作成後により高いパフォーマンス要件が必要になった場合などのために、サイズは後から変更することもできます。

【仮想マシンのサイズ】

vCPUの数：2
メモリ容量：8GiB
一時ストレージ容量：16

vCPUの数：1
メモリ容量：1GiB
一時ストレージ容量：4

　仮想マシンのサイズは、シリーズと呼ばれる先頭のアルファベットと、その後ろに続く数字などによって「D2s_v3」や「B1s」などのように表現されます。

●シリーズ

　シリーズは、仮想マシンが展開されるAzureデータセンター内のホストの種類です。データセンター内には数多くのホストが存在し、Intel社のプロセッサを搭載

するホストもあれば、AMD社のプロセッサを搭載するホストもあります。また、Intelプロセッサを搭載するホストでも、Intel Xeonの特定のモデルナンバーを搭載するホストなど、バリエーションは多岐にわたります。シリーズの指定によって、仮想マシンがどのプロセッサを搭載するホストで実行されるかが異なるため、vCPUの数やメモリ容量が同じであってもシリーズによってパフォーマンスは異なります。

仮想マシンのサイズは、用途に適した種類が選択できるように分類されています。サイズの分類の詳細については、以下のWebサイトを参照してください。
https://docs.microsoft.com/ja-jp/azure/virtual-machines/sizes

4 仮想マシンを構成するディスク

仮想マシンはデータセンター内のHyper-Vサーバー上で実行されますが、通常の物理的なコンピューターと同じように、OSやアプリケーションおよびデータを保持するためのディスクが必要です。

仮想マシンを構成するディスクには、次の3種類があります。このうち、OSディスクと一時ディスクは仮想マシンに既定で接続されます。データディスクについては必要に応じて追加します。

●OSディスク

OSが含まれるディスクです。既定のサイズは127GiB（Windows）または30GiB（Linux）であり、必要に応じて最大4TiBまで拡張できます。OSディスクは、Windows仮想マシンでは既定でCドライブとしてラベル付けされます。通常、OSディスクはAzure Storageに作成されます。

Azure Marketplaceから［smalldisk］と記載されているWindows Serverイメージを選択した場合は、WindowsのOSディスクでもサイズが30GiBとなります。

オプションとしてエフェメラルOSディスクを選択すると、仮想マシンのOSディスクがAzure Storageではなくホストのローカル上に作成されます。この場合、通常のOSディスクに比べてアクセスが高速になりますが、一時ディスクと同様にデータが永続化されず、仮想マシンの停止（割り当て解除）ができないなどの制限もあります。
エフェメラルOSディスクの詳細や使用要件については、以下のWebサイトを参照してください。
https://docs.microsoft.com/ja-jp/azure/virtual-machines/ephemeral-os-disks

●一時ディスク

　キャッシュ用の特別なディスクです。一時ディスクのサイズは選択した仮想マシンのサイズにより決定されます。一時ディスクは非永続化領域であり、仮想マシンを停止すると一時ディスク内のデータは消失するため、アプリケーションやデータの保存先として使用すべきではありません。Windows仮想マシンでの一時ディスクは既定でDドライブとしてラベル付けされています。

　一時ディスクはOSディスクに比べてより高速にアクセスできるように設計されていますが、非永続化領域であるため、通常はページファイルなどのキャッシュの格納先として使用されます。

●データディスク

　アプリケーションやデータを格納するために追加が可能なオプションのディスクです。データディスクはAzure Storageに作成され、Ultra Diskでは最大64TiB、それ以外の種類では最大32TiBまでのサイズを指定可能です。データディスクを作成して仮想マシンに接続すると、仮想マシン上で新しいディスクとして認識されるので、ユーザーは仮想マシンのOS内で任意のラベルを付けて使用できます。なお、接続できるディスク数は、仮想マシンのサイズにより決まります。また、ホットアドに対応しているため、仮想マシンを停止することなく追加と削除ができます。

【仮想マシンのディスク】

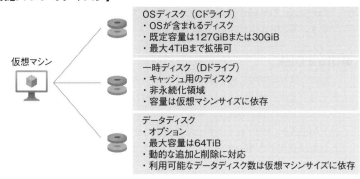

仮想マシン

OSディスク（Cドライブ）
・OSが含まれるディスク
・既定容量は127GiBまたは30GiB
・最大4TiBまで拡張可

一時ディスク（Dドライブ）
・キャッシュ用のディスク
・非永続化領域
・容量は仮想マシンサイズに依存

データディスク
・オプション
・最大容量は64TiB
・動的な追加と削除に対応
・利用可能なデータディスク数は仮想マシンサイズに依存

参考

OSディスクと一時ディスクは、Linux仮想マシン上では「sda1」や「sdb1」のように表示されます。

5 ディスクの種類

4

仮想マシンのOSディスクとデータディスクではディスクの種類を選択できるので、テストシナリオやミッションクリティカルなワークロードなど、その仮想マシンの用途や必要なパフォーマンスに見合った種類を選択します。また、仮想マシンに接続するディスクごとに異なる種類を使用することもできます。例えば、1つの仮想マシンであっても、OSディスクとデータディスクでは異なる種類のディスクを使用可能です。

●Standard HDD

データへのアクセス頻度が低い、クリティカルではないワークロード向けのディスクです。例えば、バックアップやアプリケーションデータのアーカイブなどに使用されます。最大IOPSは2,000、最大スループットは500MB/秒です。

●Standard SSD

Webサーバーなど高いIOPSが要求されないワークロードや、使用頻度の低いエンタープライズアプリケーション、開発およびテスト向けのディスクです。最大IOPSは6,000、最大スループットは750MB/秒となっており、Standard HDDよりも待ち時間が短縮されます。

●Premium SSD

Exchange Serverの運用環境などのエンタープライズワークロード向けのディスクです。最大IOPSは20,000、最大スループットは900MB/秒です。

●Ultra Disk

SAP HANAやSQL Serverなど、トランザクション量の多いワークロード向けのディスクです。IOPSとスループットを独自に指定可能で、最大IOPSは160,000、最大スループットは4,000MB/秒となっています。また、ディスクの種類の中で唯一、最大64TiBまでのディスクサイズで使用可能です。なお、Ultra DiskはOSディスクとしては使用できず、データディスクとしてのみ使用可能です。

【ディスクの種類】

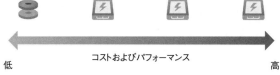

参考

Ultra Diskは一部のリージョンのみで利用可能で、サポートしているリージョンであっても特定の可用性オプションの構成が必要になる場合があります。Ultra Diskの詳細や制限については、以下のWebサイトを参照してください。
https://docs.microsoft.com/ja-jp/azure/virtual-machines/disks-types#ultra-disks

6 ディスクストレージ

仮想マシンのOSディスクとデータディスクの実体は、容量が固定されたVHDファイルです。これらのディスクは、次のいずれかのディスクストレージに格納して管理します。

●アンマネージドディスク

Azureのリリース当初から使用されているディスク管理方式で、事前にストレージアカウントを準備して、その中にディスクを格納します（ストレージアカウントの詳細については、第5章で説明します）。通常のストレージサービスと同様に、ディスク以外のデータ（診断データなど）の格納や、Azure Storage Explorerなどのツールを使用した管理ができます。また、ディスクの種類としてStandard HDD

を選択した場合に限り、オプションとしてgeo冗長ストレージ（GRS：Geo Redundant Storage）を選択すると、2つのリージョンにまたがった6重のコピーを保持できます。

●マネージドディスク

現在のAzure環境における主流のディスク管理方式であり、仮想マシン作成時の既定値です。事前にストレージアカウントを準備することなく、ディスクを作成できます。ユーザーはディスクのサイズや種類を指定するだけで、ストレージとしての持続性などの管理はマイクロソフト側で内部的に行われます。また、ディスクの種類（Ultra Diskを除く）も変更できるため、パフォーマンスニーズの変化に対応しやすいという特徴があります。そのほか、仮想マシンのカスタムイメージを作成するキャプチャ機能や、特定の時点の状態を保存するスナップショット機能、可用性オプションの1つである可用性ゾーンが使用できるなどのメリットがあります。

現在のAzure環境ではマネージドディスクが主流ですが、古くから使用されているAzure環境ではアンマネージドディスクで構成されている仮想マシンが存在する可能性があります。そのような場合、アンマネージドディスクをマネージドディスクに変換することもできます。

【ディスクストレージ】

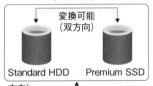

アンマネージドディスク　　　　　　　マネージドディスク

変換可能
（双方向）

Standard HDD　Premium SSD　Standard HDD　Premium SSD

変換可能（一方向）

参考　本書の執筆時点では、Ultra Diskとほかのディスクの間でディスクの種類を変更することはできません。最新情報については以下のWebサイトを参照してください。
https://docs.microsoft.com/ja-jp/azure/virtual-machines/windows/convert-disk-storage

7 イメージおよびサポートされるOS

Azureでサポートされる OS は、大きく分けると WindowsとLinux があります。仮想マシンの作成時には、仮想マシンにインストールする OS イメージを **Azure Marketplace** から選択します。Azure Marketplace は、仮想マシンのイメージや Azure 上で利用可能な様々なアプリケーションなどを取り扱うオンラインストアです。Azure Marketplace には、仮想マシン作成時のイメージ選択画面からアクセスするほか、ブラウザーで URL を指定して直接アクセスすることもできます。

【仮想マシン作成時のイメージの選択】

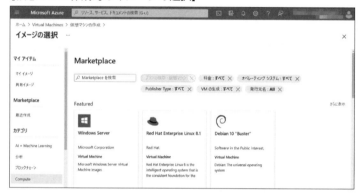

・Azure Marketplace
  https://azuremarketplace.microsoft.com/ja-jp/marketplace/

Azure Marketplace にはマイクロソフトやサードパーティによる様々なイメージが公開されており、OS 単体ではなく、ミドルウェアや特定のアプリケーションがインストールされたものも用意されています。例えば、SQL Server が含まれるイメージや、特定のゲートウェイ製品やファイアウォール製品が含まれているイメージなどがあります。

Azure Marketplace に公開されたイメージを使用するほか、独自の仮想マシンイメージを作成して使用することもできます。

●Windows

　Windows Serverについては、Windows Server 2003以降のバージョンがサポートされています。ただし、OSとしてのサポートが終了したWindows Server 2008 R2以前のイメージについてはAzure Marketplaceで提供されていないため、利用者自身でイメージを準備する必要があります。

　Windows Server 2012以降のOSについてはAzure Marketplaceにベースイメージが公開されているため、それらを選択して仮想マシンを作成することが可能です。ただし、Windows Serverのインプレースアップグレードはサポートされていないことに注意する必要があります。例えば、Windows Server 2016のイメージから作成した仮想マシンをWindows Server 2019にインプレースアップグレードすることはできないため、Windows Server 2019を実行する新しい仮想マシンを作成してワークロードを移行する必要があります。Windowsの仮想マシンでインプレースアップグレードがサポートされているのは、Windows 10のみです。

　また、Windows Serverのイメージを選択して仮想マシンを作成した場合に発生するコストには、サーバーライセンスおよびCAL（クライアントアクセスライセンス）が含まれています。つまり、ライセンスを含めた料金が設定されているため、事前にライセンスを準備する必要はありません。一方、Azure MarketplaceにはWindows 10のイメージも公開されていますが、こちらにはライセンスおよびその料金がバンドルされていないため、ライセンスを別途用意する必要があります。

4

【Azure MarketplaceのWindows OSイメージ】

Windows Server
・サーバーライセンスとCALを含む
・インプレースアップグレードはサポートされない

Windows 10
・ライセンスは含まれない
・インプレースアップグレードをサポート

参考

ソフトウェアアシュアランス（SA）を購入済みの組織では、Azureハイブリッド特典を使用してWindows Server仮想マシンのコストを節約できます。Azureハイブリッド特典については、3-2節で説明しています。

●Linux

　Ubuntu、Oracle Linux、Red Hat Enterprise Linux、SUSE Enterprise Linuxなど、一般的に使用される多くのLinuxディストリビューションとバージョンがサポートされています。Azure MarketplaceにはこれらのLinuxディストリビューションのOSイメージが用意されていますが、Red Hat Enterprise Linuxのようなライセンスが必要なものについては、ライセンス（サブスクリプション）がバンドルされています。なお、サポートについてもAzureのサポート契約だけで利用できるため、

問い合わせの窓口が一本化できるメリットもあります。

　また、Windows Serverの仮想マシンとは異なり、Linuxの仮想マシンではOSのインプレースアップグレードがサポートされています。例えば、Red Hat Enterprise Linux 7を実行する仮想マシンをRed Hat Enterprise Linux 8に変更したい場合、**leapp**ツールを使用してインプレースアップグレードを実施できます。ただし、通常のインプレースアップグレード時と同様に、事前にテストマシンで評価などを行うことが推奨されます。

8 仮想マシンの可用性オプション

　仮想マシンは、マイクロソフトの高品質なデータセンター内で動作しているため、高い稼働率でサービスが提供されます。しかし、100％動作が保証されているわけではなく、様々なイベントによって仮想マシンの停止やパフォーマンスの低下が起きる可能性があります。

　稼働率を高めるための基本的な考え方として、同じ構成の仮想マシンを複数作成することが挙げられます。しかし、それだけでは「障害やメンテナンスに強い構成」とは言えません。なぜなら、せっかく同じ構成の仮想マシンを複数作成しても、同じラックや同じブレード（サーバー）、同じデータセンター内に配置されてしまった場合には、1カ所で起こった障害によってすべての仮想マシンに影響が及ぶ可能性があるからです。例えば、2台のWebサーバーの両方が同一のラック上に配置された場合、そのラックの障害によって2台とも停止してしまいます。

【ラックの障害によって全仮想マシンが停止】

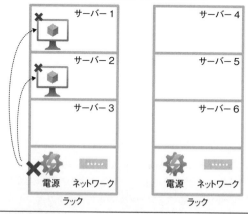

2台の仮想マシンが同じラック内に配置されているため、ラック障害によって2台とも停止する

つまり、ただ単に同じ構成の仮想マシンを複数作成するだけではなく、配置先となるラックやブレード、あるいはデータセンターそのものを分ける必要があります。このようなニーズに対応するために、Azureの仮想マシンでは**可用性セット**や**可用性ゾーン**という可用性を高めるためのオプションがあります。なお、いずれの可用性オプションについても仮想マシンの作成時に決定する必要があり、作成済みの仮想マシンには可用性オプションを追加できないことに注意してください。

●可用性セット

同じ構成の仮想マシンを複数作成するときに、1つのデータセンター内における配置先のラックやブレードを分けることができるオプションです。このオプションを用いて2台以上の仮想マシンを構成することで、ラックやブレードで発生する障害やメンテナンスに強い構成となり、全稼働時間の99.95%以上で少なくとも1つのインスタンスに対する仮想マシン接続の確保が保証されます。

可用性セットには、次の2つのパラメーターがあります。

・障害ドメイン
仮想マシンをデータセンター内のいくつのラックに分散して配置するかを決定します。最大値は3ですが、選択したサブスクリプションとリージョンによっては3より小さい場合があります。

・更新ドメイン
仮想マシンをいくつのサーバーグループに分散して配置するかを決定します。サーバーグループは、計画的なメンテナンス時にまとめて再起動されるサーバーの単位です。最大値は20です。

例えば、「障害ドメインが2、更新ドメインが5」という値を持つ可用性セットを作成し、同じ構成の仮想マシンを6台作成してこの可用性セットを設定した場合、6台の仮想マシンは2つのラックに分かれて配置されます。また、サーバーグループとしては5つに分かれて配置されます。この配置の場合、1つのラックで障害が起きて仮想マシンが停止したとしても、別のラックで実行されている3台の仮想マシンは影響を受けません。また、ラック内の特定のブレードでのメンテナンスがあったとしても、ほかのサーバーグループのブレード上で実行される4台または5台の仮想マシンは影響を受けません。

【可用性セットによる仮想マシンの配置イメージ】

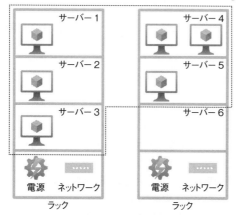

障害ドメイン：2
更新ドメイン：5
の可用性セット

試験対策

障害ドメインの最大値は3で、更新ドメインの最大値は20です。ただし、障害ドメインの最大値はサブスクリプションやリージョンによって3より小さい場合があります。

●可用性ゾーン

　同じ構成の仮想マシンを複数作成するときに、配置先のデータセンターを分けることができるオプションです。このオプションを用いて2台以上の仮想マシンを構成することで、データセンターレベルで発生する障害に強い構成となり、全稼働時間の99.99%以上で少なくとも1つのインスタンスに対する仮想マシン接続の確保が保証されます。

　各リージョンには複数のデータセンターが存在します。例えば、東日本リージョンは、実際には東京と埼玉に存在する複数のデータセンターから構成されています。可用性ゾーンは、リージョン内に用意された個別の電源、ネットワーク、冷却装置を有する物理的に異なるデータセンター（ゾーン1、ゾーン2、ゾーン3など）を表します。リージョンに存在するデータセンターを「ゾーン」と呼ばれる単位で分割し、仮想マシンを配置するゾーンを指定できるのが可用性ゾーンです。つまり、同じ構成の仮想マシンを複数作成する際に、各仮想マシンを異なるゾーンに配置することによって、仮想マシンが実行されるデータセンターそのものを分けることができます。例えば、同じ構成の仮想マシンを3台作成して可用性を高めたい場合に、VM1はゾーン1に、VM2はゾーン2に、VM3はゾーン3に配置できます。こうすることで、例えばゾーン1のデータセンターで障害が発生したとしても、VM2やVM3は影響を受けません。

【可用性ゾーンによる仮想マシンの配置イメージ】

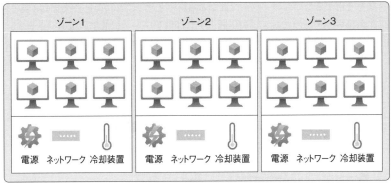

　このように可用性ゾーンでは、同じ構成の仮想マシンを複数作成したときに配置先となるデータセンターを分けられるため、可用性セットよりも広い範囲の障害に対応することができます。ただし、現時点では可用性ゾーンを構成できるリージョンが限定されています。例えば、東日本リージョンや東南アジアリージョンは可用性ゾーンがサポートされていますが、西日本リージョンではサポートされていません。したがって、可用性ゾーンを使用して仮想マシンの可用性を高めたい場合には、リージョンの選択にも注意する必要があります。

4

試験対策

可用性ゾーンは、データセンター障害に対応できる可用性オプションです。同じ構成の複数の仮想マシンを異なるゾーンに配置すると可用性を向上できます。

参考

可用性ゾーンがサポートされているリージョンの詳細については、以下のWebサイトを参照してください。
https://docs.microsoft.com/ja-jp/azure/availability-zones/az-region#azure-regions-with-availability-zones

9 仮想マシンの拡張機能

　拡張機能とは、仮想マシンに追加することができるアドオンです。仮想マシンの作成

時または作成後に、簡単な操作で様々な拡張機能をインストールできます。拡張機能には、主に仮想マシンの初期設定に活用できるものや、サードパーティのソフトウェア製品を使用するためのエージェントなどもあります。これらの拡張機能を必要とする場合、Azureポータルのメニューから選択すれば仮想マシンに簡単に追加できます。また、不要になった場合にも、Azureポータルのメニューから簡単に削除できます。なお、既存の仮想マシンに拡張機能の追加または削除を行うには、仮想マシンの状態が実行中である必要があります。

【拡張機能の選択画面】

試験対策　既存の仮想マシンに拡張機能の追加または削除を行うには、仮想マシンの状態が実行中である必要があります。

10 代表的な拡張機能

　仮想マシンに追加できる拡張機能にはサードパーティ製を含めて様々なものがありますが、ここでは**カスタムスクリプト拡張機能**と**PowerShell DSC拡張機能**という2つの代表的な拡張機能について説明します。この2つはどちらもマイクロソフト製の拡張機能であり、仮想マシンの初期設定を行うシナリオなどで活用できます。例えば、仮想マシンへの役割や機能の追加、ファイルのコピー、アプリのインストール、レジストリの変更などが可能です。

　また、2つの拡張機能に共通する注意点として、拡張機能で使用するスクリプトファイルを任意のストレージアカウントのコンテナー（Blob Storage）にアップロードしておくことが挙げられます。拡張機能で使用するファイルはストレージアカウントのコンテナー内から選択する必要があり、ユーザーの手元にあるファイルを直接指定すること

はできません。なお、ストレージアカウントおよびBlob Storageの詳細については、第5章で説明します。

●カスタムスクリプト拡張機能（Custom Script Extension）

仮想マシンのOSで、指定したスクリプトを実行するための拡張機能です。Windows仮想マシンに対してはPowerShellスクリプトを、Linux仮想マシンに対してはシェルスクリプトを実行できます。例えば、仮想マシンの初期設定を行うスクリプトを準備しておき、仮想マシンの作成時にこの拡張機能によってスクリプトを実行することで、仮想マシンの初期設定を自動化できます。

設定も非常にシンプルであり、拡張機能の一覧から［Custom Script Extension］（Linux仮想マシンの場合は［Custom Script For Linux］）を選択して、使用するスクリプトを指定するだけです。例えば、Webサーバー（IIS）の役割をインストールするのであれば「Install-WindowsFeature -Name Web-Server」という記述を含むスクリプトを事前に作成しておき、そのスクリプトファイルを指定します。スクリプトの実行に引数が必要な場合には、その引数を指定することも可能です。

【Custom Script Extensionの設定画面】

●PowerShell DSC拡張機能

PowerShell DSC（PowerShell Desired State Configuration）とは、PowerShellによるシステムの構成や展開を行う管理プラットフォームであり、DSCという言葉には「望ましい状態の構成」という意味があります。つまり、システムのあるべき姿を設定することを目的としたものであり、その実現のためのスクリプトファイルを仮想マシンのOS上で実行できるのがPowerShell DSC拡張機能です。カスタムスクリプト拡張機能と記述方法は異なりますが、PowerShell DSC拡張機能も仮想マシンの初期設定を行うシナリオなどで活用できます。

PowerShell DSCでは、Configurationと呼ばれるスクリプトファイルに、宣言型構文と呼ばれる形式であるべき姿を定義します。例えば、Webサーバー（IIS）の役割をインストールしたいのであれば次のように記述して、望ましい状態（あるべき姿）を定義します。

【IISの役割をインストールするConfigurationファイルの例】

```
Configuration IISInstall
{
  Node "localhost"
  {
    WindowsFeature IIS
    {
        Ensure = "Present"
        Name = "Web-Server"
    }
  }
}
```

　上記では「localhostでは、Windowsの機能としてWebサーバーの役割が存在していてほしい」旨が記述されており、これが望ましい状態となります。このようなスクリプトファイルを作成し、PowerShell DSC拡張機能を使用することで、Windows仮想マシンにWebサーバーの役割が自動的に追加されます。

【PowerShell DSCの設定画面】

試験対策

カスタムスクリプト拡張機能とPowerShell DSC拡張機能は、どちらも仮想マシンの初期設定に役立ちます。2つの拡張機能の特徴や違いを確認しておきましょう。

参考

PowerShell DSC拡張機能の詳細については、以下のWebサイトを参照してください。

https://docs.microsoft.com/ja-jp/azure/virtual-machines/extensions/dsc-overview

仮想マシンの作成と接続

仮想マシンの計画で、名前やリージョン、サイズ、可用性オプションの必要性の有無など
の各パラメーターを決定したら、その計画に基づいて仮想マシンを作成します。
本節では、仮想マシンの作成や変更、作成後の接続などについて説明します。

1 仮想マシンの作成

　仮想マシンを作成する最も簡単な方法は、Azureポータルから操作する方法です。
Azureポータルでは、サービス一覧から［コンピューティング］のカテゴリ内にある
［Virtual Machines］をクリックし、表示される画面で［作成］、［仮想マシン］の順にク
リックすると、仮想マシンの作成に必要な情報がウィザード形式で表示されるので、順
番に表示される各タブに従って値を指定していくことで簡単に仮想マシンを作成できま
す。表示される主なタブには、次のようなものがあります。

● ［基本］タブ

　仮想マシンの基本的な設定を行います。主要なパラメーターには、リソースグ
ループ、仮想マシン名、可用性オプション、イメージなどがあります。

　なお、WindowsとLinuxのどちらのイメージを選択するかによって、仮想マシン
作成後の接続方法が異なります。Windows仮想マシンへの接続にはRDP（リモー
トデスクトップ）を使用するのに対し、Linux仮想マシンへの接続にはSSH（Secure
Shell）を使用します。そのため、選択したイメージによって認証の構成が異なり
ます。Windowsイメージを選択した場合は、RDP接続を行うための管理者アカウ
ントの情報を指定する必要があります。一方、Linuxのイメージを選択した場合は、
SSH接続を行うための認証の種類として［パスワード］か［SSH公開キー］のいず
れかを選択し、必要な情報を指定する必要があります。

4

【仮想マシンの作成 - [基本] タブ】

● [ディスク] タブ

　　OSディスクの種類や、追加で必要となるデータディスクの作成や接続などを行います。既定ではマネージドディスクを使用するように設定されますが、必要に応じてアンマネージドディスクを使用するように変更可能です。

● [ネットワーク] タブ

　　仮想マシンのネットワークインターフェイスを接続する、仮想ネットワークおよびサブネットを選択します。必要に応じて、パブリックIPアドレスやネットワークセキュリティグループなどのネットワーク関連の構成も行います。仮想ネットワークやサブネット、ネットワークセキュリティグループなどについては第6章で説明します。

● [管理] タブ

　　仮想マシンのトラブルシューティングのための監視設定や、自動シャットダウンに関する設定、バックアップや更新などの保護に関する設定を行います。仮想マシンのバックアップについては、第10章で説明します。

● [詳細] タブ

　　必要に応じて、仮想マシンに追加する拡張機能の選択や、初期設定用の構成ファイルなどを受け渡すためのカスタムデータなどを構成できます。

参考

カスタムデータの詳細については、以下のWebサイトを参照してください。
https://docs.microsoft.com/ja-jp/azure/virtual-machines/custom-data

2　仮想マシンの操作と変更

　仮想マシンの作成後、仮想マシンの操作や設定などの管理作業は、Azureポータルの［Virtual Machines］の［<仮想マシン名>］で行います。［Virtual Machines］から特定の仮想マシンをクリックすると、選択した仮想マシンの設定確認や様々な操作を行うことができます。この画面には、左ペインに表示される［リソースメニュー］と、各リソースメニュー内の上部に表示される［コマンドバー］があります。

【仮想マシン管理画面のレイアウト】

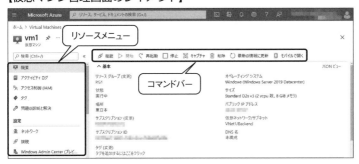

　リソースメニュー内の上部には、仮想マシンに対する一般的な情報確認や操作を行うためのメニューが表示されます。例えば、基本的な情報と操作を提供する［概要］のほか、RBACによるアクセス制御を行うための［アクセス制御（IAM）］、任意のタグを追加する［タグ］などのメニューがあります。

　仮想マシンをクリックして最初に表示される［概要］のメニューのコマンドバーには、仮想マシンへの接続を行う［接続］や、仮想マシンの［開始］や［停止］などがあります。

●設定

　ネットワークインターフェイスなどのネットワーク関連の構成を行う［ネットワーク］や、OSディスクやデータディスクの追加や変更を行う［ディスク］、拡張機能の追加や削除を行う［拡張機能とアプリケーション］などのメニューがあります。これらのパラメーターは仮想マシンの作成時に指定した値に基づいて構成されていますが、一部の設定を除いて変更可能です。

　例えば、サイズの確認や変更を行うために［サイズ］というメニューがあります。仮想マシンへのアクセス数の増加が見込まれる場合には、より上位のサイズに変更（スケールアップ）して、仮想マシンのパフォーマンスを向上できます。逆に、アクセス数の減少などによりスペックが過剰になってしまった場合には、より下位のサイズに変更（スケールダウン）して、コストを抑えることができます。ただし、実行中の仮想マシンのサイズを変更した場合、仮想マシンが再起動される

ことに注意してください。

【仮想マシンのサイズ変更】

 試験対策　仮想マシンのサイズは後から変更できます。ただし、サイズ変更には仮想マシンの再起動が必要です。

●操作

　特定の時刻に自動的に仮想マシンを停止する［自動シャットダウン］や、Azure Backupによる保護を行う［バックアップ］、仮想マシンを別のリージョンへレプリケーションする［ディザスターリカバリー］などのメニューがあります。バックアップサービスであるAzure Backupと、ディザスターリカバリーのためのAzure Site Recoveryについては、第10章で説明します。

●監視

　仮想マシンのパフォーマンスデータを表示する［メトリック］や、ログやメトリックに基づくアラートの表示および構成を行うための［警告］、Azure Monitor for VMsを利用した監視やログ分析を行うため［分析情報］などがあります。
　また、［診断設定］で［ゲストレベルの監視を有効にする］をクリックすることで、仮想マシンに**診断エージェント（Diagnosticsエージェント）**がインストールされます。これにより、ゲストOSやアプリケーションが生成するログやパフォーマンスデータ（メトリック）などの診断データがAzureのストレージアカウントに収集されるので、仮想マシンにリモートデスクトップなどで接続することなく診断データにアクセス可能となります。ストレージアカウントについては第5章で、監

視のサービスであるAzure Monitorについては第11章で説明します。

【仮想マシンの診断設定 - ゲストレベルの監視を有効にする】

試験対策　診断エージェント（Diagnosticsエージェント）により、診断データをストレージアカウントに収集できます。

●オートメーション

第1章で説明したARMテンプレートの確認やダウンロードなどを行うための［テンプレートのエクスポート］と、仮想マシンのリソースの自動管理タスクを構成できる［タスク］があります。例えば、既存の仮想マシンと同じようなパラメーターを持つ新しい仮想マシンを作成したい場合に、［テンプレートのエクスポート］からダウンロードしたARMテンプレートを活用したり、ライブラリにテンプレートを保存したりできます。

【テンプレートのエクスポート】

試験対策　［テンプレートのエクスポート］は、既存の仮想マシンと同じようなパラメーターを持つ新しい仮想マシンを作成したい場合に役立ちます。

●サポート＋トラブルシューティング（ヘルプ）

　Azureプラットフォームの正常性を確認する［リソース正常性］や、仮想マシンの現在の状態のスクリーンショットとシリアルログを表示する［ブート診断］、問題が発生した場合にマイクロソフトにサポートリクエストを作成および送信するためのメニューなどがあります。

3　仮想マシンへの接続

　Azure Marketplaceで提供されている標準のOSイメージは、基本的な構成のみが含まれています。そのため、仮想マシンの作成後は、仮想マシンへ接続し、その仮想マシンの用途に合わせて設定や操作を行う必要があります。仮想マシンへの接続には、次の3つの方法があります。

●リモートデスクトップ（RDP）接続

　Windows仮想マシンへの接続に使用する基本的な方法です。リモートデスクトップを使用し、仮想マシンに接続します。既定で使用されるポート番号は3389です。

●SSH（Secure Shell）接続

　Linux仮想マシンへの接続に使用する基本的な方法です。パスワードまたは証明書ベースのSSHを使用し、仮想マシンに接続します。既定で使用されるポート番号

は22です。

●Bastion接続

　PaaSサービスのBastionを用いて仮想マシンに接続する方法で、簡単に言ってしまえば「ブラウザーから安全に仮想マシンに接続して操作する」ことを目的としています。Bastion接続では、仮想マシンのRDPまたはSSHのポートを外部に公開することなく、仮想マシンに対する安全なリモート接続が提供されます。使用されるポート番号は443です。

【仮想マシンへのリモート接続方法】

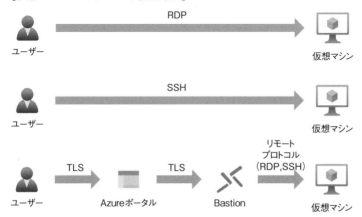

試験対策

Bastion接続を使用すると、仮想マシンのRDPまたはSSHのポートを外部に公開せずに、仮想マシンに安全にリモート接続できます。

参考

RDPまたはSSHで仮想マシンに接続するには、パブリックIPアドレスの割り当てやネットワークセキュリティグループの構成も必要です。パブリックIPアドレスの詳細については6-1節で、ネットワークセキュリティグループの詳細については6-2節で説明します。

4 リモートデスクトップ接続

　リモートデスクトップを使用し、仮想マシンに接続します。仮想マシンの［接続］メニューで［RDP］タブをクリックし、リモートデスクトップ接続ファイル（RDPファイル）をダウンロードすると接続が容易になります。

【RDPファイルのダウンロード】

5 SSH接続

　SSHを利用し、パスワードまたは証明書による認証を行い仮想マシンに接続します。仮想マシンの［接続］メニューで［SSH］タブをクリックすると、SSH接続コマンドの実行例を確認できます。

【SSH接続のコマンド確認】

6　Bastion接続

　Bastionは、仮想マシンにリモート接続するための「踏み台」として機能し、Azureポータルから安全かつシームレスに仮想マシンへリモートデスクトップ接続またはSSH接続を行う方法を提供します。特に組織のオンプレミスネットワークでは、リモートデスクトップ接続で使用されるポート番号3389が経路上のファイアウォールなどでブロックされている場合があります。Bastion接続は、そのようなネットワーク環境でのリモート接続手段としても活用できます。Bastion接続ではポート番号443が使用され、ブラウザーから仮想マシンに接続して操作が可能です。

　Bastion接続を使用するには、仮想マシンが接続する仮想ネットワークにBastionだけを配置する専用のサブネットを作成し、「AzureBastionSubnet」というサブネット名にしておく必要があります。このとき、アドレス範囲のプレフィックスの値は/26以下（/25や/24など）にする必要があります。サブネットを作成できたら、Bastionそのものを作成してパブリックIPアドレスを割り当てます。なお、この接続ではBastion経由で仮想マシンに接続するため、個々の仮想マシンにパブリックIPアドレスを割り当てておく必要はありません。

　サブネットとBastionの作成が完了すると、仮想マシンの［Bastion］のメニューから資格情報を指定してBastion接続ができるようになります。

【Windows仮想マシンへのBastion接続】

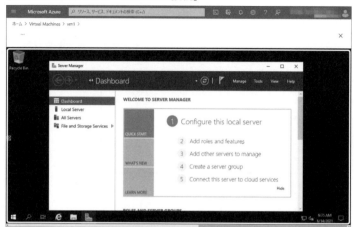

試験対策

Bastion専用のサブネットでは、サブネット名を「AzureBastionSubnet」、アドレス範囲のプレフィックスの値を/26以下にする必要があります。

参考

仮想ネットワークピアリングを構成すれば、ピアリングされた別の仮想ネットワークの仮想マシンにも接続可能です。ピアリングについては7-1節で説明します。

4-3 仮想マシンスケールセット

仮想マシンスケールセットを使用すると、同じ構成の仮想マシンをまとめて作成し、必要に応じて自動スケーリングを行うことが可能です。
本節では、仮想マシンスケールセットの概要や管理方法について説明します。

1 システムの性能に対するアプローチ

　システムに対する要求やアクセスの量は、常に一定ではない可能性があります。例えば、週末や月末に多くのアクセスが発生し、それ以外の日や夜間はアクセス数が減少するシステムなどがあります。Azureでは、需要が高まったタイミングでリソースの追加やサイズの変更などを実施し、性能を素早く向上することができます。また、需要が低下したときはシステムの性能を低下させることで、コストを抑制できます。このように状況に応じて柔軟に性能を変更しやすい点は、クラウドサービスの特徴でもあります。

【システム性能の変更】

実装済みのシステム性能を
変更するのは大変

オンプレミス

状況に応じて簡単に
システム性能を変更できる

クラウド

　一般論として、システムの性能を調節するアプローチには、**垂直スケーリング**と**水平スケーリング**の2つがあります。垂直スケーリングにはダウンタイムが発生するため、システムを停止しないことを前提に考える場合は水平スケーリングが重要視されます。

●垂直スケーリング

　システムを構成するマシンのスペックを変更することで性能を調整するアプローチです。このアプローチは、**スケールアップ**および**スケールダウン**とも呼ばれます。Azureでは仮想マシンのスペックはサイズによって決定されるため、サイズの変更と垂直スケーリングは同義です。上位のサイズに変更してシステム性能を高めるのがスケールアップ、下位のサイズに変更してシステム性能を下げるの

がスケールダウンとなります。

　垂直スケーリングは簡単ですが、ダウンタイムが発生します。また、サイズに上限があるため、無限にスケールアップすることはできません。

【垂直スケーリングのイメージ】

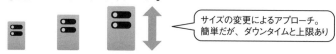

サイズの変更によるアプローチ。
簡単だが、ダウンタイムと上限あり

●水平スケーリング

　システムを構成するマシンの台数を変更することで性能を調整するアプローチです。このアプローチは、**スケールアウト**および**スケールイン**とも呼ばれます。仮想マシンの台数を増やしてシステム性能を高めるのがスケールアウト、仮想マシンの台数を減らしてシステム性能を下げるのがスケールインとなります。

　水平スケーリングは台数の増減であるため、ダウンタイムも上限もありません。既存の仮想マシンを停止することなく、新しい仮想マシンを追加できます。これにより、ダウンタイムを気にせずにシステム性能を調節できます。

【水平スケーリングのイメージ】

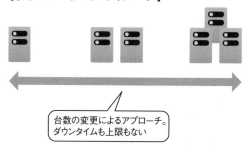

台数の変更によるアプローチ。
ダウンタイムも上限もない

2　仮想マシンスケールセット

　Azureには、システム全体を停止しないでスケーリングするために必要な構成要素をまとめて提供してくれる仮想マシンスケールセット（Azure Virtual Machine Scale Sets）というサービスがあります。

　4-2節で説明した通常の仮想マシンでは、作成した仮想マシンを個々に管理する必要があります。つまり、管理者が個々の仮想マシンの状態や負荷を監視し、水平スケーリングを行う場合には手動で同じ役割の仮想マシンを作成する必要があります。それに対して、仮想マシンスケールセットでは、最初に指定した台数の仮想マシン（インスタンス）をまとめて作成することができ、その後はCPUの使用率などのメトリックやスケジュー

ルに基づく自動的な仮想マシンの作成および削除によって台数を調節できます。したがって、管理者の管理負荷が軽減されます。

【仮想マシンと仮想マシンスケールセット】

個別に作成と管理を行い、管理者が手動でスケーリングを実行

複数の仮想マシンをまとめて作成し、メトリックやスケジュールに基づいてスケーリングを実行

仮想マシン　　　　　　仮想マシンスケールセット

参考

仮想マシンスケールセットは、Azure LoadBalancerまたはApplication Gatewayと併用できます。Azure Load BalancerとApplication Gatewayの詳細については、第8章で説明します。

3 仮想マシンスケールセットの実装

Azureポータルから仮想マシンスケールセットを作成するには、サービス一覧から［コンピューティング］のカテゴリ内にある［Virtual Machine Scale Sets］をクリックし、表示される画面で［作成］をクリックします。

仮想マシンスケールセットの作成は通常の仮想マシンの作成とよく似ており、使用するOSイメージやサイズなどを指定します。ただし、仮想マシンスケールセットには自動スケーリングのためのパラメーターがいくつかあります。主なものは、次のとおりです。

●初期インスタンス数

スケールセット内に最初に作成する仮想マシンの数です。0〜1000までの範囲で指定します。

●スケーリングポリシー

スケーリングを管理者が手動で行う場合には［手動］を、自動スケーリングを行う場合には［カスタム］を選択します。［カスタム］を選択すると、インスタンスの最小数や最大数、CPUしきい値、追加するインスタンスの数などを指定できます。

【仮想マシンスケールセットの作成 - ［スケーリング］タブ】

試験対策

スケーリングを行うための設定画面と動作を確認しておきましょう。

参考

仮想マシンスケールセット作成時にはCPUのしきい値に基づく自動スケーリング設定のみが可能ですが、仮想マシンスケールセット作成後にそのほかのメトリックやスケジュールで自動スケーリングを行うように変更できます。これらについては本節の後半で説明します。

●スケールインポリシー

スケールセット内で削除する仮想マシンを選択する順序を構成します。既定のスケールインポリシーでは、可用性ゾーンと障害ドメイン間のバランスを維持しつつ、削除される仮想マシンが決定されます。必要に応じて、可用性ゾーン間のバランスを取りながら最も新しく作成された仮想マシンから削除する［最新のVMポリシー］や、可用性ゾーン間のバランスを取りながら最も古い仮想マシンから削除する［最も古いVMポリシー］を使用するように変更できます。例えば、VM名に含まれる番号順に作成された9台の仮想マシンがある場合、［最新のVMポリシー］では次のイラストのように削除対象の仮想マシンが決定されます。

【［最新のVMポリシー］での削除イメージ】

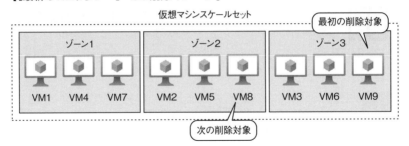

●アップグレードモード

スケールセットモデルによって仮想マシンを最新の状態に維持するための方法を指定します。スケールセットモデルとは、スケールセット全体としての「望ましい状態」の定義情報であり、スケールセットの作成時に指定するサイズ情報などが含まれます。アップグレードモードは、［手動］、［自動］、［ローリング］の3つから選択します。

・手動
スケールセットモデルの変更が既存の仮想マシンには影響を及ぼしません。例えば、スケールセットモデルでサイズを変更しても既存の仮想マシンは更新されず、仮想マシンを更新するには手動でアップグレードする必要があります。

・自動
スケールセットモデルの変更後、ランダムな順序ですぐに各仮想マシンが更新されます。ただし、順序の保証がなく、すべての仮想マシンが同時に停止する時間が発生します。

・ローリング
スケールセット内で同時に更新を行う仮想マシンの割合（バッチサイズ）を指定しておき、その割合に応じて仮想マシンが順次更新されます。例えば、仮想マシンが10台あり、バッチサイズが20%の場合、2台ずつ更新されます。

●オーバープロビジョニング

仮想マシンのプロビジョニングの成功率を向上するための設定です。この設定が有効の場合、スケールセットは実際に要求された数より多くの仮想マシンを作成および起動します。そして、要求された数の仮想マシンが正常にプロビジョニングされたことが確認できたときに、余計に作成した仮想マシンを削除します。これにより、プロビジョニングの成功率が向上し、展開時間が短縮されます。

オーバープロビジョニングによって一時的に余計に作成された仮想マシンは課金対象とはならず、クォータ制限にもカウントされません。

4 スケールセットモデルの変更

　仮想マシンスケールセット作成時に指定するサイズやディスク、イメージなどの仮想マシンの構成に関わる一式の情報は**スケールセットモデル**と呼ばれます。仮想マシンスケールセットを作成すると、スケールセットモデルに含まれる構成情報に基づき、初期インスタンス数で指定した数の仮想マシンが作成されます。また、スケーリングによって仮想マシンを追加するときもスケールセットモデルの構成情報に基づいて仮想マシンが作成されるため、既存の仮想マシンと同じ構成になります。

【スケールセットモデルと仮想マシンスケールセット】

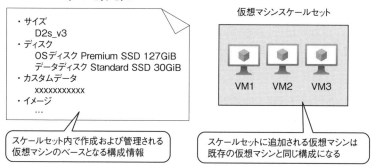

　仮想マシンスケールセットを運用していく上で、例えば、サイズやディスク構成、使用するカスタムイメージなどを変更したいことがあります。そのような場合のため、スケールセットモデルは後から変更することができます。

　スケールセットモデルが更新されると、スケールセット内で今後作成される仮想マシンは、最新のスケールセットモデルの構成情報に基づいたものとなります。ただし、既存の仮想マシンへの反映については、先ほど説明した［アップグレードモード］の選択によって動作が異なります。例えば、［アップグレードモード］が［手動］になっている場合は、スケールセットモデルを変更しても既存の仮想マシンには自動的に反映されません。既存の仮想マシンに新たな構成情報を反映したい場合には、［インスタンス］のメニューから仮想マシンを選択して［アップグレード］を行う必要があります。

【仮想マシンインスタンスのアップグレード】

既存の仮想マシンインスタンスが現在のスケールセットモデルの構成と一致しているかどうかは、[インスタンス]のメニューの[最新のモデル]列で確認できます。

4

5 自動スケーリングの設定変更

　仮想マシンスケールセットの特徴は、自動スケーリングできることです。需要が少ないときは仮想マシンの数を最小限に抑えつつ、需要が多くなれば仮想マシンを自動的に追加できます。Azureポータルでの仮想マシンスケールセットの作成時に[スケーリングポリシー]で[カスタム]を選択することでCPUの使用状況に基づく自動スケーリング設定が可能ですが、次のようなシナリオではスケールセットの作成後に自動スケーリングの設定を変更します。

・CPU以外のメトリック（メモリやディスクなど）に基づいてスケーリングしたい
・曜日や日時によって異なる条件でスケーリングしたい
・CPUとメモリのように複数の規則を使用したい
・スケールセットの作成時に指定したCPUのしきい値を変更したい

　自動スケーリングの設定確認や変更は、仮想マシンスケールセットの[スケーリング]のメニューで行います。[スケーリング]では、スケールアウトおよびスケールインを

実行する規則の追加や変更などを行い、上記のシナリオに対応する自動スケーリングを構成できます。規則とインスタンス数の範囲、スケジュール設定など、スケーリングに関わる設定は**自動スケールプロファイル（スケーリング条件）**と呼ばれる単位で管理および使用されます。

【スケーリングの構成画面】

●複数の自動スケールプロファイルが構成されている場合

　例えば、Webアプリによっては、土日は多くの需要があるため仮想マシンを5台実行したいが、それ以外の曜日はほとんど需要がないため2台だけ実行したいなどの場合があります。そのようなシナリオでは、複数の自動スケールプロファイルを構成します。仮想マシンスケールセットの作成直後は「既定」というプロファイルだけが存在していますが、ここに土日のための自動スケールプロファイルを追加して使用できます。

　複数の自動スケールプロファイルが構成されている場合、自動スケールエンジンは「指定日プロファイル」、「定期的プロファイル」、「既定のプロファイル」の順にプロファイルを確認して実行します。

・指定日プロファイル
　特定の開始日時と終了日時によって指定されたプロファイルです。

・定期的プロファイル
　特定の曜日とその開始時刻および終了時刻で指定されたプロファイルです。

・既定のプロファイル
　既定で作成されるプロファイルで、標準プロファイルとも呼ばれます。その他

の種類のプロファイルが存在しない場合や、いずれのプロファイルにも一致しなかった場合に使用されます。

　ある種類のプロファイルの指定に一致した場合はそのプロファイルが実行され、ほかの種類のプロファイルは確認されません。そのため、定期的プロファイルと既定のプロファイルが存在する場合、定期的プロファイルが優先的に確認されます。したがって、土日を指定した定期的プロファイルを作成することにより、土日は定期的プロファイルによって自動スケールされ、それ以外の曜日は既定のプロファイルによって自動スケールされます。

●1つの自動スケールプロファイル内に複数の規則が構成されている場合

　1つの自動スケールプロファイル内で、スケールアウトおよびスケールインについての複数の規則を構成することができます。例えば、CPUとメモリのメトリックを指定して、次のような複数の規則を構成できます。

・CPU使用率が80%を超えた場合、1つスケールアウトする
・メモリ使用率が75%を超えた場合、1つスケールアウトする
・CPU使用率が30%未満の場合、1つスケールインする
・メモリ使用率が40%未満の場合、1つスケールインする

【1つの自動スケールプロファイル内の複数の規則】

　このように1つの自動スケールプロファイル内で複数の規則が構成されている場合、スケールアウトとスケールインでは規則の判定方法が異なることに注意する必要があります。スケールアウトの規則については、「いずれか」が満たされていれば自動スケールが実行されます。一方、スケールインの規則については、「すべて」が満たされている場合に限って自動スケールが実行されます。したがって、前述の例のように複数の規則が構成されていた場合、自動スケールの動作は次のようになります。

・CPU使用率が85%でメモリ使用率が50%の場合、スケールアウトされる
・CPU使用率が60%でメモリ使用率が80%の場合、スケールアウトされる
・CPU使用率が25%でメモリ使用率が50%の場合、スケールインされない
・CPU使用率が25%でメモリ使用率が35%の場合、スケールインされる

スケールインの規則はすべてを満たしている場合に限って自動スケールされるため、CPU使用率が25%でメモリ使用率が50%の場合はスケールインされません。

試験対策　　スケールアウトの規則は「いずれか」が満たされていれば自動スケールが実行されるのに対し、スケールインの規則は「すべて」が満たされている場合に限って自動スケールが実行されます。

演習問題

1 仮想マシンサービスの説明として、誤っているものは次のうちどれですか。

    A.   CPUやメモリ、ディスクなどのコンピューティング環境を提供する
    B.   豊富なイメージの選択肢から迅速に仮想マシンを展開できる
    C.   WindowsまたはMac OSの仮想マシンを作成し、任意のワークロードを実行できる
    D.   仮想マシンの性能は仮想マシンの作成後にも変更できる

2 使用しているMicrosoft Azureの環境にはVM1という名前の仮想マシンがあります。VM1はAzure MarketplaceのWindows Server 2019のイメージから作成された仮想マシンで、現在の状態は実行中です。この仮想マシンのリソースとしての名前をVM2に変更したいと考えています。行うべき操作として適切なものはどれですか。

    A.   VM2という名前の新しい仮想マシンを作成する
    B.   仮想マシンを停止した後でAzureポータルから名前を変更する
    C.   VM1にリモートデスクトップ接続し、コンピューター名を変更して再起動する
    D.   VM1のサイズ変更と同時に新しい仮想マシン名を設定する

3 仮想マシンのリージョンに関する説明として適切なものはどれですか（2つ選択）。

    A.   リージョンによって使用できる可用性オプションが異なる
    B.   どのリージョンでも選択可能なサイズは同じである
    C.   リージョンによって仮想マシンに対して発生するコストが異なる
    D.   リソースグループのリージョンと合わせる必要がある

4 仮想マシンのディスクに関する説明として、誤っているものはどれですか。

A. 構成するディスクには、OSディスク、一時ディスク、データディスクがある

B. OSディスクは、OSが含まれるディスクである

C. 一時ディスクは、Windows仮想マシンでは既定でDドライブとしてラベル付けされる

D. データディスクは非永続化領域であり、アプリケーションやデータの保存先として使用すべきではない

5 仮想マシンで使用するOSイメージやサポートされるOSに関する説明として適切なものはどれですか(2つ選択)。

A. Azure MarketplaceのWindows 10のイメージにはライセンスが含まれている

B. 32ビットまたは64ビットのOSがサポートされている

C. Linux仮想マシンではインプレースアップグレードがサポートされる

D. Azure Marketplaceにはサードパーティ製のものを含む様々なイメージがある

6 あなたが使用するMicrosoft Azure環境には1つのサブスクリプションがあります。この環境内に同じ役割を持ついくつかの仮想マシンを1つのリージョン内に作成する予定です。ただし、作成する仮想マシンはデータセンター障害に耐えられるように構成する必要があります。仮想マシンの作成時に行うべき構成として適切なものはどれですか。

A. OSのゲスト診断を有効にする

B. 異なる可用性ゾーンに配置する

C. 同一シリーズのサイズを選択する

D. 同一の可用性セットを使用する

7 あなたが使用するMicrosoft Azure環境には1つのサブスクリプションがあります。この環境内に同じ役割を持ついくつかの仮想マシンを1つのリージョン内に作成する予定です。これらの仮想マシンは、1つのデータセンター内で仮想マシンの配置先となるラックの分散数を最大化するように作成する必要があります。要件を満たすための操作として適切なものはどれですか。

    A.   障害ドメインの値を5にした可用性ゾーンを設定する

    B.   障害ドメインの値を3にした可用性セットを作成する

    C.   更新ドメインの値を10にした可用性ゾーンを設定する

    D.   更新ドメインの値を20にした可用性セットを作成する

8 あなたが使用するMicrosoft Azure環境には1つのサブスクリプションがあります。この環境内に、次に示すいくつかの仮想マシンを1つのリージョン内に作成する予定です。

・2つのWebサーバー
・2つのアプリケーションサーバー
・2つのデータベースサーバー

同じ役割を持つ仮想マシンは同じラックやブレード上で実行されないように配置し、各層の稼働時間を最大化する必要があります。可用性セットと仮想マシンの構成として適切なものはどれですか。

    A.   2つの可用性セットを作成し、異なる役割を持つ3つのサーバーが同一の可用性セットを使用するように構成する

    B.   Webサーバーとアプリケーションサーバーの仮想マシンは同一の可用性セットで構成し、データベースサーバーの仮想マシンは可用性セットを構成しない

    C.   1つの可用性セットを作成し、すべての仮想マシンで同一の可用性セットを使用するように構成する

    D.   役割ごとに3つの可用性セットを作成し、同じ役割を持つ仮想マシンが同一の可用性セットを使用するように構成する

4

9 あなたが使用するMicrosoft Azure環境には1つのサブスクリプションがあります。この環境内にいくつかのWindows仮想マシンを作成し、それらの仮想マシンにはWebサーバーの役割をインストールする予定です。あなたは以下の記述を含むPowerShellスクリプトファイル(.ps1)を作成しました。

```
Install-WindowsFeature -Name Web-Server
```

仮想マシンの作成時に拡張機能を使用し、このスクリプトファイルを処理するように構成したいと考えています。使用すべき拡張機能はどれですか。

- A. Custom Script Extension
- B. Custom Deploy Configuration
- C. PowerShell Script Automation
- D. PowerShell Desired State Configuration

10 あなたが使用するMicrosoft Azure環境には1つのサブスクリプションがあります。この環境内にVM1という名前の仮想マシンがあり、VM1の現在の状態は実行中です。VM1にはD2s_v3のサイズが選択されていますが、D4s_v3のサイズを使用するように変更したいと考えています。VM1のサイズの変更操作によって引き起こされる動作として適切なものはどれですか。

- A. VM1のキャプチャが行われる
- B. VM1の削除と再作成が行われる
- C. VM1が再起動される
- D. VM1が停止される

11 あなたが使用するMicrosoft Azure環境には1つのサブスクリプションがあり、この環境内にVM1という名前のLinux仮想マシンがあります。あなたはVM1の設定を行うためにリモート接続する必要があります。ただし、あなたの組織には、SSHポートを外部に公開することを禁止するセキュリティポリシーがあります。リモート接続を実現するために行うべき操作として適切なものはどれですか。

- A. 診断エージェントをインストールする
- B. Bastion接続を構成する
- C. VM1の[構成]の設定を変更する
- D. Custom Script for Linux拡張機能を追加する

12 仮想マシンスケールセットに関する説明として、誤っているものはどれです
か。

    A.   同じ構成の仮想マシンインスタンスをまとめて作成できる

    B.   垂直スケーリングを行うために必要な要素と設定が提供される

    C.   メトリックやスケジュールに基づいてスケーリングできる

    D.   スケールセット内の仮想マシンをまとめて管理できる

13 あなたが使用するMicrosoft Azure環境には1つのサブスクリプションがあ
り、この環境内にVMSS1という名前の仮想マシンスケールセットがありま
す。あなたは、AzureポータルでVMSS1のディスクの設定を変更し、新しい
データディスクを追加しました。ところが、VMSS1内の既存の仮想マシンイ
ンスタンスにはデータディスクが追加されていません。VMSS1内の既存の
仮想マシンインスタンスにこの変更を反映させるための操作として、最も適
切なものはどれですか。

    A.   各仮想マシンインスタンスの設定画面でデータディスクを追加する

    B.   すべての仮想マシンインスタンスを削除する

    C.   仮想マシンインスタンスをアップグレードする

    D.   インスタンス数の設定を0に変更し、その後で任意のインスタンス数
に変更する

14 あなたが使用するMicrosoft Azure環境には1つのサブスクリプションがあ
り、この環境内にVMSS1という名前の仮想マシンスケールセットがありま
す。VMSS1はメトリックに基づいてスケーリングするように構成されてお
り、次の複数のスケールイン規則を含む1つの自動スケールプロファイルが
構成されています。

    ・CPU使用率が25%未満の場合、1つスケールインする

    ・メモリ使用率が30%未満の場合、1つスケールインする

この自動スケールプロファイルが使用されるとき、VMSS1でスケールイン
が行われるのは次のどの場合ですか(すべて選択)。

    A.   CPU使用率が20%でメモリ使用率が25%の場合

    B.   CPU使用率が30%でメモリ使用率が25%の場合

    C.   CPU使用率が20%でメモリ使用率が40%の場合

    D.   CPU使用率が30%でメモリ使用率が35%の場合

4

解答

■1 C

仮想マシンサービスでは、WindowsまたはLinuxの仮想マシンを作成して、その仮想マシン上で任意のワークロードを実行できます。Mac OSの仮想マシンを作成することはできません。

■2 A

リソースとしての仮想マシンの名前は後から変更することができません。そのため、新しい名前で仮想マシンを作成し直す必要があります。仮想マシンの名前のほか、イメージや可用性オプションについても後から変更できないため、作成する前にどのような設定値にするか計画しておくことが重要です。

仮想マシン作成時に設定した名前は、仮想マシンで実行するOSのホスト名（コンピューター名）としても使用されます。ただし、仮想マシンにリモートデスクトップ接続してコンピューター名を変更しても、Azureのリソースとしての仮想マシンの名前は変更されません。また、サイズの変更はCPUやメモリなどの性能を変更する操作であり、新しい仮想マシン名は設定できません。

■3 A、C

リージョンによって、仮想マシンで選択可能なサイズ、可用性オプション、コストなどが異なります。そのため、組織で定めているコンプライアンス要件だけでなく、仮想マシンのサイズや可用性オプションの必要性、コスト面も考慮して作成先のリージョンを決定する必要があります。

リソースグループのリージョンと仮想マシンのリージョンは必ずしも合わせる必要はありません。ただし、管理上のわかりやすさから、仮想マシン作成時の既定値ではリソースグループと同じリージョンが選択されます。

■4 D

データディスクは、アプリケーションやデータを格納する領域として使用するためのディスクです。非永続化領域として扱われるのは一時ディスクです。そのため、一時ディスクはページファイルなどのキャッシュの格納先として適していますが、アプリケーションやデータの保存先として使用すべきではありません。

5 C、D

Azure Marketplaceには、マイクロソフトやサードパーティによって発行された様々なイメージが公開されています。AzureでサポートされるOSは大きく分けるとWindowsとLinuxがありますが、Linuxのイメージから作成された仮想マシンではインプレースアップグレードがサポートされています。Azure MarketplaceにはWindows 10のイメージもありますが、ライセンスは含まれていないため、ライセンスは別途用意する必要があります。また、Azureでは64ビットのOSのみがサポートされており、32ビットのOSはサポートされていません。

6 B

可用性ゾーンを使用して複数の仮想マシンを作成することにより、同一リージョンでのデータセンター障害に耐えられるように構成できます。例えば、VM1をゾーン1、VM2をゾーン2に配置すれば、VM1が配置されたデータセンターで障害が発生したとしてもVM2には影響しません。
OSのゲスト診断の有効化は、仮想マシンの監視を行うための診断エージェントを追加する操作であり、可用性を高めるオプションではありません。サイズは仮想マシンのCPUやメモリなどの性能のパラメーターであり、同一シリーズのサイズを選択しても可用性は向上しません。可用性セットはデータセンター内でのラック障害などには対応できますが、データセンター障害には対応できません。

7 B

可用性セットでは障害ドメインというパラメーターにより、仮想マシンをデータセンター内のいくつのラックに分散して配置するかを決定します。最大値は3です。ただし、選択したサブスクリプションとリージョンによっては障害ドメインの最大値が3より小さい場合もあります。更新ドメインは、仮想マシンをいくつのサーバーグループに分散して配置するかを決定する可用性セットのパラメーターです。サーバーグループは、計画的なメンテナンス時にまとめて再起動されるサーバーの単位です。
可用性ゾーンはリージョン内で仮想マシンの配置先を複数のデータセンターに分けるオプションであり、障害ドメインや更新ドメインというパラメーターは持ちません。

8 D

このシナリオのように3階層のシステムのために可用性セットを構成する場合は、「Webサーバーの可用性セット」「アプリケーションサーバーの可

用性セット」「データベースサーバーの可用性セット」のように役割ごと
の可用性セットを作成し、各可用性セットに同じ役割を持つ複数の仮想マ
シンを含めるように構成します。これによって、各層の稼働時間を最大化
できます。

9　A

仮想マシンの初期設定に役立つ拡張機能として、Custom Script Extensionと
PowerShell Desired State Configurationがあります。今回のシナリオでは
PowerShellのコマンドレットで記述されたスクリプトファイル（.ps1）を用
いるため、Custom Script Extensionの拡張機能を使用するのが適切です。
PowerShell Desired State Configurationの場合には、Configurationと呼ばれ
るスクリプトファイルを使用する必要があります。
Custom Deploy ConfigurationとPowerShell Script Automationという拡張機能
はありません。

10　C

実行中の仮想マシンのサイズを変更するとその仮想マシンが自動的に再起
動されるため、未保存の作業中のデータが失われてしまうことが考えられ
ます。これを回避するには、サイズの変更前に作業中のデータを保存して
仮想マシンを停止し、サイズの変更後に仮想マシンを開始します。
サイズ変更操作によって、仮想マシンの削除や再作成、キャプチャが行わ
れることはありません。なお、停止状態の仮想マシンのサイズを変更した
場合、仮想マシンは停止したままとなります。

11　B

Bastion接続は、仮想マシンのRDPまたはSSHのポートを外部に公開するこ
となく、TLS経由でAzureポータルから安全かつシームレスに仮想マシンへ
リモートデスクトップ接続またはSSH接続を行う方法を提供します。
Bastion接続ではポート番号443を使用して、ブラウザーから仮想マシンに
接続し、操作することができます。
診断エージェントは、ゲストOSが生成するログやメトリックなどの診断
データをAzureに収集するためのエージェントです。仮想マシンの［構成］
には、リモート接続に関する設定はありません。Custom Script for Linuxは、
初期設定を行うシェルスクリプトの実行などに使用される拡張機能です。

12 B

仮想マシンスケールセットでは、水平スケーリングを行うために必要な要素と設定が提供されます。水平スケーリングとは、システムを構成するマシンの台数を増減するアプローチです。垂直スケーリングは、システムを構成するマシンのスペックを変更するアプローチであり、仮想マシンのサイズ変更が垂直スケーリングに該当します。

13 C

仮想マシンスケールセットモデルに対する変更が既存の仮想マシンインスタンスに反映されない場合は、アップグレードポリシーが［手動］になっていることが考えられます。この場合、スケールセットモデルの変更を既存の仮想マシンインスタンスに適用するには、管理者が仮想マシンインスタンスを手動でアップグレードする必要があります。

各仮想マシンインスタンスの設定画面でデータディスクを追加すること自体は可能ですが、既存の仮想マシンインスタンスが多数ある場合は、その数だけの設定変更の操作が必要となるため、最適解とは言えません。また、すべての仮想マシンインスタンスを削除またはインスタンス数を0にすれば、その後に作成される新しい仮想マシンインスタンスは最新のスケールセットモデルの内容に基づいたものとなります。しかし、その間は仮想マシンインスタンスが存在しない状態となるため、最適解とは言えません。

4

14 A

複数の規則が1つの自動スケールプロファイル内で構成されているときは、スケールインについては「すべて」の規則が満たされている場合に限って自動スケールが実行されます。このシナリオでは、「CPU使用率が25%未満で、かつ、メモリ使用率が30%未満」の場合にスケールインが行われます。ほかの選択肢では、一方または両方が満たされていないため、スケールインは行われません。

第5章

ストレージ

5-1 ストレージアカウント

Microsoft Azureには、保存するデータの種類や目的に応じて使用可能な、様々なストレージサービスがあります。
本節では、ストレージサービスの概要と種類、ストレージサービスを使用する際に必要となるストレージアカウントについて説明します。

1 ストレージサービスの概要

　Azureのストレージサービス（Azure Storage）は、ストレージの貸し出しサービスであり、ファイルやメッセージ、テーブルなどの種類のデータをクラウドに保存するために使用できます。純粋に作業データなどを保存するだけでなく、アプリケーションから利用するファイル共有先としたり、アプリケーション間のデータ交換のための非同期通信に使用することもできます。

【ストレージサービスの用途】

　一般的に、ストレージにはデータベースなどと同じように高い可用性や耐久性が求められます。Azureのストレージサービスによって提供されるストレージのインフラストラクチャは、マイクロソフトおよびAzureの責任のもとで管理や保守などが行われるため、利用者の管理や運用の負荷が軽減されます。Azureのストレージサービスには、次のような特徴があります。

●冗長性および高可用性

　冗長性を持つため、一時的なハードウェア障害が発生しても、データが安全に保たれます。異なるデータセンターやリージョンにデータをレプリケーション（複製）しておけば、自然災害などが発生してプライマリリージョンにアクセスできなくなった場合でも別のリージョンのデータにアクセスできるため、データが保護され、高可用性が維持できます。

●セキュリティ保護

ストレージサービスに書き込まれたすべてのデータは暗号化されます。さらに、データにアクセスできるユーザーをきめ細かく制御することもできます。

●スケーラブル

アプリケーションのデータストレージとパフォーマンスに関するニーズを満たせるよう、高度にスケーラブルな設計となっています。例えば、ファイル共有を提供するAzure Filesではファイル共有作成時に最大容量としてクォータを設定しますが、これは必要に応じて後から変更可能です。

●マネージド

マネージドサービスであるため、ユーザーに代わって、マイクロソフトがハードウェアのメンテナンス、更新プログラムの適用、重大な問題への対処などを行います。

●広範なアクセス

保存したデータには、世界中のどこからでもHTTPまたはHTTPS経由でアクセスできます。.NET、Java、Node.js、Pythonなど、様々な言語に対してAzure Storage向けのSDKが公開されており、さらにREST APIも提供されています。また、Azureポータルだけでなく、Azure PowerShellまたはAzure CLIによる管理やスクリプトの実行もサポートされています。

2 ストレージサービスの種類

保存するデータの種類や目的に応じて、様々なストレージサービスが提供されていますが、主なものは次の4種類です。各サービスにはストレージアカウントからアクセスして使用します。

【ストレージサービスの種類】

Azure Blob Storage　　Azure Files　　Azure Queue Storage　　Azure Table Storage

●Azure Blob Storage（BLOBコンテナー）

テキストデータやバイナリデータなど、大量の非構造化データを格納するために最適化されたサービスです。BLOBとはBinary Large Objectの略で、意味とし

ては「バイナリ形式の大きなオブジェクト」ですが、要は何でも保存できるストレージです。4種類のストレージサービスの中で、最も多く使用されています。Azure Blob Storageの詳細については5-2節で説明します。

Azure Blob Storageには、Azure Data Lake Storage Gen2のサポートも含まれています。Data Lake Storageは、Azure Blob Storageをもとにしたビッグデータ分析専用の機能のセットです。詳細については、以下のWebサイトを参照してください。

https://docs.microsoft.com/ja-jp/azure/storage/blobs/data-lake-storage-introduction

●Azure Files

クラウド上にSMBファイル共有またはNFSファイル共有を作成するサービスです。マネージドサービスであり、SMBプロトコルまたはNFSプロトコルを介してアクセス可能な高可用性ネットワークファイル共有を作成して使用できます。SMBファイル共有にはWindows、macOS、Linuxクライアントから、NFSファイル共有にはmacOS、Linuxクライアントからアクセスできます。Azure Filesの詳細については5-3節で説明します。

●Azure Queue Storage（キュー）

異なるアプリケーション間のデータ交換場所である、キュー（メッセージングストア）を提供するサービスです。異なるアプリケーション間で直接的なやり取りを行うには、お互いが通信可能でなければならず、一方のアプリケーションでの処理や連絡を他方のアプリケーションが待機する必要なども発生します。そこで、アプリケーション間のやり取りを行う際にはそれらの間にキューと呼ばれる場所を用意して、一方のアプリケーションが処理した結果をキューに格納し、もう一方のアプリケーションがキューから取り出すといった「非同期通信」を行うのが一般的です。Azure Queue Storageで作成したキューは、アプリケーションの非同期通信を実現するための場所として使用できます。

●Azure Table Storage（テーブル）

テーブルデータを格納するサービスです。イメージとしてはデータベースに近いものですが、格納できるのはシンプルなテーブルデータに限られており、SQL Serverのテーブルのようなスキーマは用いず、自由にデータを格納できるスキーマレスのテーブルを使用します。一般的にNoSQLデータと呼ばれる、非リレーショナル構造化データをクラウド内に格納するサービスとして機能し、スキーマ設計不要でキーと属性によるデータを保存できます。

3 ストレージアカウント

ストレージサービスを利用するためには、ストレージアカウントと呼ばれる入れ物を作成する必要があります。ストレージアカウントを作成すると、そのストレージアカウント内で各種サービスを利用することができます。

【ストレージサービスとストレージアカウントの関係】

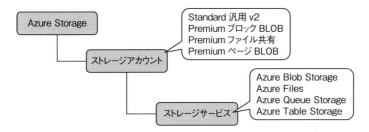

●ストレージアカウントの種類

ストレージアカウントにはいくつかの種類があり、どの種類のストレージアカウントを作成するかによって、使用可能なサービスや価格モデルが異なります。次の表に示すように、大きく分けるとStandardとPremiumの2種類があり、どちらを選択するかによってストレージサービスで使用されるディスクの種類およびパフォーマンスが異なります。

Standardは磁気ドライブ（HDD）を基盤としているため、容量当たりのコストが安く、大量のストレージを必要とするアプリケーションやデータへのアクセス頻度が低いアプリケーションに適しています。一方、Premiumはソリッドステートドライブ（SSD）を基盤としており、安定した低遅延のパフォーマンスが提供されます。なお、ストレージアカウントの種類は変更できないため、切り替える場合には新しくストレージアカウントを作成し、使用しているデータを移行する必要があります。

【ストレージアカウントの種類】

アカウントの種類	サポートされているサービス	レプリケーションオプション	説明
Standard汎用v2	Blob Storage Azure Files Queue Storage Table Storage Data Lake Storage	LRS GRS RA-GRS ZRS GZRS RA-GZRS	BLOB Storage、Azure Files、Queue Storage、Table Storageの使用で基本となるストレージアカウント。ストレージサービスを使用するほとんどのシナリオで推奨される。
PremiumブロックBLOB	Blob Storage（ブロックBLOBのみ）	LRS ZRS	Premiumのパフォーマンス特性を持つブロックBLOBと追加BLOB用のストレージアカウント。 トランザクションレートが高く比較的小さなオブジェクトが使用されるシナリオや、高いストレージ性能が要求されるシナリオで推奨される。
Premiumファイル共有	Azure Filesのみ	LRS ZRS	Premiumのパフォーマンス特性を持つファイル共有専用のストレージアカウント。エンタープライズまたはハイパフォーマンススケールアプリケーションでの使用が推奨される。
PremiumページBLOB	Blob Storage（ページBLOBのみ）	LRS	ページBLOBに特化したPremium Storageアカウント。

試験対策

使用するストレージアカウントの種類によって、サポートされるストレージサービスが異なります。それぞれのストレージサービスについて、使用するにはどのストレージアカウントを選択する必要があるのかを整理しておきましょう。

上記のほか、レガシストレージアカウントとして定義されているストレージアカウントもあります。レガシストレージアカウントの使用はマイクロソフトでは推奨されていませんが、特定のシナリオや既存のAzure環境の一部で使用されている場合があります。
https://docs.microsoft.com/ja-jp/azure/storage/common/storage-account-overview#legacy-storage-account-types

4 レプリケーションオプション

　ストレージサービスで使用するデータはクラウドに保存されますが、格納場所の実体はマイクロソフトのデータセンター内の物理的なディスクであるため、ディスクが壊れてしまう可能性が考えられます。そのため、特定のディスクが壊れてもデータが失われないように、Azureではストレージレプリケーションが行われています。

　一時的なハードウェア障害やネットワークの停止、停電、大規模な自然災害などが発生してもデータが保護されるように、ストレージアカウントに保存されたデータは常に複製され、耐久性と高可用性が保証されています。同じデータセンター内だけでなく、同じリージョンのゾーン間、さらにはリージョン間でデータをレプリケーションすることも可能です。このようなレプリケーションにより、障害が発生しても、ストレージに関するサービスレベル契約（SLA）の水準が維持されます。

　どの範囲でストレージレプリケーションが行われるかは、ストレージアカウントの作成時に選択するレプリケーションオプション（レプリケーションの種類）によって異なります。レプリケーションオプションとして次の6つの選択肢が用意されていますが、ストレージアカウントの種類やリージョンによって選択可能なレプリケーションオプションは異なります。

●ローカル冗長ストレージ（LRS）

　選択した（プライマリ）リージョンの1つのデータセンター内で、データが3つのディスクに同期的にコピーされます。つまり、1つのデータセンター内の3つのディスクに同じデータが保持されるため、そのうちの1つまたは2つのディスクが壊れてしまった場合でも、データを引き続き使用することができます。このオプションでは、年間99.999999999%（イレブンナイン）以上の持続性が提供されます。

【LRSのイメージ】

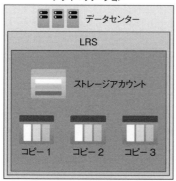

　　LRSは最もコストが安い反面、ほかのオプションと比較した場合の持続性は最も低くなります。データはサーバーラックやドライブの障害からは保護されますが、データセンターが火災や洪水などの災害に見舞われた場合、使用しているストレージアカウントのすべての複製が失われたり、回復不能になったりする可能性があります。そのようなリスクに備える必要がある場合には、ほかのレプリケーションオプションの使用を検討します。

●ゾーン冗長ストレージ（ZRS）

　　選択したリージョンの3つの可用性ゾーン間で、データを同期的にコピーします。各可用性ゾーンは、独立した電源、冷却装置、ネットワークを持っており、物理的に独立した場所にあります。そのため、リージョン内のいずれか1つのデータセンターで火災が起きたとしても、別の可用性ゾーンに属するデータセンター上にコピーされたデータを引き続き使用することができます。このオプションでは、年間99.9999999999%（トゥエルブナイン）以上の持続性が提供されます。

【ZRSのイメージ】

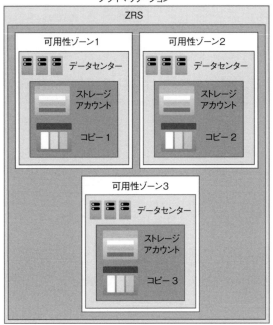

　ZRSは可用性ゾーンに基づいているため、選択するリージョンによっては使用できないことに注意する必要があります。例えば、東日本リージョンではZRSがサポートされていますが、西日本リージョンではサポートされていないので使用できません。

　また、複数のゾーンが永続的に影響を受けるようなリージョン障害からデータを保護することはできません。そのようなリスクに備える必要がある場合には、ほかのレプリケーションオプションの使用を検討します。

●geo冗長ストレージ（GRS）

　geoは「地理」を意味する言葉であるため、このオプションは地理的冗長ストレージとも呼ばれます。GRSでは、まず、LRSと同様にプライマリリージョンの1つのデータセンター内で、データが同期的にコピーされて3つ保持されます。その後、ペアとなるセカンダリリージョンの1つのデータセンターに非同期的にコピーされ、セカンダリリージョン内でもデータが同期的に3つにコピーされます。つまり、結果的に6つのディスクで同じデータが保持されます。このオプションでは、年間99.99999999999999%（シックスティーンナイン）以上の持続性が提供されます。

【GRSのイメージ】

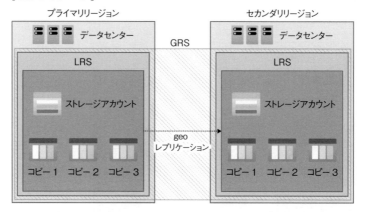

　GRSでは、大規模な災害などによってプライマリリージョンにアクセスできなくなった場合でも、セカンダリリージョン内で保持されているデータを使用できます。

●読み取りアクセスgeo冗長ストレージ（RA-GRS）

　RA-GRSは、GRSの親戚のようなオプションです。GRSと同様に、プライマリリージョンとセカンダリリージョンのそれぞれでコピーが行われ、結果的に6つのコピーが維持されます。

　GRSとの違いは、アクセスする際のURLとなる「エンドポイント」の構成です。GRSを選択してストレージアカウントを作成した場合、プライマリリージョンのエンドポイントだけが構成されます。つまり、GRSでは平常時にセカンダリリージョンにアクセスすることはできないため、平常時はセカンダリリージョンが完全なバックアップとして機能します。実際に障害が発生してプライマリリージョンにアクセスできなくなった場合に利用者またはマイクロソフトがフェールオーバーと呼ばれるプロセスを実行すると、そこで初めてセカンダリリージョンへのエンドポイントが構成されます。

　一方、RA-GRSを選択してストレージアカウントを作成した場合、その時点でプライマリリージョンへのエンドポイントと、セカンダリリージョンへのエンドポイントの両方が構成されるため、平常時から両方のエンドポイントへのアクセスが可能です。

【GRSとRA-GRSの違い】

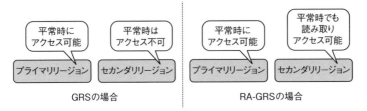

ただし、両方のエンドポイントに書き込みができると競合の問題が起きるため、平常時のセカンダリリージョンのデータは「読み取り専用」となります。データに対してクエリを実行して結果をグラフ化するなどの用途であればセカンダリリージョンのエンドポイントも使用できるので、平常時におけるアクセスの負荷分散効果が期待できます。障害が発生してプライマリリージョンにアクセスできなくなった場合は、フェールオーバーによってセカンダリリージョンのデータに対する書き込みが可能となります。

●geoゾーン冗長ストレージ（GZRS）

GZRSは、ZRSとGRSを組み合わせたようなオプションです。まず、ZRSと同様に、選択したリージョンの3つの可用性ゾーン間でデータが同期的にコピーされて3つ保持されます。その後、GRSと同様に、ペアとなるセカンダリリージョンの1つの物理的な場所にデータが非同期的にコピーされ、さらにセカンダリリージョン内で同期的にコピーされて3つ保持されます。つまり、結果的に6つのディスクで同じデータが保持されます。このオプションでは、年間99.99999999999999%（シックスティーンナイン）以上の持続性が提供されます。

【GZRSのイメージ】

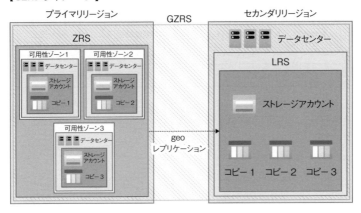

GZRSを選択すると、プライマリリージョンの特定の可用性ゾーンが使用できなくなった場合でも、別の可用性ゾーンのデータセンター上にコピーされたデータを引き続き使用することができます。さらに、プライマリリージョン全体に影響する障害が発生した場合でも、セカンダリリージョン内で保持されているデータを使用できます。GRSとGZRSの違いは、プライマリリージョンでのデータのレプリケーション方法です。どちらのオプションを使用した場合でも、セカンダリリージョンではLRSによってデータは同期的に3つにコピーされます。

●読み取りアクセスgeoゾーン冗長ストレージ（RA-GZRS）

RA-GZRSは、GZRSの親戚のようなオプションです。GZRSと同様に、プライマリリージョンとセカンダリリージョンのそれぞれでコピーが行われ、結果的に6つのコピーが維持されます。

GZRSとRA-GZRSの違いは、GRSとRA-GRSの違いと同様です。GZRSを選択してストレージアカウントを作成した場合、プライマリリージョンのエンドポイントだけが構成されます。つまり、平常時はセカンダリリージョンにアクセスすることはできず、実際に障害が発生してプライマリリージョンにアクセスできなくなった場合に利用者またはマイクロソフトがフェールオーバーと呼ばれるプロセスを実行すると、セカンダリリージョンへのエンドポイントが構成されます。

一方、RA-GZRSを選択してストレージアカウントを作成した場合は、その時点で2つのリージョンのエンドポイントが構成され、平常時から両方のエンドポイントにアクセス可能です。ただし、両方のエンドポイントに書き込みができると競合の問題が起きるため、平常時のセカンダリリージョンのデータは「読み取り専用」となります。障害が発生してプライマリリージョンにアクセスできなくなった場合は、フェールオーバーによってセカンダリリージョンのデータに対して書き込みが可能となります。

【GZRSとRA-GZRSの違い】

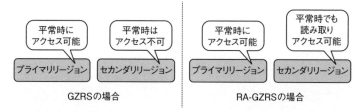

【レプリケーションオプションのまとめ】

	LRS	ZRS	GRS RA-GRS	GZRS RA-GZRS
年間でのオブジェクトの持続性	99.9999999 99%（イレブンナイン）以上	99.99999999 99%（トゥエルブナイン）以上	99.9999999999 9999%（シックスティーンナイン）以上	99.9999999999 9999%（シックスティーンナイン）以上
保持されるデータコピー数	1つのリージョンに3つ	1つのリージョンの個別の可用性ゾーン間で3つ	プライマリリージョンでLRSとして3つ、セカンダリリージョンでLRSとして3つ（合計6つ）	プライマリリージョンでZRSとして3つ、セカンダリリージョンでLRSとして3つ（合計6つ）
データセンター内の特定のノード障害時にデータにアクセス可能か	はい	はい	はい	はい
データセンター全体（ゾーンまたは非ゾーン）の障害時にデータにアクセス可能か	いいえ	はい	はい （要フェールオーバー）	はい
プライマリリージョン全体の障害時にデータにアクセス可能か	いいえ	いいえ	はい （要フェールオーバー）	はい （要フェールオーバー）
平常時にセカンダリリージョンへの読み取りアクセスが可能か	いいえ	いいえ	はい （RA-GRS使用時）	はい （RA-GZRS使用時）

試験対策 レプリケーションオプションによって、保持されるデータコピー数、対応可能な障害の範囲、平常時におけるセカンダリリージョンへのアクセスが可能かどうかなどが異なります。それぞれの違いを確認しておきましょう。

5 ストレージアカウントの作成

　Azureポータルからストレージアカウントを作成するには、サービス一覧から［スト

レージ］のカテゴリ内にある［ストレージアカウント］をクリックし、表示される画面で［作成］をクリックします。

　ストレージアカウントの作成時には様々なパラメーターを指定する必要がありますが、その中でも特に注意するべき主要なパラメーターには次のものがあります。これらのパラメーターは、ストレージアカウントの作成画面の最初に表示される［基本］タブにあります。

●ストレージアカウント名

　作成するストレージアカウントを識別するための名前であり、ストレージにアクセスする際のURLの一部としても使用されます。ストレージアカウント名はグローバルで一意の名前になるように指定する必要があるため、ほかの組織で使用されている名前も含む既存のストレージアカウントと同じ名前を使用することはできません。また、ストレージアカウント名を後から変更することもできません。

●パフォーマンス

　ディスクおよびパフォーマンスの種類として、［Standard］または［Premium］のいずれかを選択します。この選択はストレージアカウントの種類の決定でもあり、［Standard］を選択した場合はストレージアカウントの種類が［Standard汎用v2］となります。［Premium］を選択した場合は、続いて表示される［Premiumアカウントの種類］の選択によってストレージアカウントの種類が決定されます。なお、パフォーマンスおよびストレージアカウントの種類は後から変更することができないため、使用するストレージサービスに適した種類を選択する必要があります。

●冗長性

　レプリケーションオプションを選択するパラメーターです。選択した［地域］と［パフォーマンス］によって使用可能なレプリケーションオプションは異なり、サポートされるレプリケーションオプションのみが表示されます。また、［geo冗長ストレージ（GRS）］あるいは［geoゾーン冗長ストレージ（GZRS）］のいずれかを選択時にセカンダリリージョンのデータへの読み取りアクセスを行いたい場合は、そのボックスの配下に表示されるチェックボックスをオンにします。

　ストレージアカウント作成後のレプリケーションオプションの変更は、現在と変更先の組み合わせによって可能かどうかが異なります。例えば、LRSからGRSへの変更はAzureポータルなどで行うことが可能です。ただし、LRSからZRSへの変更はユーザー側で行うことができず、Azureサポートへの要求が必要です。これは「ライブマイグレーションの要求」と呼ばれ、変更そのものはマイクロソフトによって行われます。また、ZRSへの変更のためのライブマイグレーションの要求は、ストレージアカウントの種類がStandard汎用v2またはPremiumファイル共有のいずれかで、現在のレプリケーションオプションがLRSである場合のみ可能です。

【ストレージアカウントを作成する - [基本] タブ】

試験対策

パフォーマンスおよびストレージアカウントの種類は後から変更できないことに注意する必要があります。

試験対策

ストレージアカウント作成後にレプリケーションオプションが変更できるかどうかは、現在と変更先の組み合わせで決まります。また、ZRSへの変更のためのライブマイグレーションの要求は、ストレージアカウントの種類がStandard汎用v2またはPremiumファイル共有のいずれかで、現在のレプリケーションオプションがLRSの場合のみ可能です。

5

参考

レプリケーションオプションの変更やライブマイグレーションの要求の詳細については、以下のWebサイトを参照してください。
https://docs.microsoft.com/ja-jp/azure/storage/common/redundancy-migration

6 ストレージへのアクセス

　ストレージアカウントを作成すると、作成時のパラメーターで決定されたストレージアカウントの種類によって、使用可能なストレージサービスがAzureポータルに表示されます。例えば、[Standard汎用v2] のストレージアカウントであれば、メニューの [デー

タストレージ］の配下で［コンテナー］や［ファイル共有］などのストレージサービスの構成メニューが表示されます。

【ストレージアカウントの設定メニュー】

　また、ストレージアカウントの作成後には、そのストレージアカウント内のデータにアクセスするためのURLとして［エンドポイント］が生成されます。このエンドポイントのURLによって、ブラウザーからインターネット経由でストレージアカウント内のデータにアクセスするなどの操作が可能になります。エンドポイントはストレージサービスの種類ごとに生成され、デフォルトのエンドポイントはストレージアカウントの名前を含む次のような形式のURLで構成されます。

・Blobサービスのエンドポイント
　https://<ストレージアカウント名>.blob.core.windows.net/
・Fileサービスのエンドポイント
　https://<ストレージアカウント名>.file.core.windows.net/
・Queueサービスのエンドポイント
　https://<ストレージアカウント名>.queue.core.windows.net/
・Tableサービスのエンドポイント
　https://<ストレージアカウント名>.table.core.windows.net/

【ストレージアカウントの［エンドポイント］】

 RA-GRSまたはRA-GZRSのレプリケーションオプションが構成されている場合は、プライマリとセカンダリの個別のエンドポイントを確認できます。例えば、Blobサービスのセカンダリのエンドポイントは「https://<ストレージアカウント名>-secondary.blob.core.windows.net/」の形式になります。ただし、Azure FilesではRA-GRSおよびRA-GZRSがサポートされていないため、構成されるエンドポイントは1つだけです。

 所有するカスタムドメイン名をマッピングし、カスタムドメイン名でBlobサービスおよびデータにアクセスできるように構成することも可能です。その場合には、カスタムドメインの登録やCNAMEレコードの作成などの追加手順が必要になります。詳細は以下のWebサイトを参照してください。
https://docs.microsoft.com/ja-jp/azure/storage/blobs/storage-custom-domain-name?tabs=azure-portal

5

5-2 Azure Blob Storage

Microsoft Azureで提供されるストレージサービスの中で、最も一般的に使用されるのが
Azure Blob Storageです。
本節では、Azure Blob Storageの特徴や管理方法、使用上の注意点などについて説明します。

1 ストレージの形式

アプリケーションを実行し、そのアプリケーションデータを保存するためには必ず何
かしらのストレージが必要になります。ストレージ関連のクラウドサービスには様々な
ものがありますが、クラウドにおけるストレージは次の3つのタイプ（アーキテクチャ）
に分かれます。タイプにより、データを管理および保持する方法が異なります。

●ファイルストレージ

ファイル単位で管理およびアクセスするストレージです。代表的なものとして
は、NASの記憶域などで使用されるSMB共有フォルダーやNFS共有フォルダーな
どがあります。また、5-3節で説明するAzure Filesもファイルストレージの1つです。

●ブロックストレージ

ブロック単位で管理およびアクセスするストレージです。代表的なものとして
は、コンピューターに内蔵されたディスクやVHDファイル、iSCSIやファイバーチャ
ネルなどのSANの記憶域が挙げられます。

●オブジェクトストレージ

オブジェクト単位で管理およびアクセスするストレージです。3つの中では最も
新しいストレージのタイプであり、代表的なものとしてAzure Blob Storageや
Amazon S3などが挙げられます。

オブジェクトストレージの仕組みは、ファイルストレージともブロックストレー
ジとも根本的に異なります。オブジェクトストレージには、ファイルストレージ
のディレクトリのような階層構造も、ブロックストレージのボリュームやブロッ
クのような区画構造もありません。階層構造などの概念を持たないため、巨大な1
つのストレージプールの中で各データを「オブジェクト」として扱います。つまり、
単純な広い空間内にフラットにデータを配置して管理します。ただし、広い空間
内に単にデータを置いただけでは後から特定のデータにアクセスすることが難し

くなってしまうため、配置したデータ1つ1つに対しては「オブジェクトID」と呼ばれる識別子を付与し、そのオブジェクトIDを使用して特定のデータにアクセスするという動作を行います。この概念は、駐車場でイメージしてみると理解しやすいでしょう。

　例えば、ファイルストレージはフォルダーを使用して階層的にデータを管理するため、大型デパートなどのセルフパーキングの立体駐車場のイメージです。運転者自身が立体駐車場の3Fの28番のように車を停車し、用事が済んで後から出庫するときにはその場所に出向く必要があります。それに対して、オブジェクトストレージは、係員がいるエレベーター式のタワーパーキングのイメージです。ホテルマンに車とキーを預けるような、ホテルの駐車場のイメージも同様です。つまり、「どこに停めたか」を覚えておく必要はなく、IDさえわかれば後から車を出してもらうことができます。車を停めるときに手渡されるチケットがIDに相当する情報であり、戻してほしいときにはそのチケットを提示するだけで良いのです。

【ファイルストレージとオブジェクトストレージ】

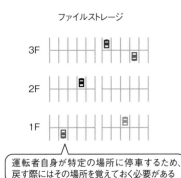

ファイルストレージ

運転者自身が特定の場所に停車するため、戻す際にはその場所を覚えておく必要がある

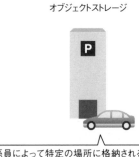

オブジェクトストレージ

係員によって特定の場所に格納されるため、利用者自身はどこに停めたかを覚えておく必要がない

　このような概念に基づく仕組みになっているのがオブジェクトストレージであり、Azure Blob Storageはオブジェクトストレージに該当します。それでは、ファイルストレージやブロックストレージに比べて、オブジェクトストレージにはどのような利点があるのでしょうか？ オブジェクトストレージの大きなメリットの1つに、分散保存できるという点が挙げられます。ファイルストレージやブロックストレージの場合は1つのサーバーやディスクの中でデータが保存されていましたが、オブジェクトストレージの場合には複数のサーバーやディスクに分散保存することができます。ファイルパスを気にする必要がないためサーバーを並列化しやすく、既存のファイルストレージなどと比べて簡単にスケールアウトできます。そのためオブジェクトストレージでは、従来のファイルストレージやブロックストレージでは実現することができない、大きなストレージを作ることが可能になっているのです。例えば、Azureでは1つのストレージアカウントの最大容量は5PiB

（ペビバイト。2^{50}バイト）になっていますが、実際にはそんなに大きな「1つのディスク」が存在しているわけではありません。複数のサーバーやディスクに分散保存されていますが、それが利用者からは見えないように隠蔽されているのです。

【ストレージアカウントに保存されたデータ】

　ストレージアカウント

> ユーザーによって保存されたデータは、Azureデータセンター内では複数のサーバーやディスクに分散保存される

2 Blob Storageの特徴

　テキストデータやバイナリデータなど、大量の非構造化データを格納するのに適したサービスです。ストレージタイプとしてはオブジェクトストレージであり、テキストデータだけでなく、画像データや音楽データなど何でも格納することができます。ユーザーまたはクライアントアプリケーションは世界のどこからでもHTTP/HTTPS経由でBlob Storage内のオブジェクトにアクセスできるため、一般的には次のような用途で使用されます。

・画像またはドキュメントをブラウザーに直接配信する
・ビデオおよびオーディオをストリーミング配信する
・ログファイルの書き込み先として利用する
・バックアップおよび復元、ディザスターリカバリーやアーカイブのためのデータを
　格納する

●Blob Storageのリソース

　Blob Storageには、次の3種類のリソースがあります。

・ストレージアカウント
　Azureでストレージサービスを使用するためのアカウントです。Blob Storage
　の既定のエンドポイントには、ストレージアカウントの名前も含まれます。

・コンテナー
　Blob Storageを使用するための疑似的なフォルダーです。オブジェクトストレージにはフォルダーの概念はありませんが、ストレージアカウントの直下にファイルを配置することができないため、疑似的にコンテナーを作成してその配下にファイルを格納します。なお、コンテナー内にサブコンテナーを作成す

ることはできません。

・BLOB
コンテナー内に格納されるファイルです。コンテナーの作成後に、ファイルを
BLOBとしてアップロードします。ファイルのアップロード時に、その内容に
応じてBLOBの種類とアクセス層を選択します。

【Blob Storageのリソース】

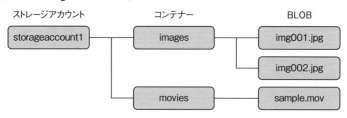

3 コンテナーの作成と管理

Blob Storageを使用するには、ストレージアカウントを作成した後にコンテナー
（BLOBコンテナー）と呼ばれる疑似的なフォルダーを作成する必要があります。Azure
ポータルでは、ストレージアカウントのメニューの［コンテナー］をクリックして作成
や管理を行います。

【コンテナーの作成】

コンテナー名には、小文字のほか、数字やハイフン（-）文字を含めることも可能です。
ただし、「コンテナー名の先頭や末尾は文字または数字にする」「連続するハイフン文字
は使用できない」などの規則に準拠する必要があります。

コンテナーの作成時には、コンテナーの名前のほかに［パブリックアクセスレベル］というパラメーターを構成します。パブリックアクセスレベルはアクセス権に関するパラメーターであり、次の3つの選択肢があります。

●プライベート

インターネット経由での匿名アクセスが禁止されます。そのため、Azure仮想マシンのプログラムから参照するなど、Azureの内部からアクセスして使用するシナリオではこの選択肢を使用します。

●BLOB

コンテナーの配下に格納されるファイルに対して、インターネット経由での匿名アクセスが許可されます。ただし、コンテナー内のファイル一覧を取得することはできません。例えば、cont1というコンテナー内にアップロードしたtest1.pngというファイルをブラウザーから参照するには、次のようなURLでアクセスします。

・https://<ストレージアカウント名>.blob.core.windows.net/cont1/test1.png

●コンテナー

［BLOB］と同様、コンテナーの配下に格納されるファイルに対してインターネット経由での匿名アクセスが許可されます。また、コンテナー内のファイル一覧も取得できます。例えば、cont1という名前のコンテナー内のファイル一覧をブラウザーから取得する場合には、コンテナーURLの末尾に「?restype=container&comp=list」を追加し、次のようなURLでアクセスします。

・https://<ストレージアカウント名>.blob.core.windows.net/cont1?restype=container&comp=list

---

BLOBコンテナーでのファイル一覧の取得についての詳細は、以下のWebサイトを参照してください。
https://docs.microsoft.com/en-us/rest/api/storageservices/list-blobs

---

試験対策

パブリックアクセスレベル［BLOB］と［コンテナー］の違いは、コンテナー内のファイル一覧を取得できるかどうかです。［コンテナー］では、ファイル一覧を取得できます。

匿名アクセスを行うには、前提条件としてストレージアカウントで［BLOBパブリックアクセスを許可する］が有効になっている必要があります。

4 BLOBの種類

オブジェクトストレージに対する基本操作には、「アップロード」「ダウンロード」「削除」の3つがあります。このうちアップロードは、ローカルにあるファイルをBlob Storageのコンテナーにアップロードする操作であり、コンテナーを作成してその配下にファイルをアップロードします。

アップロードを行う際には［BLOBの種類］というパラメーターを選択する必要があります。BLOBの種類の選択肢には、次の3つがあります。このパラメーターは各ファイルのアップロード時のみ選択可能で、アップロード後に変更することはできません。

●ブロックBLOB

一般的なファイルや画像、ビデオなどのデータをクラウドに格納するほとんどの場合に適しています。既定値として選択されており、大量のデータを効率的にアップロードするために最適化されています。ブロックBLOBはブロックIDによって識別されるブロックで構成されます。

●追加BLOB（BLOBの追加）

追加BLOBはブロックBLOBと似ていますが、追加操作に最適化されています。追加BLOBで許可される変更は、BLOBの末尾へのブロック追加だけであり、既存ブロックの更新または削除はサポートされていません。そのため、仮想マシンのログや監査ログを格納するシナリオに適しています。また、ブロックBLOBとは異なり、ブロックIDを公開しません。

●ページBLOB

ページBLOBは512バイトのページの集まりであり、Azure仮想マシンで使用する仮想ディスクのプラットフォームのバックボーンでもあります。ページBLOBとしてVHDファイルを格納すると、Azure仮想マシンのアンマネージドディスクとして接続して使用できます。そのため、オンプレミスのHyper-V環境で作成したVHDファイルをアップロードしてAzure仮想マシンで使用したい場合は、アップロード時にページBLOBを選択します。なお、アンマネージドディスクおよびマネージドディスクについては、4-1節で説明しています。

試験対策

VHDファイルをアップロードしてAzure仮想マシンで使用する場合には、BLOBの種類で［ページBLOB］を選択する必要があります。

【BLOBの種類の選択】

5 BLOBのアクセス層

　BLOBの種類で［ブロックBLOB］が選択されたファイルでは、アクセス層と呼ばれるパラメーターも指定する必要があります。アクセス層は、ストレージ上でのデータの維持とアクセスのために発生するコストに関わるパラメーターであるため、そのファイルの用途に適したアクセス層を選択することが重要です。

　ストレージの使用で発生するコストには様々なものがありますが、その中でも主要なものが「ストレージコスト」と「アクセスコスト」の2つです。ストレージコストは、ストレージに格納するデータ量（サイズ）に基づくコストであり、GB単位で課金されます。つまり、格納したデータを維持するためのコストであり、200GBのデータを10日間保存したらその分だけコストが発生します。一方、アクセスコストは、ストレージに対して行われる読み取りや書き込みなどの操作に対して発生するコストです。そのため、データに頻繁に書き込み操作を行う場合は、コストが嵩んでしまいます。ほかにもデータ転送量に基づくコストなどがありますが、「ストレージコスト」と「アクセスコスト」がストレージの使用における主要なコストです。

【ストレージの使用にかかるコスト】

　アクセス層の選択により、ストレージコストとアクセスコストの料金バランスが異なります。そのため、格納するデータに頻繁にアクセスするかどうかによって適したアクセス層を選択することで、コスト効率の良い方法でブロックBLOBデータを使用できます。アクセス層には、次の3つの選択肢があります。

●ホット

　頻繁にアクセスされるデータに適した選択肢です。ストレージコストは高めに設定されていますが、アクセスコストは安く設定されています。

●クール

　それほど頻繁にはアクセスしないデータに適した選択肢です。ストレージコストとアクセスコストはどちらも標準的な価格で設定されています。頻繁にアクセスが行われた場合には、アクセスコストが嵩(かさ)むことで、結果的にホットよりもコストが高くなる可能性があります。

●アーカイブ

　ほぼアクセスされないデータに適した選択肢です。アーカイブのストレージコストは非常に安く設定されているため、ほぼアクセスされないデータを保管するための選択肢として適しています。ただし、アーカイブアクセス層のデータはオフラインで格納され、アーカイブストレージ内にある間は読み取りも変更もできません。アーカイブのファイルの読み取りやダウンロードを行うには、最初にホットまたはクールに切り替える必要があります。この切り替え操作は**リハイドレート**と呼ばれ、数時間以上かかる場合があります。

5

【3つのアクセス層の特徴】

ホット	クール	アーカイブ

・頻繁にアクセスされる
　データ向け
・高いストレージコスト
・安いアクセスコスト

・頻繁にアクセスされない
　データ向け
・標準的なストレージコスト
・標準的なアクセスコスト

・ほぼアクセスされない
　データ向け
・安いストレージコスト
・アクセスするには
　リハイドレートが必要

参考

アクセス層のパラメーターは、Standardのストレージアカウントを使用時のみ表示されます。Premiumのストレージアカウントではアクセス層のパラメーターは存在せず、Premium独自の料金設定によってコストが発生します。ストレージに関するコストの詳細は、以下のWebサイトを参照してください。
https://azure.microsoft.com/ja-jp/pricing/details/storage/blobs/

6　BLOBライフサイクル管理

　BLOBとして格納されるデータは、その内容や用途によって、長期的に常に頻繁にアクセスされるものもあれば、そうではないものもあります。例えば、アップロードした日から一定期間はデータに対して頻繁にアクセスや変更があるが、2週間後にはわずかなアクセスしかない場合もあります。さらに、その3週間後には、ほぼアクセスがなくなることも考えられます。このようなシナリオでは、初期段階の一定期間はホットが最適ですが、2週間後以降はクール、さらにその3週間後以降はアーカイブが最適なアクセス層となります。

【BLOBのライフサイクル】

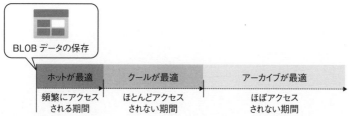

　このように、データの経過時間に合わせてアクセス層を調整し、ニーズに合わせて最も安価で効率良くBlob Storageが使用できるように設計することは重要です。格納したデータのアクセス層を1つ1つ手動で変更することもできますが、Azureではライフサイクル管理のルール（ポリシー）を使用するとこの変更を自動化できます。

　Azureポータルでは、ストレージアカウントの［ライフサイクル管理］のメニューでルールを追加することで、最後に変更されてから特定の日数が経過したものを自動的にクールやアーカイブに変更したり、BLOBそのものを削除したりできます。

【ルールの追加 - ［基本BLOB］タブ】

 ライフサイクル管理のルールはストレージアカウントの単位で構成しますが、そのストレージアカウント内のすべてのBLOBを対象にすることも、特定のBLOBだけが対象となるようにフィルターを使用することもできます。

5-3 Azure Files

Microsoft Azureで提供されるストレージサービスには、ファイル共有を作成できるAzure Filesがあります。
本節では、Azure Filesの特徴や管理方法、Windowsファイルサーバーとの同期を行うAzure File Syncなどについて説明します。

1 Azure Filesの特徴

　SMBプロトコルまたはNFSプロトコルを介してアクセス可能な、フルマネージドのファイル共有を提供するサービスです。作成したファイル共有は、Azureポータルから直接アクセスしてファイルのアップロードなどを行うほか、Azure仮想マシンやオンプレミスのコンピューターからマウントして使用することもできます。

　SMBファイル共有にはWindows、macOS、Linuxクライアントから、NFSファイル共有にはmacOS、Linuxクライアントからアクセスできます。そのため、従来のオンプレミスのファイルサーバーやNASデバイスの代替として使用したり、それらを補完する目的で活用できます。必要に応じてAzure File Syncを使用し、Azureに作成したSMBファイル共有をオンプレミスまたはクラウドにあるWindowsファイルサーバーに同期することも可能です。

【Azure Files】

 ほかにも、オンプレミスのアプリケーションをクラウドにリフトアンドシフトするために、Azure Filesを使用するシナリオもあります。

2 ファイル共有の作成

Azureポータルでは、ストレージアカウントの［ファイル共有］メニューを使用して
ファイル共有の作成や管理を行います。ファイル共有の作成時には［名前］のほか、ス
トレージ層を［レベル］の一覧から選択する必要があります。

【ファイル共有の作成】

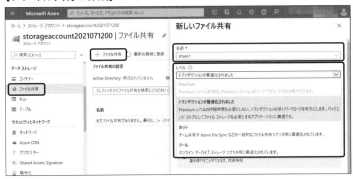

●ストレージ層（レベル）

ファイル共有のパフォーマンスとコストを決定するパラメーターです。ストレー
ジアカウントの種類によって選択可能なストレージ層は異なります。ストレージ
層の選択肢として、次の4つのサービスレベルがあります。

サービスレベル	説明
Premium	SSDストレージによる高いスループットと短い応答時間が特徴で、I/O集中型のワークロードに適する。Premiumファイル共有のストレージアカウントでのみ使用可能。
トランザクション最適化	Premiumより応答時間は長いが、トランザクション負荷の高いワークロードに適する。HDDストレージを使用。ファイルストレージを必要とするアプリケーションやバックエンドストレージで使用される。ホットとクールに比べてファイル保持コストは高いが、トランザクション単位のコストは安い。
ホット	チーム共有やAzure File Syncなどの汎用ファイル共有シナリオに最適化されている。HDDストレージを使用。コストの価格設定は、トランザクション最適化とクールの中間。

サービスレベル	説明
クール	アクセス頻度の低いデータを長期的に格納するシナリオに最適化され、コスト効率に優れている。HDDストレージを使用。ホットに比べてファイル保持コストは安いが、トランザクション単位のコストは高い。

各サービスレベルの料金の詳細については、以下のWebサイトを参照してください。
https://azure.microsoft.com/ja-jp/pricing/details/storage/files/

本書ではSMBファイル共有を中心に解説しています。NFSファイル共有の作成の詳細については、以下のWebサイトを参照してください。
https://docs.microsoft.com/ja-jp/azure/storage/files/storage-files-how-to-create-nfs-shares?tabs=azure-portal

3 ファイル共有の管理と接続

　ファイル共有の作成後、Azureポータルに表示されたファイル共有をクリックすると、ファイルのアップロードなどの各種操作を行うことができます。Blob Storageとは異なり、Azure Filesでは必要に応じてディレクトリを作成し、データを階層的に管理することができます。基本的な操作は、作成したファイル共有の［概要］メニューの上部に表示されます。

　作成したファイル共有は、Azureポータルから使用するほか、Azure仮想マシンやオンプレミスのコンピューターからマウントして使用することもできます。［概要］メニューの［接続］をクリックすると、ファイル共有をマウントするためのコマンドがOSごとに表示されます。この画面で確認したコマンドをコンピューター上で実行することで、共有フォルダーをマウントできます。例えば、確認したコマンドをWindowsのコンピューターで実行すると、SMBファイル共有にネットワークドライブ割り当てが行われ、エクスプローラーなどからSMBファイル共有を使用できます。ただし、作成したSMBファイル共有への接続にはポート番号445が使用されるため、その通信がネットワーク経路上のファイアウォールで許可されている必要があります。

【ファイル共有の［接続］】

試験対策

SMBファイル共有に接続するには、ポート番号445を使用する通信がネットワーク経路上のファイアウォールで許可されている必要があります。

参考

一般的に多くの組織のネットワーク環境ではポート番号445の通信がブロックされていることが考えられるため、接続の際には注意が必要です。

5

4 Azure File Sync

　Azure Files Syncは、オンプレミスやAzure仮想マシンで実行されるWindowsファイルサーバーとAzure Filesのファイル共有を同期するためのサービスです。Windowsファイルサーバーの柔軟性やパフォーマンス、互換性などを維持しながら、Azure Filesに組織のファイル共有を一元化できます。

　Azure Files Syncの特徴として、1対多での同期構成を行えることが挙げられます。例えば、Azure上で作成した1つのファイル共有に対し、オンプレミス上の複数の拠点のファイルサーバーを同期できます。このような構成によりAzureのファイル共有を介して各拠点のファイルサーバーを同期できるため、東京のファイルサーバー上で作成されたファイルが結果的にほかの拠点のファイルサーバー上にも作成されることになります。そのため、ファイルのアーカイブやバックアップだけなく、ディザスターリカバリーなどのシナリオに使用することもできます。

【Azure File Sync】

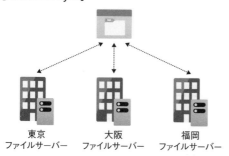

| 東京
ファイルサーバー | 大阪
ファイルサーバー | 福岡
ファイルサーバー |

ファイルに対して2つのエンドポイントでほぼ同時に変更を加えた場合、LastWriteTimeという属性を参照して競合が解決されます。具体的には、最後に書き込まれた変更内容が元のファイル名で保持され、もう一方の変更内容はエンドポイント名と競合番号が追加されたファイル名で保持されます。サーバーエンドポイントの場合、エンドポイント名はファイルサーバーの名前です。

5 Azure File Syncのコンポーネント

Azure File Syncを使用するには、いくつかの特有のコンポーネントと用語を理解することが重要です。ここでは、Azure File Syncで使用されるコンポーネントについて解説します。

●ストレージ同期サービス

Azure File Syncを行うために必要となる、Azure上に作成するリソースです。Azure File Syncで使用するサーバーを登録するための最上位のオブジェクトであり、同期グループを管理する役割を担います。

●登録済みサーバー

サーバーとストレージ同期サービス間の信頼関係を表すオブジェクトです。Azure File Syncで同期を行うには、対象のWindows Serverをストレージ同期サービスに登録する必要があります。ストレージ同期サービスインスタンスには複数のサーバーを登録可能ですが、1つのサーバーは1つのストレージ同期サービスにのみ登録できます。

●Azure File Syncエージェント（同期エージェント）

Windows Serverにインストールするエージェントプログラムです。Windows Serverをストレージ同期サービスに登録するには、Azure File Syncエージェントをインストールしておく必要があります。

●同期グループ

クラウドエンドポイントであるAzureファイル共有とサーバーエンドポイント間の同期リレーションシップを定義するオブジェクトです。同期グループ内のエンドポイントは、相互に同期を維持します。例えば、Azure File Syncで管理したいファイルセットが2組ある場合は、2つの同期グループを作成し、各同期グループに個別のエンドポイントを追加します。

●クラウドエンドポイント

Azureファイル共有へのポインターとなるオブジェクトです。クラウドエンドポイントとして指定されたAzureファイル共有はすべてのサーバーエンドポイントと同期されるため、クラウドエンドポイントは同期を行う上でのハブとして動作します。指定するAzureファイル共有のストレージアカウントは、ストレージ同期サービスと同じリージョンに存在する必要があります。

●サーバーエンドポイント

登録済みサーバーのWindows Server上のディレクトリパスを表す情報です。サーバーエンドポイントには、ボリューム上の特定のフォルダーまたはボリュームのルートを指定できます。例えば、「D:¥Accounting」のようにWindows Server上のディレクトリパスを指定すると、そのフォルダーの内容がAzureファイル共有と同期されます。

5

試験対策　Azure File Syncの各コンポーネントにどのような情報が含まれるのかを確認しておきましょう。

6　Azure File Syncの実装手順

Azure File Syncを実装するには、Azure側での構成に加え、ファイルサーバーとして使用するWindows Server側でもいくつか操作が必要です。Azure File Syncの実装は、次の手順で行います。

【Azure File Syncの実装手順】

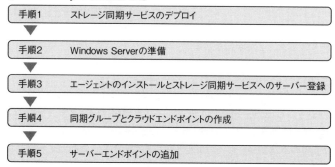

手順1　　ストレージ同期サービスのデプロイ

手順2　　Windows Serverの準備

手順3　　エージェントのインストールとストレージ同期サービスへのサーバー登録

手順4　　同期グループとクラウドエンドポイントの作成

手順5　　サーバーエンドポイントの追加

① ストレージ同期サービスのデプロイ

　Azure上のリソースとして、ストレージ同期サービスをデプロイします。ほかの Azureのリソースと同じように、作成時にはサブスクリプションやリソースグループの選択が必要です。 Azureポータルを使用してストレージ同期サービスをデプロイするには、サービス一覧から［ストレージ］のカテゴリ内にある［ストレージ同期サービス］をクリックし、［作成］をクリックした後にストレージ同期サービス名などの必要な情報を入力します。

【ストレージ同期サービスの作成】

② Windows Serverの準備

　Azure File Syncで使用するWindows Serverは、後ほどストレージ同期サービスに登録する必要がありますが、事前準備としてInternet Explorerセキュリティ強化の構成を無効にしておく必要があります。これは、初回のサーバー登録のためだけに必要な手順であり、サーバー登録後は再び有効にできます。

参考　使用するWindows Serverがフェールオーバークラスターのメンバーである場合、そのWindows ServerにはAzure PowerShell（Azモジュール）のインストールも必要です。

③エージェントのインストールとストレージ同期サービスへのサーバー登録
Windows ServerをAzureファイル共有と同期できるようにするには、Windows ServerにAzure File Syncエージェントをインストールする必要があります。Azure File Syncエージェントはダウンロードセンターで公開されています。使用するWindows Serverのバージョンに適したMSIパッケージをダウンロードして実行することで、Azure File Syncエージェントのインストールを開始できます。

・Azure File Sync Agent
https://www.microsoft.com/en-us/download/details.aspx?id=57159

インストールが完了すると、ストレージ同期サービスにサーバーを登録するためのダイアログが表示されます。そのダイアログで［Sing in］をクリックしてAzureサブスクリプションにアクセスし、適切なサブスクリプションとリソースグループおよびストレージ同期サービスを選択して［Register］をクリックすることにより、ストレージ同期サービスへのサーバー登録が行われます。

【ストレージ同期サービスへの登録】

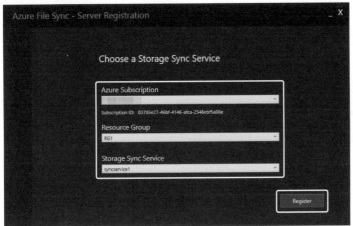

5

ストレージ同期サービスに登録されたWindows Serverは、Azureポータルではストレージ同期サービスの管理画面の［登録済みサーバー］メニューで確認できます。

④ 同期グループとクラウドエンドポイントの作成

Azure上で同期グループを作成し、同期対象となるエンドポイントを定義します。Azureポータルでは、ストレージ同期サービスの管理画面の［同期グループ］メニューで作成および管理できます。同期グループの作成では、同期グループ名のほか、ストレージアカウントやAzureファイル共有を指定します。ここで指定されたAzureファイル共有が［クラウドエンドポイント］として使用されるため、同期グループを作成すると同時にクラウドエンドポイントも作成されます。

【同期グループの作成】

⑤ サーバーエンドポイントの追加

同期グループおよびクラウドエンドポイントの作成が完了したら、サーバーエンドポイントを追加します。Azureポータルでは、作成した同期グループをクリックした画面で［サーバーエンドポイントの追加］をクリックし、登録済みサーバーや同期するディレクトリパスを指定するとサーバーエンドポイントを追加できます。サーバーエンドポイントの追加により、サーバーエンドポイントとクラウドエンドポイントの間で同期が開始されます。

【サーバーエンドポイントの追加】

試験対策　Azure File Syncの実装手順を整理しておきましょう。

5-4 ストレージセキュリティ

Microsoft Azureのストレージサービスでは、セキュリティを高めるための様々な機能や設定が用意されています。
本節では、ストレージサービスのセキュリティを高めるためのいくつかの代表的な機能について説明します。

1 ストレージセキュリティ

　これまでの節では、Blob StorageやAzure Filesの利用方法や基本的な構成方法などについて説明してきましたが、ストレージには組織内で使用される機密性や重要度の高いデータも保存されます。そのため、これらのストレージサービスを適切かつ安全に使用するために包括的な一連のセキュリティを提供する機能や設定が用意されています。Azureのストレージサービスには、次のようなセキュリティ機能があります。

●RBAC

　リソースに対して、どのユーザーがアクセスできるか、どのユーザーがどのような操作を実行できるかをきめ細かく制御するアクセス制御の機能です。リソースへのアクセスを制限することで、意図しないアクセスでのデータの誤操作や悪意のあるデータアクセスを防ぐことができます。RBACの詳細については、3-4節で説明しています。

●安全な転送

　安全な転送オプションを使用すると、ストレージアカウントへの要求がすべてHTTPS経由で行われるように構成できます。この場合、HTTP経由での要求はすべて拒否されます。マイクロソフトでは、すべてのストレージアカウントに対してセキュリティで保護された転送を要求することを推奨しています。そのため、ストレージアカウントの作成時または作成後に明示的に無効にしない限り、この設定は既定で有効です。

●論理的な削除

　BLOBおよびコンテナーの論理的な削除を使用すると、削除されたBLOBおよびコンテナーを回復（復元）できます。これは、誤った操作によって削除されてしまったデータの回復に役立ちます。論理的な削除での保持期間は1〜365日の範囲で設

定可能になっており、データが削除された場合でも保持期間内であればそのデータの削除操作を取り消すことができます。

【ストレージアカウントの［データ保護］】

Azure Filesのファイル共有についても論理的な削除は構成可能です。ただし、ファイル共有での論理的な削除はファイル共有レベルでのみ機能します。そのため、ファイル共有そのものを削除した場合には回復可能ですが、ファイル共有内の特定のファイルを削除した場合には回復できないことに注意してください。

●サービスエンドポイント

　サービスエンドポイントを設定すると、インターネットからのアクセスをブロックし、指定した仮想ネットワークからのアクセスのみを許可するように構成できます。例えば、そのストレージサービスを外部から使用することがなく、同じリージョン内の仮想マシンからアクセスして使用する場合などに役立ちます。この設定を使用することで、情報漏えいや外部からの不正アクセスなどの防止につながります。また、同じリージョン内からのアクセスを指定することにより、インターネットを経由せずに直接アクセスするようになるため、パフォーマンスの向上が期待できます。

●Shared Access Signature（SAS）

　ストレージサービスのリソースに対して制限付きのアクセス権を付与できる機能です。SASを設定することにより、使用できるサービス種類や許可する操作、アクセス可能な日時などを指定した上で、アクセスするための接続文字列を生成することができます。その接続文字列をストレージサービスにアクセスするアプリケーションにセットすることで、指定した期間内で特定の操作のみを許可するよ

うにアクセス制御を行うことができます。

●Storage Service Encryption（SSE）

　ストレージサービスで使用されるストレージそのものを暗号化する機能です。ストレージサービスに保存されるデータは、この機能によって暗号化された状態でAzureのデータセンター内で保持され、データが取得されるときに暗号化が解除されます。この暗号化機能により、万が一、Azureのデータセンター内のストレージが物理的に盗難にあったとしても、第三者はそのストレージ内のデータの参照や取り出しなどができないように保護されます。なお、現在のストレージサービスではこの機能は透過的に有効化されており、無効化することはできません。

参考

ストレージセキュリティについて、本書では代表的な機能に範囲を絞って説明していますが、ほかの機能や設定などの推奨事項についての詳細は以下のWebサイトを参照してください。
https://docs.microsoft.com/ja-jp/azure/storage/blobs/security-recommendations

2 サービスエンドポイント

　5-1節でも説明したように、ストレージアカウントを作成するとその中のデータにアクセスするためのURLとしてエンドポイントが生成されます。このURLを使用すると、ブラウザーからインターネット経由でストレージアカウント内のデータへのアクセスなどが可能になります。ただし、場所を問わず、インターネットを経由したすべてのネットワークからのアクセスが可能であるということは、情報漏えいや外部からの不正アクセスなどを引き起こすことがありえます。

　また、Azure仮想マシンからストレージにアクセスする際にも、エンドポイントのURLを使用してインターネット経由でアクセスすること自体は可能ですが、仮想マシンとストレージアカウントが同じリージョンやデータセンター内に存在しているのに、インターネット経由でアクセスするのは非効率です。両者が同じデータセンター内に存在していても、仮想マシンからのアクセスが一度インターネットに出ることになり、インターネットを経由してストレージアカウントにアクセスするという動作になるためです。

【仮想マシンからストレージへのインターネットを介したアクセス】

　サービスエンドポイントを設定すると、上記のようなニーズや課題を解決することが
できます。同じリージョンのAzure仮想マシンからのみ使用するストレージアカウント
では、インターネットからのアクセスをブロックし、指定した仮想ネットワークからの
アクセスのみを許可するように構成できます。そうすることで、インターネット経由で
はストレージにアクセスできなくなるため、情報漏えいや外部からの不正アクセスなど
の防止につながります。また、サービスエンドポイントを設定した場合には、指定した
仮想ネットワークからストレージへのアクセスがAzureデータセンター内の高速ネット
ワーク経由で直接行われるため、通信経路が最適化されてパフォーマンスが向上すると
いうメリットもあります。

【サービスエンドポイントによるストレージへのアクセス】

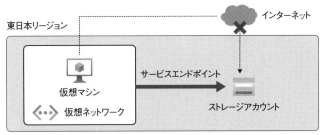

サービスエンドポイントにより、インターネットからのアクセスはブロックされ、許可され
た特定の仮想ネットワークからストレージへのアクセスは高速化される

●サービスエンドポイントの設定

　ストレージアカウントにサービスエンドポイントを設定するには、ストレージ
アカウントの管理画面の［ネットワーク］のメニューを使用します。ストレージ
アカウントの作成時の既定値では、［許可するアクセス元］で［すべてのネットワー
ク］が選択されているため、インターネットを介したアクセスが可能になってい
ます。この画面で、［選択されたネットワーク］を選択して特定の仮想ネットワー
クおよびサブネットを指定することにより、インターネットを介したアクセスを
ブロックし、指定した仮想ネットワークからのアクセスだけが許可されます。なお、

サービスエンドポイントは同じAzureリージョン内の仮想ネットワークとサービスインスタンスの間で機能するため、ここで指定できる仮想ネットワークは同じリージョンまたはペアのリージョンだけに限られます。

　また、インターネットを介したアクセスが必要で、特定のパブリックインターネットIPアドレス範囲からのアクセスだけを許可したい場合には、［ファイアウォール］の配下でそのアドレス範囲を指定します。この設定は、ストレージファイアウォール規則として動作するため、この範囲以外のインターネットトラフィックをブロックすることができます。

【ストレージアカウントの［ネットワーク]】

　ストレージアカウントでのサービスエンドポイントの設定は、仮想ネットワークやシステムルートにも反映されます。これについての詳細は8-2節で説明します。

試験対策　ストレージアカウントの［ネットワーク］のメニューでは、サービスエンドポイントの設定に加え、特定のパブリックインターネットIPアドレス範囲からのアクセスだけを許可することもできます。

参考　ストレージアカウントのネットワーク設定の詳細については、以下のWebサイトを参照してください。
https://docs.microsoft.com/ja-jp/azure/storage/common/storage-network-security

3 Shared Access Signature（SAS）

　BLOBとして格納したデータには様々なものからアクセスできます。例えばアプリケーションからBLOBデータを参照したり、生成したデータを格納するというシナリオがあります。参照だけであれば、5-2節で説明したパブリックアクセスレベルの設定によってアクセスを制御することもできますが、その場合、匿名アクセスを許可することになるため、ほかのアプリケーションやブラウザーなどからもアクセス可能になってしまいます。また、匿名アクセスでは読み取りしか許可されないため、書き込みを行うシナリオでは使用することができません。そのほかに、アクセスキーを用いてアクセスを許可する方法もありますが、この場合はフルコントロールのアクセス許可が付与されるため、アクセスキーを知っていればすべての操作が可能となり、セキュリティ上の課題があります。

【パブリックアクセスやアクセスキーを使用したアクセス】

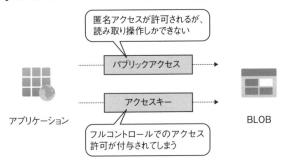

　Shared Access Signature（以下、SAS）は、クライアントがストレージアカウント内のリソースにアクセスする方法を制御するセキュリティ機能です。SASでは、次のような情報を指定することで、クライアントがデータにアクセスする方法をきめ細かく制御できます。

・使用できるリソースの種類（コンテナーやオブジェクトなど）
・リソースに対して可能な操作（読み取りや書き込み、削除など）
・リソースに対してアクセス可能な期間
・アクセス元のIPアドレスやアドレス範囲
・許可されるプロトコル

　これらの情報により、クライアントがアクセスできるリソースの種類やそれに対するアクセス許可などを限定し、指定した期間内の必要最小限のアクセスだけを許可することができます。SASによってパブリックアクセスやアクセスキーを用いる方法の課題を

解決できるため、アプリケーションからBLOBへのアクセスを実現するための手段としてはSASが一般的に使用されます。

【SASを使用したアクセス】

アプリケーション　　指定した期間内での必要最小限の　　BLOB
　　　　　　　　　　アクセスだけを許可できる

●SASトークンとSAS URL

　SASを設定すると、設定時に指定したサービスの種類やそれらに対して許可する操作などのパラメーターから、SASトークンと呼ばれる情報が生成されます。さらに、ストレージリソースの所在およびエンドポイント情報であるリソースURIとSASトークンを組み合わせたSAS URL（SAS URI）も生成されます。SAS URLは次に示すような文字列になっています。リソースURIの後ろの「?」（疑問符）以降の情報がSASトークンです。

【SAS URLの構成要素】

SAS URL

https://myaccount.blob.core.windows.net/?sv=2020-02-10&ss=bf&srt=sc&sp=rw&se=2021-・・・

リソースURI　　　　　　　　SASトークン

【SAS URLの例】

```
https://myaccount.blob.core.windows.net/?sv=2020-02-
10&ss=bf&srt=sc&sp=rw&se=2021-07-31T11:59:59Z&st=2021-07-
01T12:00:00Z&sip=168.1.5.xx-168.1.5.yy&spr=https&sig=%2Bnwzgo%2BWnxxx
xxxxxxxx
```

　生成されたSAS URLをストレージアカウント内のリソースへのアクセスが必要なアプリケーションで使用することにより、SASの設定で許可されたサービスや操作の範囲でアプリケーションからアクセスできます。SAS URLを使用してアクセスを行うと、サービスによってSASトークンに含まれるパラメーターと署名のチェックが行われ、その内容が有効であることが確認されると要求が承認されます。

> SAS URLに含まれる各項目の詳細については、以下のWebサイトを参照してください。
>
> https://docs.microsoft.com/ja-jp/rest/api/storageservices/create-account-sas

●アカウントSASの設定

アカウントSASは、ストレージアカウントの単位で設定するSASであり、複数のストレージサービス内のリソースへのアクセス権限を付与できます。例えば、AzureポータルでアカウントSASを設定するには、特定のストレージアカウントの管理画面で［Shared Access Signature］のメニューをクリックし、使用できるサービスや付与するアクセス許可などの情報を指定します。

【アカウントSASの設定】

最後に、［SASと接続文字列を生成する］をクリックすると、アクセスを行う際に必要となる接続文字列や選択したサービスごとのSAS URLが表示されます。この情報を使用すると、アカウントSASの設定で許可されたサービスや操作の範囲でストレージにアクセスできます。

【接続文字列やSAS URLの確認】

●サービスSASの設定

　サービスSASでは、Blob、キュー、テーブル、ファイルサービスのいずれか1つのストレージサービスのリソースへのアクセス権限を付与できます。アカウントSASよりも狭い範囲のアクセス権限が設定できるため、特定のリソースに対する限定的なアクセス許可を実現できます。例えば、AzureポータルでBlob Storageの特定のコンテナーに対してSASの設定を行う場合には、そのコンテナーの管理画面で［共有アクセストークン］のメニューをクリックし、アクセス許可や有効期限などの情報を指定します。その後［SASトークンおよびURLを生成］をクリックすると、結果としてSASトークンとSAS URLが表示されます。

【コンテナーでのサービスSASの設定】

実際の設定画面を確認して、どのようなリソースに対してどのような操作が許可されるのかを理解できるようにしておきましょう。

 コンテナー内の特定のBLOBデータに対してSASを設定することもできます。その場合は、コンテナーの管理画面でそのBLOBデータをクリックし、[SASの生成] タブでコンテナーに対するSASと同様の設定を行います。

4 Storage Service Encryption（SSE）

　ストレージサービスに保存されたデータは、実際にはAzureのデータセンター内にあるディスク上に保存されます。Azureのデータセンターそのものは高いセキュリティが保たれ、悪意のある第三者がAzureデータセンターに侵入することがないように物理的なセキュリティ対策が行われています。さらに、データセンター内で使用されるディスクは暗号化されており、万が一、Azureデータセンターに侵入した第三者によってディスクが盗まれたとしてもディスク内のデータを取得できないように保護されています。これらの多層的なセキュリティ対策によって、高いセキュリティが実現されているのです。

【データセンターとストレージのセキュリティ】

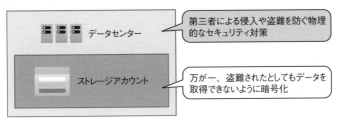

　Storage Service Encryption（以下、SSE）は、その名のとおり、ストレージ内に格納されるデータを暗号化する機能です。SSEはすべてのストレージアカウントで有効であり、無効にはできません。また、SSEはユーザーに対して透過的に機能しており、ストレージサービスにデータを保存する際に自動的に暗号化され、データを取得する際に自動的に暗号化が解除されます。そのため、ユーザーはSSEでの暗号化を意識することなくストレージサービスを使用でき、保存されたデータはSSEによって暗号化された状態で

Azureデータセンター内に保持されます。すべてのデータ暗号化には、現在、実用化されている中で最も強力なブロック暗号方式の1つである256ビットAES暗号化が使用されます。

●SSEで使用される暗号化キー

　既定では、ストレージアカウント内のデータは**Microsoftマネージドキー**で暗号化されます。Microsoftマネージドキーは、マイクロソフトによって内部的に管理される鍵であり、マイクロソフトが定めたコンプライアンス要件に応じて交換や管理が行われます。そのため、Microsoftマネージドキーを使用する場合には、ユーザーは設定の変更も鍵の管理も不要です。

　ただし、必要に応じて、Microsoftマネージドキーではなく、独自のキーである**カスタマーマネージドキー**で暗号化を管理することもできます。使用シナリオとしては、組織のコンプライアンス要件にキー交換に関する内容が含まれる場合などが考えられます。カスタマーマネージドキーを使用する場合はユーザー自身で鍵を管理する必要がありますが、各組織の要件に沿って運用できるのがメリットです。

【SSEで使用されるキー】

Microsoftマネージドキー
・既定で使用
・マイクロソフトによって交換や管理が行われる

カスタマーマネージドキー
・特定のキー交換のコンプライアンス要件を持つ組織などの
　シナリオで使用
・ユーザー自身で鍵の交換や管理を行う必要がある

　Microsoftマネージドキーとカスタマーマネージドキーには、次のような管理の違いがあります。

【使用する暗号化キーによる管理の違い】

管理項目	Microsoftマネージドキー	カスタマーマネージドキー
暗号化と暗号化解除の操作	Azure	Azure
サポートされているストレージサービス	すべて	Blob Storage、Azure Files
キー記憶域	Microsoftキーストア	Azure Key VaultまたはKey Vault HSM
キーのローテーションの責任	マイクロソフト	ユーザー
キーコントロール	マイクロソフト	ユーザー

●カスタマーマネージドキーを使用するための設定変更

　カスタマーマネージドキーを使用する場合は、ストレージアカウントの管理画面で［暗号化］のメニューをクリックし、［暗号化の種類］を［カスタマーマネージドキー］に変更して使用するキーの作成や選択を行います。なお、使用するキーは**Azure Key Vault**（キーヴォルト）というサービスのキーコンテナーに格納して管理します。Key Vaultとは「鍵の金庫」を意味するキーストアサービスであり、SSEでカスタマーマネージドキーを使用する際にはKey Vaultのキーコンテナーとキーの選択が必要になります。キーコンテナーおよびキーは、Azureポータルの［キーコンテナー］であらかじめ作成しておいたものを選択することも、この設定の中で新しく作成して使用することも可能です。

【ストレージアカウントの［暗号化］】

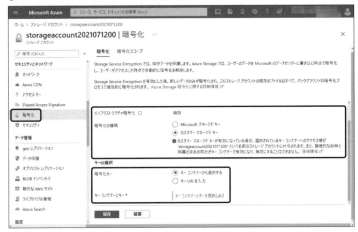

試験対策

カスタマーマネージドキーを使用する場合、キーの格納や管理を行うために Key Vaultのサービスが使用されます。

参考

Key Vaultはキーの管理のほか、パスワードや証明書などの管理の目的で使用することもできます。Key Vaultの詳細やその他の使用シナリオについては、以下のWebサイトを参照してください。

https://docs.microsoft.com/ja-jp/azure/key-vault/general/overview

5-5 その他のストレージサービス

Microsoft Azureには、ストレージサービスの管理や使用を補うためのツールや、オンプレミスとAzureの間でのデータ転送をオフラインで行うためのサービスもあります。
本節では、それらのツールやサービスの概要と使用方法などについて説明します。

1 Azure Storage Explorer

　　Azure Storage Explorerは、Windows、macOS、Linuxにインストール可能なツールです。名前のとおり、Windows標準のエクスプローラーのようにAzure上のストレージにアクセスできるツールであり、このツールを介してストレージサービス内のデータを操作できます。

　　例えば、Blob Storageで作成したコンテナーへのファイルのアップロードをAzureポータルから行う場合、ストレージアカウントの管理画面からそのコンテナーの場所に移動して［アップロード］をクリックし、対象のファイルを参照する必要があります。Storage Explorerでは、画面の左側に表示されるサービスやコンテナーなどの階層をクリックして目的の場所まで素早く移動し、ドラッグアンドドロップでファイルをアップロード可能です。ストレージサービス内のデータに対する操作を効率的に行えるため、頻繁にアップロードやコピーなどのデータ操作を行う際に役立ちます。

　　Storage Explorerは以下のWebサイトからダウンロードできますが、ツールからストレージサービスにアクセスするにはAzureへのサインインや有効なSAS URLの指定などが必要です。

・Azure Storage Explorerのダウンロードサイト
　https://azure.microsoft.com/ja-jp/features/storage-explorer/

【Storage Explorer】

2 AzCopy

　AzCopyは、Windows、macOS、Linuxで使用可能なコマンドラインユーティリティ です。ファイルシステムとストレージアカウントの間でのデータ転送や、ストレージア カウント間でのBLOBデータやファイルコピーなどをコマンド操作で実行することがで きます。Storage Explorerと同等の操作が可能なコマンドラインユーティリティです。

　AzCopyは以下のWebサイトからダウンロードできます。単なる実行可能ファイルの 形式で提供されているため、操作を行うコンピューターでAzCopyの圧縮ファイルをダ ウンロードし、任意のディレクトリに解凍すれば使用できます。

・AzCopyのダウンロードサイト
https://docs.microsoft.com/ja-jp/azure/storage/common/storage-use-
azcopy-v10

　なお、ツールからストレージサービスにアクセスするには、Azureへのサインインや 有効なSAS URLの指定などが必要です。例えば、資格情報を使用してAzureにサインイ ンするには、「azcopy login」を実行し、表示される内容に従ってサインインを行います。

【既定のテナントIDに対するサインイン】

```
azcopy login
```

【特定のテナントIDを指定したサインイン】

```
azcopy login --tenant-id <テナントID>
```

【Blob Storageのコンテナーの作成】

```
azcopy make 'https://<ストレージアカウント名>.blob.core.windows.net/<作成する
コンテナー名>'
```

【ヘルプの参照】

```
azcopy -h
```

【AzCopyヘルプ】

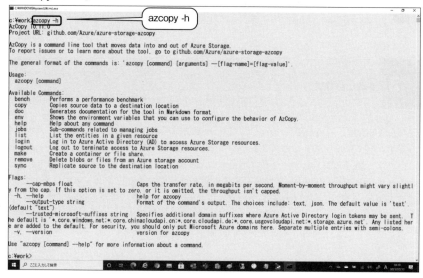

試験対策 Blob Storageのコンテナーを作成する場合は、azcopy makeコマンドを使用し、Blob Storageのエンドポイントや作成するコンテナー名を指定して実行します。

参考 AzCopyのコマンドの一覧については、以下のWebサイトを参照してください。
https://docs.microsoft.com/ja-jp/azure/storage/common/storage-use-azcopy-v10#get-command-help

3 Import/Exportサービス

　オンプレミスにあるファイルをAzure Blob Storageのコンテナーにアップロードすること自体は、ブラウザーやStorage Explorerなどのツールでも可能です。しかし、大きなサイズのデータをアップロードする場合など、オンプレミスとAzureとの間で大量のデータを受け渡す際にはそれだけのネットワークトラフィックが発生するため、オンプレミスで使用しているネットワークに影響を与えてしまう可能性も考えられます。

　Import/Exportサービスは、オンプレミスとAzureとの間で大量のデータを受け渡す際の手段の1つとして活用できます。Import/Exportサービスでは、対象となるデータをディスクドライブに格納し、それを物理的に配送することによって受け渡しを行います。

　オンプレミスにあるファイルをAzureに受け渡す場合は、受け渡したいデータをディスクドライブに格納し、そのディスクドライブをAzureデータセンターに送付します。すると、Azureデータセンターのスタッフによってストレージアカウント内の指定された場所にデータコピーが行われ、最終的にはディスクドライブが返送されます。これによって、オンプレミスネットワークに負荷をかけることなく、Azure Blob StorageとAzure Filesに大量のデータを安全にインポートできます。エクスポートのシナリオとして、Azure Blob Storageからディスクドライブにデータを転送し、オンプレミスに発送することもできます。

【インポートのイメージ】

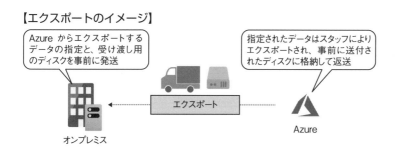

インポート先の指定と、Azureに受け渡すデータをディスクにコピーして発送

スタッフにより指定された場所にコピーされ、最終的にディスクを返送

インポート

オンプレミス

Azure

【エクスポートのイメージ】

Azureからエクスポートするデータの指定と、受け渡し用のディスクを事前に発送

指定されたデータはスタッフによりエクスポートされ、事前に送付されたディスクに格納して返送

エクスポート

オンプレミス

Azure

5

試験対策　インポートはAzure Blob StorageとAzure Filesの両方でサポートされていますが、エクスポートはAzure Blob Storageでのみサポートされています。

●Import/Exportサービスの使用に必要なもの

Import/Exportサービスを使用するには、Azureポータルで**インポートジョブ**または**エクスポートジョブ**の作成が必要です。また、受け渡しを行うためのディスクそのものを用意しておく必要があります。なお、エクスポートの場合でも、ディスク自体はユーザー自身で用意して事前にAzureデータセンターに発送する必要があります。

Import/Exportサービスでサポートされるディスクは、次のとおりです。USBディスクはサポートされていないことに注意が必要です。

ディスク種類	サイズ	インターフェイス
SSD	2.5インチ	SATA Ⅲ
HDD	2.5インチまたは3.5インチ	SATA Ⅱ、SATA Ⅲ

さらに、そのディスクの配送準備などを行うために**WAImportExport**というツールの使用も必要になります。WAImportExportはインターネットからダウンロード可能なコマンドラインツールであり、次の作業のために使用されます。

・インポートのためのディスクドライブ配送準備
・ディスクドライブへのデータのコピーと暗号化
・インポートジョブに必要なジャーナルファイル（.jnr）の生成
・エクスポートジョブに必要なドライブの数の特定

WAImportExportは以下のWebサイトからダウンロードできます。なお、このツールには2つのバージョンがあり、用途に適したバージョンの使用が推奨されています。マイクロソフトでは、Azure Blob Storageに対してインポートまたはエクスポートを行う場合はバージョン1、Azure Filesにインポートを行う場合はバージョン2を使用することを推奨しています。

・WAImportExportバージョン1のダウンロードサイト
　https://www.microsoft.com/en-us/download/details.aspx?id=42659
・WAImportExportバージョン2のダウンロードサイト
　https://www.microsoft.com/en-GB/download/details.aspx?id=55280

参考

ユーザー自身でディスクそのものを用意できない場合は、Azure Data Box Disk
の使用を検討します。Azure Data Box Diskではデータ転送のためのディスク
ドライブがマイクロソフトによって提供されるため、ユーザー側でディスク
を用意する必要がありません。

●インポートの主な手順とプロセス

　Import/Exportサービスで、インポートを行う場合に必要となる主な手順とプロ
セスは次のとおりです。

① インポートするデータ、必要なドライブの数、インポート先となるAzure
　 Blob StorageまたはAzure Filesの場所を決定する
② WAImportExportツールを使用して、データをディスクドライブにコピーし、
　 BitLockerでディスクドライブを暗号化する
③ Azureポータルで、ターゲットとなるストレージアカウントやドライブの
　 ジャーナルファイルを指定し、インポートジョブを作成する
④ ドライブの返送先となる住所と運送業者アカウント番号を指定する
⑤ ジョブの作成時に提供された送付先住所にディスクドライブを発送する
⑥ インポートジョブの詳細で配送問い合わせ番号を更新し、インポートジョブ
　 を送信する
⑦ ディスクドライブがAzureデータセンターに届き、スタッフによって処理さ
　 れる
⑧ 運送業者アカウントを使用して、インポートジョブで提供された返送先住所
　 にドライブが送付される

　なお、ジョブの作成を行うには、Azureポータルのサービス一覧から［その他］
のカテゴリ内にある［インポート/エクスポートジョブ］をクリックし、表示され
る画面で［作成］をクリックします。

【ジョブの作成画面】

試験対策　　インポートの主な手順とプロセスを確認しておきましょう。

●エクスポートの主な手順とプロセス

Import/Exportサービスで、エクスポートを行う場合に必要となる主な手順とプロセスは次のとおりです。

① エクスポートするデータ、必要なドライブの数、ソースとなるBLOBまたはコンテナーパスを決定する

② Azureポータルで、ソースとなるストレージアカウントを指定し、エクスポートジョブを作成する

③ エクスポートするデータのBLOBまたはコンテナーパスを指定する

④ ドライブの返送先となる住所と運送業者アカウント番号を指定する

⑤ ジョブの作成時に提供された送付先住所にディスクドライブを発送する

⑥ エクスポートジョブの詳細で配送問い合わせ番号を更新し、エクスポートジョブを送信する

⑦ ディスクドライブがAzureデータセンターに届き、スタッフによって処理される

⑧ ディスクドライブがBitLockerで暗号化され、Azureポータルを介してそのキーが提供される

⑨ 運送業者アカウントを使用して、エクスポートジョブで提供された返送先住所にドライブが送付される

試験対策　　エクスポートの主な手順とプロセスを確認しておきましょう。

演習問題

1 あなたは、Azureのストレージサービスのうち、Azure Blob Storageと Azure Filesを使用する予定です。この両方のサービスが使用可能な1つのストレージアカウントを作成しようとしています。使用すべきストレージアカウントの種類として適切なものはどれですか。

    A.   PremiumブロックBLOB

    B.   Premiumファイル共有

    C.   PremiumページBLOB

    D.   Standard汎用v2

2 使用しているMicrosoft Azureの環境には、storage1という名前のストレージアカウントがあります。このストレージアカウントの概要画面には、[パフォーマンス:Premium]、[アカウントの種類:BlockBlobStorage]という情報が表示されています。あなたは、ファイル共有を新しく作成する必要があります。行うべき操作として適切なものはどれですか。

    A.   storage1で新しくファイル共有を作成する

    B.   storage1のアカウントの種類をStandard汎用v2に変更する

    C.   storage1のパフォーマンスの種類をStandardに変更する

    D.   新しいストレージアカウントを作成する

5

3 Azure Blob Storageのコンテナー作成時に指定するパブリックアクセスレベルに関して、[BLOB]と[コンテナー]の違いの説明として適切なものはどれですか。

    A.   インターネット経由での匿名アクセスが禁止されるかどうか

    B.   サブコンテナーを作成できるかどうか

    C.   コンテナー内のファイル一覧を取得できるかどうか

    D.   匿名アクセスでの書き込み操作を許可するかどうか

4 あなたは、オンプレミスのHyper-V環境で作成したVHDファイルをAzure Blob Storageにアップロードし、それをAzure仮想マシンで使用したいと考えています。VHDファイルをAzure Blob Storageにアップロードする際、BLOBの種類として適切なものはどれですか。

    A.　ページBLOB
    B.　追加BLOB
    C.　ブロックBLOB
    D.　ディスクBLOB

5 使用しているMicrosoft Azureの環境には、cont1という名前のAzure Blob Storageコンテナーがあります。あなたは、cont1内にブロックBLOBデータをアップロードしようとしています。アップロードしようとしているファイルは、今後ほぼアクセスされることはないと思われる過去の監査ログデータです。このファイルをアップロードする際のアクセス層として適切なものはどれですか。

    A.　クール
    B.　リハイドレート
    C.　アーカイブ
    D.　ホット

6 あなたの組織では、次の要件を満たすストレージサービスの使用を計画しています。

・SMB 3.0をサポートし、エクスプローラーを使用してデータにアクセスできる必要がある
・ポート番号445を使用して接続する必要がある

使用するストレージサービスの種類として適切なものはどれですか。

    A.　Azure Queue Storage
    B.　Azure Files
    C.　Azure Blob Storage
    D.　Azure Table Storage

7 Azure File Syncエージェントに関する説明として、誤っているものはどれで
すか。

    A.   エージェントがインストールされたサーバーはクラウドエンドポイ
ントとなる

    B.   マイクロソフトのダウンロードセンターからダウンロードできる

    C.   オンプレミスのファイルサーバーにインストールするプログラムで
ある

    D.   ストレージ同期サービスへの登録を行うためにも使用される

8 あなたが使用するMicrosoft Azure環境には1つのサブスクリプションがあ
ります。あなたはAzure File Syncの実装を計画しており、実装の手順を明確
にしておく必要があります。Azure File Syncを実装するための各手順を適切
な順に並べ替えてください。

    A.   同期グループとクラウドエンドポイントの作成

    B.   サーバーエンドポイントの追加

    C.   エージェントのインストールとサーバー登録

    D.   ストレージ同期サービスのデプロイ

9 Storage Service Encryptionによるストレージの暗号化において、カスタ
マーマネージドキーを選択時に使用されるキーストアサービスとして適切
なものはどれですか。

    A.   Key Vault

    B.   サービスエンドポイント

    C.   Azure Blob Storage

    D.   Shared Access Signature

5

10 あなたが使用するMicrosoft Azure環境には1つのサブスクリプションがあ
ります。オンプレミスで所有している大量のデータを、Import/Exportサー
ビスによってAzureに受け渡したいと考えています。Import/Exportサービ
スを使用する前に、サポートされるストレージサービスを特定しておく必要
があります。このシナリオでサポートされるストレージサービスとして適切
なものはどれですか（2つ選択）。

    A.   Azure Table Storage

    B.   Azure Queue Storage

    C.   Azure Blob Storage

    D.   Azure Files

解答

1 D

1つのストレージアカウントでAzure Blob StorageとAzure Filesの両方のサービスを使用したい場合は、ストレージアカウントの種類としてStandard汎用v2を使用する必要があります。

その他のPremiumのストレージアカウントは特定のストレージサービスのみを対象としており、PremiumブロックBLOBとPremiumページBLOBはAzure Blob Storageのみ、Premiumファイル共有はAzure Filesのみをサポートしています。

2 D

ファイル共有を作成するにはStandard汎用v2またはPremiumファイル共有の種類のストレージアカウントを使用する必要がありますが、このシナリオで作成済みのストレージアカウントの種類ではファイル共有を作成できないため、別のストレージアカウントを新規に作成する必要があります。

このシナリオで現在使用されているストレージアカウントの種類はPremiumブロックBLOBであり、ファイル共有はサポートされていません。また、ストレージアカウントの種類やパフォーマンスの種類を後から変更することはできません。

3 C

パブリックアクセスレベルの［BLOB］と［コンテナー］の違いは、コンテナー内のファイル一覧を取得できるかどうかです。［BLOB］の設定レベルではコンテナー内のファイル一覧を取得することはできませんが、［コンテナー］の設定レベルでは取得できます。

［BLOB］と［コンテナー］では、共にインターネット経由での匿名アクセスが許可されます。ただし、匿名アクセスでは読み取りだけが許可されるため、どちらのレベルでも匿名アクセスによる書き込み操作は許可されません。また、Azure Blob Storageではパブリックアクセスレベルに関わらず、サブコンテナーの作成自体ができません。

4 A

VHDファイルをアップロードしてAzure仮想マシンで使用する場合には、ページBLOBという種類でVHDファイルをアップロードする必要があります。それにより、アップロードしたVHDファイルは仮想マシンのアンマネー

ジドディスクとして接続して使用できます。

ブロックBLOBは一般的なファイルや画像などの格納に適しており、追加BLOBは追加操作に最適化されています。ディスクBLOBという種類はありません。

5 C

ほぼアクセスされないデータを保管する場合は、アーカイブというアクセス層が適しています。アーカイブのストレージコストは非常に安く設定されています。

ホットは頻繁にアクセスされるデータに適しており、クールはそれほど頻繁にはアクセスしないデータに適しています。リハイドレートは、アクセス層をアーカイブからホットまたはクールに切り替える操作およびプロセスを表すものであり、アクセス層の選択肢ではありません。

6 B

Azure FilesはSMB 3.0をサポートしており、エクスプローラーからアクセス可能です。また、Azure Filesのファイル共有への接続にはポート番号445が使用されます。

その他のストレージの種類は、このシナリオの要件を満たしていません。

7 A

クラウドエンドポイントはAzureファイル共有へのポインターとなるオブジェクトであり、Azure File Syncによって同期を行うAzureファイル共有の情報を保持しています。エージェントがインストールされたサーバーはストレージ同期サービスに登録済みサーバーとして登録され、サーバーエンドポイントの追加時に指定したディレクトリがAzureファイル共有と同期されます。

8 D、C、A、B

Azure File Syncを実装するには、最初にAzure上のリソースとしてストレージ同期サービスをデプロイします。次に、Windows ServerにAzure File Syncエージェントをインストールし、ストレージ同期サービスへのサーバー登録を行います。続いて、一連のファイル同期トポロジの定義となる同期グループを作成し、対象となるAzureファイル共有をクラウドエンドポイントとして指定します。最後に、登録済みサーバーや同期するディレクトリパス情報を含むサーバーエンドポイントを追加します。

9 **A**

Storage Service Encryption（SSE）では、Microsoftマネージドキーまたはカスタマーマネージドキーのいずれかを使用することができます。カスタマーマネージドキーを使用する場合、使用するキーはKey Vaultというサービスのキーコンテナーに格納して管理します。

サービスエンドポイントは、特定の仮想ネットワークからのアクセスのみを許可したい場合などに使用される設定です。Azure Blob Storageは、非構造化データを格納するために最適化されたストレージサービスです。Shared Access Signatureは、クライアントがストレージアカウント内のリソースにアクセスする方法を制御できるセキュリティ機能です。これらはいずれも、キーストアサービスではありません。

10 **C、D**

このシナリオでは、オンプレミスで所有している大量のデータをAzureに受け渡すためにImport/Exportサービスの使用を計画しています。したがって、これはインポートとなります。Import/Exportサービスにおけるインポートは、Azure Blob StorageとAzure Filesでサポートされています。

5

第6章

仮想ネットワーク

Microsoft Azureには様々なネットワークサービスがありますが、その中でも最も基本的かつ代表的なものが仮想ネットワークです。
本節では、仮想ネットワークとサブネットの考え方や、仮想マシンなどに割り当てられるIPアドレスなどについて説明します。

1 様々なネットワークサービス

　Microsoft Azureには様々な種類のネットワークサービスがあります。それらのネットワークサービスを「仮想的に構築する」と考えると難しく思えるかもしれませんが、感覚としては「物理的ネットワークを作るときと同じ」ように構築することが可能です。物理環境でも使用されるファイアウォールやロードバランサーなどのネットワーク機材やサービスを、そのままAzure上でもサービスとして実装できるため、物理ネットワークの構築経験があればAzureのネットワークサービスもスムーズに使えるようになっています。

【様々なネットワークサービス】

最も基本的かつ
代表的なサービス

仮想ネットワーク

VPNゲートウェイ

ExpressRoute

Azure Firewall

Azure DNS

ロードバランサー

Traffic Manager

アプリケーション
ゲートウェイ

　これらのネットワークサービスのうち、**仮想ネットワーク（VNet：Azure Virtual Network）** が最も基本的かつ代表的なサービスです。ほかのネットワークサービスを使用するにも、まずは仮想ネットワークを適切に理解しておく必要があり、構築した仮想ネットワーク上で必要に応じてファイアウォールやロードバランサーなどを実装して

いくのが適切な進め方になります。VPNゲートウェイやExpressRouteについては第7章で、ロードバランサーやアプリケーションゲートウェイについては第8章で説明します。

2 仮想ネットワーク

　仮想ネットワークは、Azure内のネットワーク通信のための基本的な構成要素です。仮想ネットワークによって仮想マシンなどの様々な種類のAzureリソースに対するネットワーク通信が提供されるため、例えば仮想マシン同士のようなAzureリソース間での通信や、Azureリソースとインターネットの間での通信が可能になります。

　仮想ネットワークを必要に応じて複数作成すると、ネットワークの分離が実現できます。1つの仮想ネットワーク内では自由に通信できますが、異なる仮想ネットワーク間は既定では通信できないためです。例えば、運用環境で使用する仮想マシンを接続する「本番用VNet」という仮想ネットワークとは別に、「テスト用VNet」や「開発用VNet」などを作成してそれぞれに個別の仮想マシンを接続した場合、これらの仮想マシン間ではネットワーク通信ができません。そのため、用途ごとの仮想マシンがお互いに影響を与えることなく実行できます。

【仮想ネットワーク】

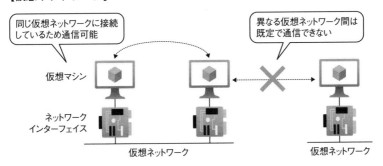

　既定では異なる仮想ネットワーク間は通信できませんが、ピアリング設定やVPNゲートウェイの使用により、異なる仮想ネットワークやオンプレミスのネットワークと通信できるように構成することも可能です。ピアリングやVPNゲートウェイの詳細については、第7章で説明します。

3 サブネット

　サブネットとは、ネットワークを論理的に分割したものです。仮想マシンなどの

Azureリソースは、実際には仮想ネットワークの特定のサブネットに接続されるため、1つの仮想ネットワークには1つ以上のサブネットが必要です。必要に応じて1つの仮想ネットワークを複数のサブネットに分割することもできます。既定では、仮想ネットワーク内のサブネットはすべての経路がルーティングされるため、どのサブネットに接続された仮想マシンでもお互いに通信できます。

　サブネット間の通信経路などを制御したい場合は、ルートテーブルを使用できます。ルートテーブルの詳細については、第8章で説明します。

【仮想ネットワークとサブネット】

既定では、同じ仮想ネットワーク内のサブネットはすべての経路がルーティングされるため図内のすべての仮想マシンはお互いに通信可能

●サブネットのアドレス範囲と仮想ネットワークのアドレス空間

　仮想ネットワークには**Azure内部DHCPサービス**が用意されており、このサービスによって仮想マシンなどのAzureリソースにプライベートIPアドレスが配布されます。Azure内部DHCPサービスはマイクロソフトによってAzure上に内部的に用意されているサービスであり、Azureポータルなどからその存在を確認することはできません。また、ユーザー自身でDHCPサーバーを立てることは禁止されているため、プライベートIPアドレスの割り当てにはAzure内部DHCPサービスを利用します。

　Azure内部DHCPサービスで配布するプライベートIPアドレスの範囲は、サブネットの**アドレス範囲**で指定します。サブネットに接続する仮想マシンには、そのサブネットに設定されたアドレス範囲からアドレス値が割り当てられます。このとき、仮想マシンに割り当てられるアドレスのホスト部は「4」以降の値になります。ホスト部の1〜3はAzure上で予約されているため、仮想マシンなどのAzureリソースに割り当てられることはありません。そのため、例えばサブネットAのアドレス範囲が「10.0.0.0/16」となっている場合、サブネットAに接続する1台目の仮想マシンには「10.0.0.4」、2台目の仮想マシンには「10.0.0.5」のように割り当てが行われます。

【仮想マシンへのIPアドレス配布】

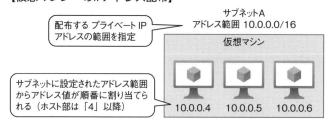

配布する プライベート IP
アドレスの範囲を指定

サブネットA
アドレス範囲 10.0.0.0/16

仮想マシン

サブネットに設定されたアドレス範囲
からアドレス値が順番に割り当てら
れる（ホスト部は「4」以降）

10.0.0.4　10.0.0.5　10.0.0.6

　また、仮想ネットワークには、**アドレス空間**を指定します。アドレス空間は、すべてのサブネットのアドレス範囲をまとめたものであるため、仮想ネットワーク内のサブネットで使用するアドレス範囲がすべて含まれるよう指定する必要があります。例えば、サブネットAのアドレス範囲が「10.0.0.0/16」、サブネットBが「192.168.1.0/24」、サブネットCが「192.168.2.0/24」のようになっている場合、この仮想ネットワークのアドレス空間は「10.0.0.0/16および192.168.0.0/16」のように設定しておく必要があります。言い方を変えれば、仮想ネットワークのアドレス空間から、特定のアドレス範囲を切り出したものをサブネットとして使用するということです。

【サブネットのアドレス範囲と仮想ネットワークのアドレス空間】

サブネットで使用するアドレス範囲をすべて含むように指定

仮想ネットワーク　　　アドレス空間 10.0.0.0/16 および 192.168.0.0/16

サブネットA
アドレス範囲
10.0.0.0/16

サブネットB
アドレス範囲
192.168.1.0/24

サブネットC
アドレス範囲
192.168.2.0/24

仮想マシン　　　仮想マシン　　　仮想マシン

10.0.0.4　10.0.0.5　10.0.0.6　　192.168.1.4　　192.168.2.4

6

4 仮想ネットワークの作成と管理

　Azureポータルから仮想ネットワークを作成するには、サービス一覧から［ネットワーキング］のカテゴリ内にある［仮想ネットワーク］をクリックし、表示される画面で［作成］をクリックします。

その後、表示される［仮想ネットワークの作成］画面で、主に次の表のパラメーターを指定して作成します。Azureポータルでは、これらのパラメーターはいくつかのタブに分かれて表示されます。

パラメーター	説明
サブスクリプション	仮想ネットワークが作成されるサブスクリプション
リソースグループ	仮想ネットワークが作成されるリソースグループ
名前	仮想ネットワークの名前
地域	仮想ネットワークが作成される場所（リージョン）。既定値はリソースグループの場所と同じ
アドレス空間	仮想ネットワークのアドレス空間。すべてのサブネットのアドレス範囲を集約するように、CIDRで表記
サブネット名	サブネットの名前
サブネットアドレス範囲	サブネットのアドレス範囲。サブネットに接続するAzureリソースに配布するプライベートIPアドレスの範囲として使用
BastionHost	仮想ネットワークにBastionHostおよびAzureBastionSubnetをデプロイするかどうか
DDoS Protection Standard	Azure DDoS ProtectionによるDDoS保護のSKUとしてStandard（有償）を使用するかどうか。既定値の［無効化］では、Basic（無償）のSKUが使用される
ファイアウォール	仮想ネットワークにAzure Firewallをデプロイするかどうか

Basitonについては4-2節で、Azure Firewallについては6-3節で説明します。

【仮想ネットワークの作成 - ［IPアドレス］タブ】

参考

DDos Protectionの詳細やSKUの違いについては、下記のWebサイトを参照してください。

https://docs.microsoft.com/ja-jp/azure/ddos-protection/ddos-protection-overview

●アドレス空間やサブネットの追加や変更

仮想ネットワークの作成時には少なくとも1つのサブネット定義が必要になりますが、後からアドレス空間の拡張やサブネットの追加が必要になることも考えられます。そのような場合のために、仮想ネットワークの管理画面では[アドレス空間]や[サブネット]のメニューを使用してこれらを変更することが可能です。

なお、ピアリングを構成済みの仮想ネットワークでアドレス空間の変更を行う場合は、ピアリングを一旦削除してアドレス空間の変更後にピアリングを再度構成するか、アドレス空間の変更後にピアリングを再同期する必要があることに注意してください。

また、不要なサブネットを削除することもできます。ただし、サブネットの削除は、そのサブネットにどのAzureリソースも接続されていない状態でのみ実行可能となっています。例えば、特定の仮想マシンのネットワークインターフェイスなどのリソースがサブネットに接続されている状態では、そのサブネットを削除することはできません。

【仮想ネットワークの[サブネット]】

試験対策

ピアリングを構成済みの仮想ネットワークでアドレス空間の変更を行う場合は、ピアリングを一旦削除してアドレス空間の変更後にピアリングを再度構成するか、アドレス空間の変更後にピアリングを再同期する必要があります。

仮想ネットワーク内の各サブネットにどのようなAzureリソースが接続しているかについては、仮想ネットワークの管理画面の［接続デバイス］で確認できます。

5 IPアドレス

　ネットワークインターフェイスなどに代表されるAzureリソースにはIPアドレスが割り当てられ、それを使用してネットワーク通信が行われます。例えば、仮想マシンの場合、仮想マシンを作成すると同時にネットワークインターフェイスのリソースも作成され、リソース間の関連付け設定が行われます。そして、IPアドレスがネットワークインターフェイスに割り当てられて使用されます。

　各ネットワークインターフェイスには、主に仮想ネットワーク内での通信に使用する**プライベートIPアドレス**と、インターネットからのアクセスに使用される**パブリックIPアドレス**が割り当てられます。どちらのIPアドレスもAzure内部DHCPサービス経由で割り当てが行われ、それぞれのアドレス割り当てには［動的］と［静的］という2つの割り当て方法があります。

【仮想マシンとネットワークインターフェイス】

仮想マシンを作成するとネットワークインターフェイスのリソースも同時に作成される

 仮想マシンがプライベートIPアドレスしか持たない場合でも、仮想マシンからインターネットへのアクセスは可能です。Azureには、インターネットへアクセスするための内部的なゲートウェイである「Azureインターネットゲートウェイ」が存在しているためです。

6 プライベートIPアドレス

　主に仮想ネットワーク内での通信に使用される、無償のアドレスです。例えば、仮想ネットワーク内の別の仮想マシンとのネットワーク通信時には、このアドレスが使用されます。また、VPNゲートウェイなどによって仮想ネットワークとオンプレミスネットワークが接続されている場合は、オンプレミスネットワークのコンピューターとの通信でも使用されます。

　プライベートIPアドレスは、主に次の種類のAzureリソースに関連付けて使用することができます。

【プライベートIPアドレスの関連付けが可能な主なリソース】

リソースの種類	IPアドレスの関連付け	動的	静的
仮想マシン	ネットワークインターフェイス	○	○
ロードバランサー	フロントエンド構成	○	○
アプリケーションゲートウェイ	フロントエンド構成	○	○

●プライベートIPアドレスの動的割り当て

　仮想マシンでは、既定で使用される割り当て方法です。仮想マシンは作成後の最初の起動時に、接続したサブネットのアドレス範囲内から未使用のアドレス値を取得します。前述のように、例えば10.0.0.0/16のアドレス範囲のサブネットに接続された場合は、10.0.0.4のようなアドレス値が順番に割り当てられます。動的割り当てであっても、初回に自動で割り当てられたアドレスがその後で変更されることは基本的にありません。仮想マシンを停止したり開始したりしてもアドレス値が変わることはなく、その仮想マシンおよびネットワークインターフェイスを削除するまで同じアドレス値が使用されます。

●プライベートIPアドレスの静的割り当て

　アドレス値を特定の値に決め打ちしたい場合に使用する割り当て方法です。動的割り当てではサブネットのアドレス範囲から未使用のアドレス値が順に割り当てられますが、組織によっては管理上の目的で仮想マシンのプライベートIPアドレス値を明示的に指定したいケースが考えられます。静的割り当てにより、10.0.0.0/16のアドレス範囲のサブネットに接続する特定の仮想マシンのアドレス値を10.0.0.200のように決め打ちできます。静的割り当てされたアドレス値はAzure内部DHCPサーバー上で予約され、仮想マシンを停止したり開始したりしてもアドレス値が変わることはありません。その仮想マシンおよびネットワークインターフェイスを削除するまで、同じアドレス値が使用されます。

【プライベートIPアドレスの割り当て】

サブネットA アドレス範囲 10.0.0.0/16	サブネットA アドレス範囲 10.0.0.0/16
仮想マシン	仮想マシン
プライベート IP：10.0.0.4	プライベート IP：10.0.0.200
アドレス範囲内から未使用のアドレス値が順番に割り当てられる	アドレス範囲内からアドレス値を自由に決め打ちできる
動的割り当て	静的割り当て

●プライベートIPアドレスの確認

　プライベートIPアドレスは、Azureポータルの様々な画面から確認できます。プライベートIPアドレスはネットワークインターフェイスに割り当てられるため、ネットワークインターフェイスのリソースからアドレス値を確認できます。Azureポータルから確認するには、サービス一覧から［ネットワーキング］のカテゴリ内にある［ネットワークインターフェイス］をクリックし、任意のネットワークインターフェイスの［概要］を参照します。この画面では、このネットワークインターフェイスがどの仮想マシンで使用されているかなどについても確認可能です。

【ネットワークインターフェイスの［概要］】

仮想マシンのプライベートIPアドレスを確認したい場合、その仮想マシンの管理画面の［概要］や［ネットワーク］からも確認できます。

●プライベートIPアドレスの設定

　プライベートIPアドレスの割り当て方法を変更したい場合、Azureポータルではネットワークインターフェイスの管理画面で［IP構成］のメニューをクリックし、画面中央に表示されるIP構成の名前（既定は［ipconfig<数字>］）をクリックします。そして、表示される画面でプライベートIPアドレスの割り当て方法を選択します。既定では［動的］が選択されていますが、［静的］を選択すると下のボックスでアドレス値を指定できます。なお、実行中の仮想マシンに対し、現在と異なるアドレス値を指定した場合は、設定の保存時に仮想マシンが自動的に再起動されることに注意してください。

【プライベートIPアドレスの設定】

6

7 パブリックIPアドレス

　インターネットからのアクセスに使用される、オプションの有償アドレスです。このアドレスは、インターネットからのアクセスを必要とする特定のサービスを実行する仮想マシンなどで使用します。例えば、いわゆる3階層のシステムを仮想マシンで実装して公開する場合、インターネットからアクセスされるWebサーバーにはパブリックIPア

ドレスが必要ですが、内部で使用するアプリケーションサーバーやデータベースサーバーにはパブリックIPアドレスは不要です。

【パブリックIPアドレス】

　パブリックIPアドレスは、主に次の種類のAzureリソースに関連付けて使用することができます。

【パブリックIPアドレスの関連付けが可能な主なリソース】

リソースの種類	IPアドレスの関連付け	動的	静的
仮想マシン	ネットワークインターフェイス	○	○
ロードバランサー（パブリック）	フロントエンド構成	○	○
VPNゲートウェイ	ゲートウェイIPの構成	○	○ （VPNGwAZのみ）
アプリケーションゲートウェイ	フロントエンド構成	○ （V1のみ）	○ （V2のみ）
Azure Firewall	フロントエンド構成	×	○

●パブリックIPアドレスの動的割り当て

　関連付けられたリソースの起動時にアドレスを割り当て、停止時にアドレス値をリリースする割り当て方法です。例えば、仮想マシンの場合、起動時にパブリックIPアドレスを取得し、停止時にそのアドレスをリリースします。可用性ゾーンを必要としない、通常の仮想マシンではこの割り当て方法が既定で使用されます。

　パブリックIPアドレスは、各リージョンで定義された範囲から一意のアドレス値が割り当てられます。そのため、プライベートIPアドレスとは異なり、仮想ネットワークのアドレス空間やサブネットのアドレス範囲とは関係ありません。

試験対策　仮想マシンでパブリックIPアドレスを動的割り当てで使用する場合、起動時にパブリックIPアドレスを取得し、停止時にそのアドレスをリリースします。

●パブリックIPアドレスの静的割り当て

　一度割り当てられたパブリックIPアドレス値を保持し続ける割り当て方法です。例えば、動的割り当てでは仮想マシンを停止するとアドレス値をリリースするため、次に起動したときに割り当てられるアドレス値は前回の起動時と異なる可能性が高くなります。一方、静的割り当てでは、仮想マシンを停止してもアドレス値を保持するため、次に起動した後も同じアドレス値を使用できます。

　プライベートIPアドレスとは異なり、自分の好きなアドレス値に決め打ちすることはできませんが、一度取得したアドレス値が保持できるため、インターネットから仮想マシンにIPアドレスを用いてアクセスする場合に、仮想マシンの停止や起動によってアクセス先が変わらないように構成できます。

【パブリックIPアドレスの割り当て】

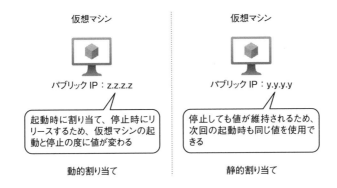

　　　　仮想マシン　　　　　　　　　　　　仮想マシン

　　　パブリックIP：z.z.z.z　　　　　　　パブリックIP：y.y.y.y

　　起動時に割り当て、停止時にリ　　　　停止しても値が維持されるため、
　　リースするため、仮想マシンの起　　　次回の起動時も同じ値を使用で
　　動と停止の度に値が変わる　　　　　　きる

　　　　動的割り当て　　　　　　　　　　　静的割り当て

参考 　パブリックIPアドレスのSKUがStandardの場合は、静的割り当てのみ使用できます。

●パブリックIPアドレスの作成とSKU

　パブリックIPアドレスのSKU（Stock Keeping Unit）には、BasicとStandardの2つがあります。SKUとは、コストや機能および性能などを表す管理単位です。パブリックIPアドレスの2つのSKUにもコストと機能の違いがあり、Standardでは、Basicに加えて可用性ゾーンがサポートされます。パブリックIPアドレスのSKUは、リソースの作成時に選択可能です。

　パブリックIPアドレスはAzure上で1つのリソースとして管理されるため、AzureポータルにはパブリックIPアドレスの管理画面があります。Azureポータルのサービス一覧から［ネットワーキング］のカテゴリ内にある［パブリックIPア

ドレス］をクリックすると、パブリックIPアドレスの作成や管理を行うことができます。

【パブリックIPアドレスの作成】

　なお、パブリックIPアドレス作成後のSKUの変更は、BasicからStandardへのみ可能です。ただし、パブリックIPアドレスのSKUを変更するには、次の2つの条件を満たしている必要があります。

・ロードバランサーやネットワークインターフェイスなどとの関連付けが解除されていること
・静的な割り当て方法が選択されていること

パブリックIPアドレスのSKUごとの料金の詳細については、下記のWebサイトを参照してください。
https://azure.microsoft.com/ja-jp/pricing/details/ip-addresses/

パブリックIPアドレスのリソースは、仮想マシンやロードバランサーなどと同時に作成することもできます。例えば、仮想マシンの作成時には［ネットワーク］タブでパブリックIPアドレスを構成可能です。

●パブリックIPアドレスの確認

　Azureポータルでは、パブリックIPアドレスの管理画面で任意のパブリックIPアドレスをクリックすると、アドレス値や関連付けられているリソースを確認できます。

【パブリックIPアドレスの[概要]】

ある仮想マシンのパブリックIPアドレスを確認したい場合、ネットワークインターフェイスの[概要]や、その仮想マシンの管理画面の[概要]や[ネットワーク]から確認することもできます。

●パブリックIPアドレスの設定

パブリックIPアドレスの割り当て方法を変更したい場合、Azureポータルでは、パブリックIPアドレスの管理画面で[構成]のメニューをクリックし、IPアドレスの割り当て方法として[動的]または[静的]のいずれかを選択します。なお、[静的]から[動的]に変更するには、リソースとの関連付けを解除する必要があります。

【パブリックIPアドレスの[構成]】

動的割り当てが使用されている仮想マシンでは、Azureポータルでの仮想マシンの停止操作のタイミングで静的割り当てに変更できます。

パブリックIPアドレスの［構成］では、インターネットから容易に名前解決できるように、DNS名ラベルを設定することもできます。DNS名は、「<DNS名ラベル>.<リージョン名>.cloudapp.azure.com」になります。

6-2 ネットワークセキュリティグループ

Microsoft Azureには、ネットワークトラフィックを制御するためのいくつかの仕組みがあります。
本節では、ネットワークセキュリティグループの概要や、それを使用してネットワークトラフィックを制御する方法について説明します。

1 ネットワークセキュリティグループの概要

　ネットワークセキュリティグループ（以下、NSG）は、仮想マシンが送受信するネットワークトラフィックを制御するためのファイアウォール機能を提供します。イメージとしてはパーソナルファイアウォールに近く、受信と送信のそれぞれに関する規則を作成して通信制御を行います。仮想マシンが使用するネットワークインターフェイスにNSGを関連付けた場合、その仮想マシンに向かってくるトラフィックとその仮想マシンから出ていくトラフィックを制御できます。例えば、Webサーバーの仮想マシンを公開し、インターネットからHTTPを使用してWebサーバーにアクセスできるようにするには、NSGの規則でHTTPのトラフィックを許可するように構成する必要があります。

【NSGの使用イメージ】

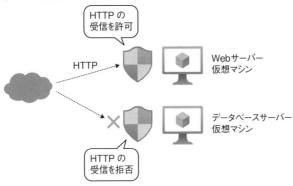

　また、ネットワークインターフェイスだけでなく、仮想ネットワークのサブネットにNSGを関連付けて使用することもできます。サブネットへの関連付けは、同じ規則を複数の仮想マシンに適用したい場合などに役立ちます。例えば、あるネットワークトラ

フィックの受信を許可する規則を複数の仮想マシンに適用したい場合、1つのNSGを各仮想マシンのネットワークインターフェイスに関連付けて管理するのは面倒であり、非効率です。サブネットに接続する複数の仮想マシンに共通で適用したい規則がある場合は、NSGをサブネットに関連付けることで、効率良くNSGを管理できます。

【サブネットへのNSGの関連付け】

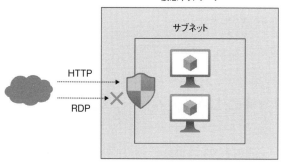

仮想ネットワーク

サブネット

HTTP

RDP

> サブネットにNSGを関連付けることで、サブネットに接続する複数の仮想マシンに対して同じ規則による制御が可能

試験対策 NSGは、ネットワークインターフェイスまたはサブネットに関連付けて使用できます。

2 ネットワークセキュリティグループの規則

　NSGの規則には、**受信セキュリティ規則**と**送信セキュリティ規則**があります。NSGを仮想マシンのネットワークインターフェイスに関連付ける場合、仮想マシンに向かってくるトラフィックについては受信セキュリティ規則、仮想マシンから出ていくトラフィックについては送信セキュリティ規則で制御します。

【受信セキュリティ規則と送信セキュリティ規則】

受信セキュリティ規則　　　　　　　　送信セキュリティ規則

●既定の規則と優先度

　既定の規則とは、NSGで最初から構成される規則のことです。NSGを作成すると、既定で次の規則が作成されます。

【受信セキュリティ規則の既定の規則】

優先度	規則の名前	説明
65000	AllowVnetInBound	同じ仮想ネットワーク内やピアリングされた仮想ネットワークなどからのトラフィックを許可
65001	AllowAzureLoadBalancerInBound	ロードバランサーからのプローブトラフィックを許可
65500	DenyAllInBound	ほかのいずれの規則にも一致しないすべてのトラフィックを拒否

【送信セキュリティ規則の既定の規則】

優先度	規則の名前	説明
65000	AllowVnetOutBound	同じ仮想ネットワーク内やピアリングされた仮想ネットワークなど宛のトラフィックを許可
65001	AllowInternetOutBound	インターネット宛の通信を許可
65500	DenyAllOutBound	ほかのいずれの規則にも一致しないすべてのトラフィックを拒否

　構成された各規則は優先度の数字が小さいものから先に適用されます。あるトラフィックがより優先度の数字が小さい（優先度が高い）規則の条件に一致した場合、その規則よりも数字が大きい（優先度が低い）規則は使用されません。
　次の表には、既定の規則に加えて優先度100の値を持つ［Allow-HTTP］という規則が含まれています。これはインターネットからのHTTPトラフィックを許可する規則です。実際にインターネットからHTTPトラフィックが到達した場合、優先度100の［Allow-HTTP］に従ってその通信が許可され、それ以降の優先度の規則は使用されません。一方、インターネットからRDPトラフィックが到達した場合も高い優先度の規則から順に参照されますが、優先度65001までの規則のどれにも一致しないため、優先度65500の［DenyAllInBound］に従って拒否されます。

【受信セキュリティ規則の動作】

優先度	名前	ポート	プロトコル	ソース	宛先	アクション
100	Allow-HTTP	80	TCP	Internet	任意	許可
65000	AllowVnetInBound	任意	任意	VirtualNetwork	VirtualNetwork	許可
65001	AllowAzureLoad BalancerInBound	任意	任意	Azure LoadBalancer	任意	許可
65500	DenyAllInBound	任意	任意	任意	任意	拒否

試験対策

規則は優先度順にチェックされ、より高い優先度の規則の条件に一致した場合、その規則より低い優先度の規則は適用されません。

●ネットワークインターフェイスとサブネットに異なるNSGを関連付けた場合

NSGは、仮想マシンが使用するネットワークインターフェイスか、仮想ネットワークのサブネットに関連付けて使用します。例えば、NSG1をある仮想マシンのネットワークインターフェイスに関連付け、それとは別にNSG2を仮想ネットワークのその仮想マシンが所属するサブネットに関連付けて使用できます。

このようにネットワークインターフェイスとサブネットには異なるNSGを関連付けることができますが、この場合、特定のトラフィックを許可するためには、両方のNSGに許可規則が存在する必要があります。受信トラフィックの場合はサブネットに関連付けたNSGが最初に評価され、次にネットワークインターフェイスに関連付けたNSGが評価されます。送信トラフィックの評価の順序は、その逆です。このようにレベルの異なるNSGの規則はそれぞれで評価されるため、どちらか一方の拒否規則に一致すると、トラフィックは拒否されます。

【各NSGの評価順序】

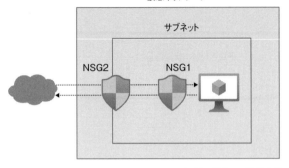

受信トラフィックでは、先にNSG2が評価され、次にNSG1が評価される
送信トラフィックでは、先にNSG1が評価され、次にNSG2が評価される

試験対策　ネットワークインターフェイスとサブネットのそれぞれに異なるNSGを関連付けた場合、特定のトラフィックを許可するためには両方のNSGに許可規則が存在する必要があります。

3 ネットワークセキュリティグループの作成と関連付け

NSGはAzure上で1つのリソースとして管理されるため、AzureポータルにはNSGの管理画面があります。Azureポータルのサービス一覧から［ネットワーキング］のカテゴリ内にある［ネットワークセキュリティグループ］をクリックすると、NSGの作成や管理を行うことができます。

作成時にはほかのリソースと同じようにリソースグループや名前などの指定が必要ですが、リソースへの関連付けはNSGの作成後に行う必要があります。Azureポータルでは、作成したNSGの管理画面で［ネットワークインターフェイス］または［サブネット］のメニューを使用すると、関連付けが実行できます。必要に応じて、1つのNSGを複数のネットワークインターフェイスまたはサブネットに関連付けることもできます。ただし、1つのネットワークインターフェイスあるいはサブネットに関連付けできるNSGは1つだけです。

また、NSGのリージョンとその関連付け先のリソースのリージョンは同じである必要があります。例えば、東日本リージョンに作成したNSGは、東日本リージョンの仮想ネットワークのサブネットには関連付けできますが、西日本リージョンの仮想ネットワーク

のサブネットには関連付けできません。これはネットワークインターフェイスの場合で
あっても同様です。

試験対策

NSGのリージョンとその関連付け先のリソースのリージョンは同じである必
要があります。

【サブネットへの関連付け】

参考

仮想マシンの作成時に、NSGを同時に作成することもできます。その場合、
作成したNSGは仮想マシンのネットワークインターフェイスに関連付けられ
た状態になります。

4 ネットワークセキュリティグループの規則の管理

　AzureポータルでNSGの規則を構成するには、NSGの管理画面で［受信セキュリティ
規則］または［送信セキュリティ規則］のメニューを使用します。表示される規則の内
容は異なりますが、どちらの画面も同じように操作が可能です。

　各画面で［追加］をクリックすると、新しい規則を追加できます。規則の追加画面では、
特定のトラフィックを制御するための条件の指定と、その条件に一致した場合のアク
ションとして許可または拒否を選択し、規則の優先度や名前を設定します。

【規則の追加】

　必要に応じて、受信セキュリティ規則の［ソース］では、IPアドレスやその範囲を直接的に指定する代わりに、**サービスタグ**を使用できます。サービスタグとは、特定のIPアドレスプレフィックスのグループを表すものであり、［Internet］や［Virtual Network］などの選択肢が用意されています。例えば、Webサーバーとしてインターネットに公開するための規則の作成時に［Internet］のサービスタグを選択することで、「インターネットからの通信」という送信元の指定を簡単に実現できます。なお、サービスタグは、送信セキュリティ規則の［宛先］でも同様に使用できます。

参考

使用可能なサービスタグの一覧や詳細については、以下のWebサイトを参照してください。
https://docs.microsoft.com/ja-jp/azure/virtual-network/service-tags-overview

5　アプリケーションセキュリティグループ

　NSGの規則では、送信元または宛先でIPアドレスやその範囲を指定する必要があります。仮想マシンの役割ごとにサブネットが分かれている場合には、NSGも役割ごとに作成して各サブネットに関連付けることで、そのサブネットに接続しているすべての仮想マシンで共通の規則を使用できます。

【仮想マシンの役割別のサブネット】

仮想ネットワーク

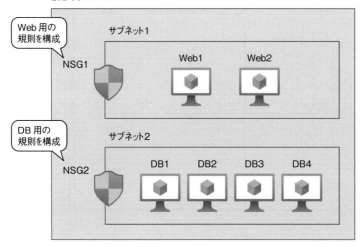

　しかし、1つのサブネットに役割の異なる複数の仮想マシンが混在している場合、NSGを個々の仮想マシンのネットワークインターフェイスに関連付ける方法でも、NSGをサブネットに関連付けて1つのNSGですべての規則を構成する方法でも、規則の管理が煩雑になりがちです。NSGを個々の仮想マシンのネットワークインターフェイスに関連付ける場合は役割ごとのNSGを準備する必要があり、仮想マシンの追加を行うたびにNSGの関連付けを行う必要があるため、NSG規則のメンテナンスがより煩雑になります。また、NSGをサブネットに関連付ける場合は、1つのNSGにすべての役割別の規則を記述する必要があります。そのため、規則の数が多くなるのに加え、仮想マシンの追加や削除のたびにNSGの修正も必要となります。

【サブネットに関連付けた1つのNSGですべての規則を構成】

仮想ネットワーク

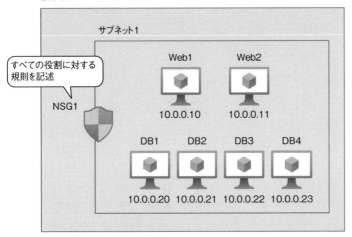

優先度	名前	送信元IP	送信元ポート	宛先IP	宛先ポート	プロトコル	アクション
300	Allow-Web1	Internet	任意	10.0.0.10	80	TCP	許可
301	Allow-Web2	Internet	任意	10.0.0.11	80	TCP	許可
400	Allow-DB1	10.0.0.10	任意	10.0.0.20	1433	TCP	許可
401	Allow-DB2	10.0.0.11	任意	10.0.0.21	1433	TCP	許可
402	Allow-DB3	10.0.0.10	任意	10.0.0.22	1433	TCP	許可
403	Allow-DB4	10.0.0.11	任意	10.0.0.23	1433	TCP	許可

　このようなシナリオで役立つのが、アプリケーションセキュリティグループ（以下、ASG）です。ASGは複数の仮想マシンのネットワークインターフェイスをグループ化したもので、作成したASGはNSGの規則の送信元および宛先として使用できます。つまり、同じ役割を持つ複数の仮想マシンのネットワークインターフェイスをグループ化することにより、アプリケーションの通信パターンに合わせたNSG設定が容易に実現できるため、NSGの管理において次のようなメリットが得られます。

・NSGの規則の数を削減できる
・特定の役割のサーバーが追加されてもNSGの規則を修正する必要がない
・個々の仮想マシンのIPアドレスを意識する必要がない

【ASGを用いたNSG規則の構成】

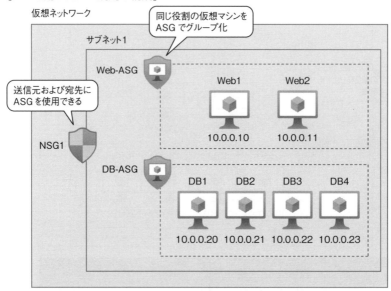

優先度	名前	送信元 IP	送信元 ポート	宛先 IP	宛先 ポート	プロトコル	アクション
300	Allow-Web	Internet	任意	Web-ASG	80	TCP	許可
400	Allow-DB	Web-ASG	任意	DB-ASG	1433	TCP	許可

試験対策　ASGの使用により得られるメリットを確認しておきましょう。

6 アプリケーションセキュリティグループの作成および管理

　ASGを使用するには、最初にASGを作成し、それを仮想マシンに設定する必要があります。AzureポータルからASGを作成するには、サービス一覧から［ネットワーキング］のカテゴリ内にある［アプリケーションのセキュリティグループ］をクリックし、[作成]をクリックします。その後に表示される画面で、リソースグループや名前などの必要な情報を入力します。

　次に、仮想マシンに対してASGの設定を行います。Azureポータルから行う場合は、仮想マシンの管理画面の［ネットワーク］のメニューをクリックし、［アプリケーションのセキュリティグループ］タブの［アプリケーションのセキュリティグループを構成］をクリックしてASGを選択します。なお、この画面で選択可能なASGは、仮想マシンに関連付けられたネットワークインターフェイスと同じリージョンのものに限られます。

【仮想マシンでのASGの設定】

　対象となるすべての仮想マシンでASGを設定した後で、ASGを利用したNSGの規則を作成します。NSGの規則の作成時に［ソース］または［宛先］で［Application security group］を選択すると、先ほどの手順で作成したASGを指定できます。このようにNSGの規則の中でASGを利用することにより、複数の仮想マシンを送信元または宛先とするトラフィック制御を1つの規則で構成できます。同じ役割のサーバーを追加した場合でも、その仮想マシンではASGの設定が必要ですが、NSGの規則を修正する必要はなく、追加した仮想マシンのIPアドレスをNSG内に指定する必要もありません。

6

【NSGの規則の中でASGを指定】

6-3 Azure Firewall

Microsoft Azureでは、ネットワークトラフィックを制御するためにAzure Firewallという
サービスも使用できます。
本節では、Azure Firewallの概要やネットワークセキュリティグループとの違い、Azure
Firewallの実装方法について説明します。

1 Azure Firewallの概要

　Azure Firewallは、Azure仮想ネットワークリソースを保護するクラウドベースのマ
ネージドネットワークセキュリティサービスです。高い可用性とスケーラビリティを備
えた、ステートフルなサービスとして機能します。
　前節ではNSGについて説明しましたが、NSGは仮想マシンのネットワークインター
フェイスまたはサブネットへの割り当てが可能な「パーソナルファイアウォール」のよ
うなAzureリソースです。したがって、NSGは仮想マシン単位やサブネット単位でのネッ
トワークフィルタリングに適しています。それに対してAzure Firewallは、異なるネッ
トワークの間に設置する「ネットワークファイアウォール」のようなサービスです。物
理ネットワーク上で使用されるアプライアンス型のネットワークファイアウォールのよ
うに、ネットワーク間で行われる通信の種類に基づいてトラフィックを制御できます。
したがって、仮想ネットワーク全体でのネットワークフィルタリングにはAzure
Firewallが適しています。

【NSGとAzure Firewallの違い】

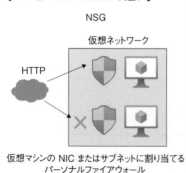

　また、Azure Firewallを利用すると、サブスクリプションと仮想ネットワークをまたいだアプリケーションとネットワークの接続ポリシーを一元的に作成、管理できます。例えば複数の仮想ネットワークが存在していても、それらの仮想ネットワークとインターネットとの間のトラフィックを一元的に制御できます。外部からの特定のトラフィックだけを許可したり、仮想ネットワークに接続された仮想マシンからインターネットに送信されるトラフィックを制御したりできます。さらに、オンプレミスのネットワークとVPNなどで接続することにより、オンプレミスのネットワークからインターネット宛に送信されるトラフィックについてもAzure Firewallを通すことができます。下図のようにAzure Firewallを中心としたハブスポーク型ネットワークトポロジを構成することで、複数のネットワーク間で送受信されるトラフィックを一元的に管理できます。

【Azure Firewallを用いたネットワーク構成】

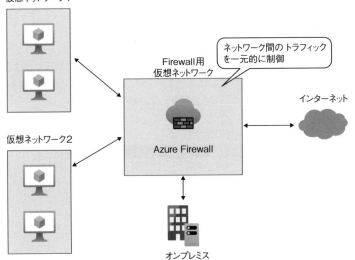

仮想ネットワーク1

Firewall用
仮想ネットワーク

ネットワーク間の トラフィック
を一元的に制御

インターネット

Azure Firewall

仮想ネットワーク2

オンプレミス

参考

Azure FirewallのSKUにはStandardとPremiumがあります。各SKUの機能の詳細については、以下のWebサイトを参照してください。
https://docs.microsoft.com/ja-jp/azure/firewall/features
https://docs.microsoft.com/ja-jp/azure/firewall/premium-features

2 Azure Firewallの実装手順

Azure Firewallを使用するには次の手順を行う必要があります。

【Azure Firewallの実装手順】

手順1	ネットワークインフラストラクチャの作成

▼

手順2	Azure Firewall のデプロイ

▼

手順3	ルートテーブルの作成とサブネットへの関連付け

▼

手順4	ファイアウォールポリシーおよび規則の作成

① ネットワークインフラストラクチャの作成

最初に、Azure Firewallをデプロイするための仮想ネットワークおよびサブネットを作成します。仮想ネットワーク名は任意ですが、サブネット名は「AzureFirewallSubnet」、アドレスプレフィックスは/26以下とする必要があります。

【仮想ネットワークおよびサブネットの作成】

なお、すでに仮想マシンなどが接続されている仮想ネットワーク上にAzure Firewallをデプロイすることもできますが、運用環境でのAzure Firewallのデプロイでは、ハブスポークモデルを採用し、専用の仮想ネットワーク上にファイアウォールを配置することが推奨されます。その場合は、仮想ネットワーク間で通信できるようにピアリングの構成も必要となります。ピアリングについては第7章で説明します。

試験対策　Azure Firewallの配置先となる仮想ネットワークのサブネット名は「Azure FirewallSubnet」、アドレスプレフィックスは/26以下とする必要があります。

 参考　次の手順であるAzure Firewallのデプロイ時に、新しい仮想ネットワークおよびサブネットを作成して使用することもできます。

② Azure Firewallのデプロイ

次に、Azure Firewallを作成します。Azureポータルでは、サービス一覧から［ネットワーキング］のカテゴリ内にある［ファイアウォール］をクリックすると、Azure Firewallを作成できます。Azure Firewallのデプロイ時には、デプロイ先となる仮想ネットワークおよびサブネットの選択のほか、後の手順で必要となるファイアウォールポリシーの作成やパブリックIPアドレスの関連付けの構成も行います。

【Azure Firewallのデプロイ】

Azure Firewallをデプロイした後は、そのAzure Firewallに割り当てられたプライベートIPアドレスとパブリックIPアドレスを確認します。これらのアドレス情報は、以降の手順で必要です。

【プライベートIPアドレスの確認】

【パブリックIPアドレスの確認】

③ ルートテーブルの作成とサブネットへの関連付け

Azure Firewallをデプロイした後は、ルートテーブルを作成します。ルートテーブルがないとネットワーク間の通信が直接的に行われてしまうためです。例えば、仮想マシンからインターネットへの送信について、既定ではシステムルートに従って直接送信されてしまいAzure Firewallを経由しません。そのため、このような通信がAzure Firewall経由でインターネットに送信されるようにルートテーブルを作成します。

【Azure Firewall経由になるように通信経路を変更】

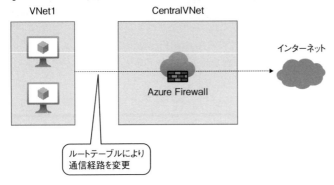

Azureポータルでは、サービス一覧から［ネットワーキング］のカテゴリ内にある［ルートテーブル］をクリックすると、ルートテーブルが作成できます。作成後は、ルートテーブルの［ルート］のメニューで［追加］をクリックし、ルートの構成を行います。ルートの追加画面では［ネクストホップの種類］で［仮想アプライアンス］を選択してAzure FirewallのプライベートIPアドレスを指定することにより、Azure Firewall経由にすることができます。例えば、デフォルトルートをAzure Firewall経由にしたい場合には、次の画面のようにルートテーブルを構成します。

【ルートの追加】

ルートを構成できたら、仮想マシンが接続している仮想ネットワークとサブネットでそのルートテーブルが使用されるように関連付けを行います。この関連付けにより、仮想マシンからインターネット宛に通信するときはAzure Firewallを経由するように通信経路が変更されます。なお、ルートテーブルの詳細については、第8章で説明します。

④ ファイアウォールポリシーと規則の作成

Azure Firewallを介して行われる通信は、通常のファイアウォールと同じように規則（ルール）を構成して制御します。規則はファイアウォールポリシー内で定義す

るため、Azure Firewallのデプロイ時に作成または選択したファイアウォールポリシーで規則を構成します。ファイアウォールポリシーの管理画面は、Azure Firewallの管理画面の［概要］のメニュー内のリンクからアクセスできます。ファイアウォールポリシーの構成により、Azure Firewallを介したネットワークトラフィックが、規則で指定した送信元や宛先およびアクションに基づいて制御されます。

Azure Firewallの実装手順の流れと、各手順の内容を確認しておきましょう。

3　ファイアウォールポリシーおよび規則

　ファイアウォールポリシーで作成する規則は、規則コレクションと呼ばれる種類ごとに管理されます。規則コレクションとは、種類が同じ規則の集まりです。ファイアウォールポリシーで構成できる規則は3種類あり、規則コレクションはその種類と優先順位に基づいて処理されます。優先順位は100から65000までであり、低い数字から高い数字の順番で処理されます。なお、既定ではいずれの種類の規則および規則コレクションも構成されておらず、すべてのトラフィックが拒否されます。

●ネットワーク規則

　　アウトバウンドとインバウンドの両方の通信で使用される規則です。TCP、UDP、ICMPまたは任意のIPプロトコルとポート番号を指定し、条件に一致したネットワークトラフィックを許可または拒否できます。

　　ネットワーク規則を構成するには、［ネットワーク規則］のメニューで［規則コレクションの追加］をクリックします。規則コレクションの管理画面では、［ソース］や［ターゲット］として、IPアドレス、サービスタグ、FQDNなどを指定できます。例えば、名前解決のためのアウトバウンド通信を許可する場合には、［プロトコル］で［UDP］を選択し、［宛先ポート］で［53］を指定して規則を作成します。

【ネットワーク規則の構成】

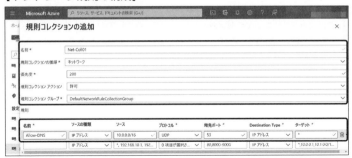

●アプリケーション規則

　アウトバウンド通信で使用される規則です。HTTP、HTTPS、またはMSSQLの
いずれかのプロトコルと、仮想ネットワークおよびサブネットからアクセス可能
な宛先を完全修飾ドメイン名 (FQDN) で指定して定義します。ただし、ネットワー
ク規則とアプリケーション規則が構成されている場合は、ネットワーク規則より
も後に適用されるため、パケットがネットワーク規則のいずれかの規則に一致し
た場合はアプリケーション規則の評価は行われません。したがって、プロトコル
がHTTP、HTTPS、またはMSSQLの場合で、なおかつ、一致するネットワーク規
則が存在しなかった場合のみ、パケットはアプリケーション規則によって評価さ
れます。

　アプリケーション規則を作成するには、[アプリケーション規則]のメニューで
[規則コレクションの追加]をクリックします。例えば、仮想ネットワークおよび
サブネットからWebアクセス可能な宛先をマイクロソフトのWebサイト (*.
microsoft.com) だけに制限したい場合には、[Destination Type]で[FQDN]を
選択し、ターゲットにそのFQDNを指定します。

6

【アプリケーション規則の構成】

[Destination Type]にはFQDNのほか、FQDNタグを指定することもできます。FQDNタグは、よく使われるマイクロソフトのサービスに関連する複数のFQDNを1つのグループにまとめたものです。FQDNタグの詳細については、以下のWebサイトを参照してください。

https://docs.microsoft.com/ja-jp/azure/firewall/fqdn-tags

アプリケーション規則は、受信トラフィックには適用されません。そのため、インバウンドHTTPおよびHTTPSトラフィックをフィルター処理する場合は、Webアプリケーションファイアウォール（WAF）を使用する必要があります。Webアプリケーションファイアウォールの詳細については、以下のWebサイトを参照してください。

https://docs.microsoft.com/ja-jp/azure/web-application-firewall/overview

●DNAT（宛先ネットワークアドレス変換）規則

　インバウンド通信に対して使用される規則です。DNAT規則を構成すると、受信トラフィックのアドレス変換とフィルタリングを実行できます。この規則では、ファイアウォールのパブリックIPアドレスとパブリックポートを、特定のプライベートIPアドレスとプライベートポートに変換します。そのため、仮想マシンが使用するIPアドレスを隠蔽しつつRDPやSSHを許可したい場合や、HTTP、HTTPS以外を使用するアプリケーションなどをインターネットに公開する場合に役立ちます。

　DNAT規則を作成するには、[DNAT規則]のメニューで[規則コレクションの追加]をクリックします。例えば、Azure Firewallを介して仮想マシンにRDP接続できるようにしたい場合は、Azure FirewallのパブリックIPアドレスと特定のポート番号宛に行われる通信を、特定の仮想マシンのプライベートIPアドレスとポート番号3389宛に変換します。これにより外部からはAzure Firewallにアクセスする形となり、仮想マシンが使用するIPアドレスを隠蔽できます。

【DNAT規則の構成】

　DNAT規則はネットワーク規則よりも優先的に適用され、また、DNAT規則によって変換されたトラフィックを許可するネットワーク規則は自動で追加されます。そのため、セキュリティ上、DNATアクセスを許可するときは特定のインターネットソースを使用し、ワイルドカードは使用しないようにすることが推奨されます。

試験対策

DNAT規則によって、ファイアウォールのパブリックIPアドレスとパブリックポートを、特定のプライベートIPアドレスとプライベートポートに変換できます。

6

6-4 Azure DNS

Microsoft Azureには、名前解決を提供するDNSのサービスがあります。
本節では、DNSサービスの概要や用途、利用方法などについて説明します。

1 Azure DNSの概要

Azureには、名前解決のために使用可能なDNSサービスとしてAzure DNSがあります。
Azure DNSは、ドメインのホスティングサービスであり、Microsoft Azureインフラストラクチャを使用した名前解決を提供します。
Azure DNSでは、大きく分けると次の2つの目的のために使用できます。

●外部の名前解決

インターネット上の名前解決を目的とする使い方です。Azureでは**DNSゾーン**を作成して組織が所有しているドメインのホスティングを行い、レコードを管理することができます。

なお、Azure DNSでドメイン名を購入することはできません。ドメインの購入そのものは、App Serviceドメインまたはサードパーティのドメインレジストラーを利用する必要があります。Azure DNSはドメインレジストラーではなく、ほかの手段によって購入したドメインをホスティングするためのサービスです。

●内部の名前解決

仮想ネットワーク上の名前解決を目的とする使い方です。Azureでは**プライベートDNSゾーン**を作成してレコードを登録すると、仮想ネットワークにおけるドメイン名の管理と名前解決を行うことができます。つまり、BINDやDNSを実装した仮想マシンなどを構成しなくても、プライベートDNSゾーンの使用によって1つまたは複数の仮想ネットワーク上での仮想マシンの名前解決が提供されます。

【Azure DNSの2つの用途】

DNS ゾーンによる
インターネット上の名前解決

プライベート DNS ゾーンによる
仮想ネットワーク上の名前解決

DNS

Azure DNS

2　DNSゾーンの作成と管理

　インターネット上の名前解決を目的とする場合は、DNSゾーンを作成します。Azure
ポータルでは、サービス一覧から［ネットワーキング］のカテゴリ内にある［DNSゾーン］
をクリックすると、DNSゾーンの作成や管理を行うことができます。新しいDNSゾーン
を作成するには［作成］をクリックし、所有するドメイン名を［名前］で指定して作成
します。

　DNSゾーンの作成が完了したら、そのDNSゾーンの［概要］のメニューで［レコード
セット］をクリックし、レコードの作成を行います。Azure DNSでは、一般的なDNSレ
コードであるA、AAAA、CAA、CNAME、MX、NS、PTR、SOA、SRV、TXTをす
べてサポートしています。レコードの作成に必要な情報は、選択したレコードの種類に
よって異なります。例えば、一般的に使用されるAレコードの場合には、名前のほかに
TTL（Time to Live）やIPアドレスなどの指定が必要です。

【DNSゾーンでのレコードセットの追加】

3　DNS委任

　Azure DNSではDNSゾーンをホストし、ドメインのDNSレコードを管理できます。
しかし、それだけではインターネット上の名前解決は行われません。ドメインに対する
DNSクエリがAzure DNSに到達するには、ドメインが親ドメインからAzure DNSに委
任される必要があります。

　DNSの委任とは、親ドメインが子ドメインに対し、一部のドメインの管理を任せるこ
とです。所有するドメインを自分で管理するには、DNSの上位階層となる親ドメインか
らDNSの委任を受ける必要があります。例えば、「arai.com」というドメインを管理する
場合は、その親ドメインである「com」からの委任を受ける必要があります。委任により、

そのドメインを含む配下のDNSツリー構造を委任先の管理者が自由に管理可能になり、インターネット上でのそのドメインの名前解決要求には該当するゾーンおよびレコードの情報が使用されるようになります。

【DNSの委任】

```
                           ルート
                            ●
              ●            ●            ●
             com          jp           net
        ●        ●      ●        ●
       arai     test    co       ad
```

> 委任により、そのドメインを含む配下のDNSツリー構造を委任先の管理者が自由に管理できるようになる

　具体的には、親ドメインのゾーンでAzure DNSを参照するNSレコードを作成する必要がありますが、そのためのNSレコード追加そのものはドメインの販売元であるドメインレジストラーによって行われます。つまり、Azure DNSのゾーンをホストする4つのネームサーバーの情報をドメインレジストラーに連絡し、そのドメインの名前解決要求では、それらのAzure DNSゾーン内の情報が参照されるようにNSレコードを登録してもらう必要があるのです。Azure DNSでは、障害の分離と復元性の向上のために各DNSゾーンに4つのネームサーバーが割り当てられるため、Azure DNSのSLAを満たすには4つすべてのネームサーバーに対する委任が必要です。Azure DNSゾーンをホストするネームサーバーの情報は、DNSゾーン管理画面の［概要］をクリックして確認できます。

【委任のためのネームサーバーの確認】

試験対策 Azure DNSゾーン内の情報がインターネット上の名前解決で使用されるためには委任が必要です。委任を受けるにはAzure DNSの4つのネームサーバーの情報をドメインレジストラーに連絡してNSレコードを登録してもらう必要があります。

4 プライベートDNSゾーン

　Azure DNSでは、インターネット上の名前解決を行うためのDNSゾーンだけでなく、プライベートDNSゾーンもサポートされます。プライベートDNSゾーンを使用すると、仮想ネットワーク内および仮想ネットワーク間での名前解決を実現できます。そのため、従来のオンプレミスのように独自のDNSサーバーなどを使用しなくても、ネイティブのAzureインフラストラクチャを使用してDNSゾーン管理を実行できます。プライベートDNSゾーンでも、A、AAAA、CNAME、MX、PTR、SOA、SRV、TXTなどのDNSレコードがサポートされており、名前解決に必要なレコードをゾーン内に作成して管理が可能です。なお、プライベートDNSゾーンは仮想ネットワーク内部の名前解決用に設計されているため、パブリックのAzure DNSゾーンとは異なり、独自のカスタムドメイン名を自由に使用できます。

●単一の仮想ネットワーク内での名前解決

　最も基本的な名前解決のシナリオは、単一の仮想ネットワーク内での使用です。例えば、いくつかの仮想マシンが接続された単一の仮想ネットワークがあり、その仮想ネットワーク内の仮想マシン同士の通信において名前解決を提供したい場合に、プライベートDNSゾーンが役立ちます。プライベートDNSゾーン内の情報を使用して名前解決ができるように仮想ネットワークを構成するには、プライベートDNSゾーンを仮想ネットワークに関連付ける必要があります。これにより、その仮想ネットワークに接続された仮想マシンがプライベートDNSゾーンを参照できるようになり、仮想ネットワーク上で名前を用いた通信が可能になります。

6

【単一の仮想ネットワーク内での名前解決】

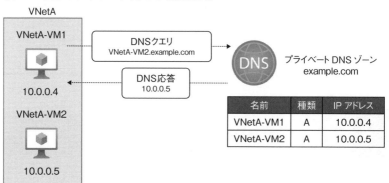

なお、仮想ネットワークをプライベートDNSゾーンに関連付ける際には、「解決仮想ネットワーク」または「登録仮想ネットワーク」のいずれかの関連付け方法を選択します。この2つの関連付け方法の違いは、レコードが動的登録されるかどうかです。解決仮想ネットワークとして関連付けた場合は動的登録が行われないため、管理者が手動でレコードを管理する必要があります。一方、登録仮想ネットワークとして関連付けた場合は、その仮想ネットワークに接続する仮想マシンのレコードがプライベートDNSゾーンに動的登録されます。そのため、管理者が手動で仮想マシンのレコードの追加や変更を行う必要がなくなり、管理コストを軽減できます。なお、登録仮想ネットワークとして関連付けた場合であっても手動でのレコード管理は可能であるため、必要に応じて動的登録されたレコードをオーバーライドする同名のレコードを作成したり、不要なレコードを削除することは可能です。

【登録仮想ネットワークの場合は仮想マシンのレコードを動的登録】

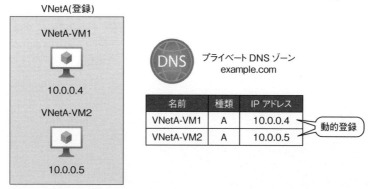

試験対策　登録仮想ネットワークとして関連付けた場合は、その仮想ネットワークに接続された仮想マシンのレコードがプライベートDNSゾーンに動的登録されます。

参考　1つの仮想ネットワークを複数のプライベートDNSゾーンに関連付けることも可能です。ただし、1つの仮想ネットワークを複数のプライベートDNSゾーンに関連付ける場合、登録仮想ネットワークとして関連付けできるのは1つのプライベートDNSゾーンに限定されます。

●仮想ネットワーク間での名前解決

　複数の仮想ネットワークがある場合でも、プライベートDNSゾーンを使用すると、それらの仮想ネットワーク間で名前解決が可能になります。このシナリオでは、複数の仮想ネットワークで共通のDNSゾーンを参照するため、これを実現するために1つのプライベートDNSゾーンに複数の仮想ネットワークの関連付けができるようになっています。例えば、次図のようにVNetAとVNetBを1つのプライベートDNSゾーンに関連付けると、仮想ネットワーク間で仮想マシンの名前解決が可能になります。プライベートDNSゾーンではリージョンを超えた仮想ネットワーク間の名前解決がサポートされているため、VNetAとVNetBが異なるリージョンにあっても問題ありません。

【仮想ネットワーク間での名前解決】

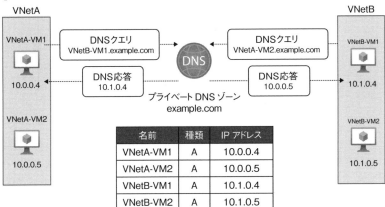

仮想ネットワーク間の名前解決はプライベートDNSゾーンの関連付けによって実現できますが、異なる仮想ネットワーク間での相互通信にはピアリングが必要です。ピアリングについては第7章で説明します。

5 プライベートDNSゾーンの作成と管理

　Azureポータルでは、サービス一覧から［ネットワーキング］のカテゴリ内にある［プライベートDNSゾーン］をクリックすると、プライベートDNSゾーンの作成や管理を行うことができます。新しいプライベートDNSゾーンを作成するには［作成］をクリックし、リソースグループや名前を指定して作成します。

　プライベートDNSゾーンの作成が完了したら、そのプライベートDNSゾーンの［概要］のメニューで［レコードセット］をクリックし、レコードを作成します。レコードの管理方法はAzure DNSゾーンと同じです。選択したレコードの種類によって必要な情報を入力してレコードを作成します。なお、後の手順で登録仮想ネットワークとして関連付ける場合は仮想マシンのレコードが自動的に作成されるため、仮想マシンのレコード作成は不要です。

【プライベートDNSゾーンでのレコードセットの追加】

　名前解決のための必要なレコードセットを追加したら、そのプライベートDNSゾーンを参照する仮想ネットワークとの関連付けを行います。これには、プライベートDNSゾーンの管理画面の［仮想ネットワークリンク］のメニューで［追加］をクリックします。関連付けの設定には、任意のリンク名の入力と、サブスクリプションおよび仮想ネットワークの選択が必要です。また、［自動登録を有効にする］のチェックボックスをオンにすると登録仮想ネットワークとして関連付けが行われて、その仮想ネットワーク上の仮想マシンのレコードが自動的に作成されます。

【仮想ネットワークリンクの追加】

　なお、レコードの動的登録は仮想マシンが起動されている場合に行われます。したがって、停止状態の仮想マシンのレコードは関連付けの直後には作成されません。次回の仮想マシンの起動時に動的登録によってレコードが作成されます。

演習問題

1 あなたが使用するMicrosoft Azure環境には1つのサブスクリプションがあり、VNet1という仮想ネットワークがあります。VNet1には、Windows仮想マシンのVM1が接続されています。VM1のプライベートIPアドレスとして10.0.0.4という値が設定されていますが、この値を10.0.0.200に変更したいと考えています。行うべき操作として最も適切なものはどれですか。

    A.　VM1にRDP接続を行い、コントロールパネルからIPアドレスの設定を変更する

    B.　VM1に関連付けられたネットワークインターフェイスで、割り当ての設定を[静的]に変更する

    C.　VM1にRDP接続を行い、netshコマンドでIPアドレス設定を変更する

    D.　VNet1のサブネットの設定を変更し、割り当てるアドレス範囲の開始番号を変更する

2 あなたが使用するMicrosoft Azure環境には1つのサブスクリプションがあります。あなたは仮想マシンを作成する予定ですが、その仮想マシンでは次の要件を満たす必要があります。

・Webサーバーとして構成し、インターネットからアクセスできる必要がある
・可用性ゾーンを構成する

可能な限り、コストは最小限に抑える必要があります。行うべき操作として適切なものはどれですか。

    A.　BasicのSKUでパブリックIPアドレスを作成し、仮想マシンの作成時にパブリックIPアドレスとの関連付けを行う

    B.　BasicのSKUでパブリックIPアドレスを作成し、仮想マシンの作成時にプライベートIPアドレスを削除してパブリックIPアドレスとの関連付けを行う

    C.　StandardのSKUでパブリックIPアドレスを作成し、仮想マシンの作成時にパブリックIPアドレスとの関連付けを行う

    D.　StandardのSKUでパブリックIPアドレスを作成し、仮想マシンの作成時にプライベートIPアドレスを削除してパブリックIPアドレスとの関連付けを行う

3 あなたが使用するMicrosoft Azure環境には1つのサブスクリプションがあります。Azure環境では、VM1というWindows仮想マシンが実行されており、VM1にはパブリックIPアドレスが割り当てられています。VM1は夜間は停止するように運用されていますが、起動時に前回とアドレス値が変わっていることに気づきました。翌日に起動してもパブリックIPアドレスの値が変わらないように構成する必要がある場合、行うべき操作として適切なものはどれですか。

A. パブリックIPアドレスのSKUを変更する

B. ネットワークインターフェイスのリソースで、割り当て設定を静的に変更する

C. パブリックIPアドレスとネットワークインターフェイスとの関連付けを解除する

D. パブリックIPアドレスのリソースで、割り当て設定を静的に変更する

4 あなたは、ネットワークセキュリティグループ（NSG）を作成し、ネットワークトラフィックを制御しようと考えています。NSGの関連付け先として選択可能なものはどれですか（2つ選択）。

A. 仮想ネットワーク

B. サブネット

C. ネットワークインターフェイス

D. パブリックIPアドレス

6

5 あなたが使用するMicrosoft Azure環境には1つのサブスクリプションがあります。Azure環境にはNSG1というネットワークセキュリティグループ（NSG）があり、NSG1では次のような受信の規則が構成されています。

優先度	名前	ポート	プロトコル	ソース	宛先	アクション
100	Deny-HTTP	80	TCP	任意	任意	拒否
200	Allow-HTTP	80	TCP	Internet	任意	許可
65000	AllowVnetInBound	任意	任意	VirtualNetwork	Virtual Network	許可
65001	AllowAzureLoad BalancerInBound	任意	任意	Azure LoadBalancer	任意	許可
65500	DenyAllInBound	任意	任意	任意	任意	拒否

NSG1が使用される場合の受信トラフィックの動作の説明として適切なものはどれですか（2つ選択）。

A. インターネットからのHTTPトラフィックは許可される
B. 仮想ネットワークからのHTTPトラフィックは許可される
C. 送信元を問わず、すべてのHTTPトラフィックは拒否される
D. インターネットからのRDPトラフィックは許可される
E. 仮想ネットワークからのRDPトラフィックは許可される
F. 送信元を問わず、すべてのRDPトラフィックは拒否される

6 アプリケーションセキュリティグループ（ASG）に関する説明として、誤っているものはどれですか。

A. アプリケーションの通信パターンに合わせたNSG設定が容易になる
B. 同じ役割を持つ複数の仮想マシンのネットワークインターフェイスをグループ化できる
C. ASGはNSGの規則の送信元および宛先として使用できる
D. アプリケーション通信の暗号化を実装できる

7 あなたが使用するMicrosoft Azure環境には1つのサブスクリプションがあります。Azure環境で実行されるVM1という仮想マシンについて、インターネットから受信できるトラフィックをHTTPのみに制限したいと考えています。これを実現するための適切なソリューションはどれですか（2つ選択）。

    A.   ネットワークセキュリティグループ（NSG）

    B.   ピアリング

    C.   Azure Firewall

    D.   アプリケーションセキュリティグループ（ASG）

8 あなたが使用するMicrosoft Azure環境には1つのサブスクリプションがあります。あなたはこれからAzure Firewallを実装しようとしており、Azure Firewallの配置先となる仮想ネットワークとサブネットを作成します。あなたはAZFW-VNetという名前の仮想ネットワークを作成しました。AZFW-VNet内に作成するサブネット名として適切な名前はどれですか。

    A.   default

    B.   AZFW-Subnet

    C.   AzureFirewallSubnet

    D.   AZFW-AzureFirewallSubnet

9 あなたが使用するMicrosoft Azure環境には1つのサブスクリプションがあります。Azure環境上にはVM1というWindows仮想マシンがあります。あなたはAzure Firewallを構成し、インターネットからVM1へのRDP接続ができるよう構成したいと考えています。ただし、仮想マシンが使用するIPアドレスは隠蔽し、インターネットからはAzure Firewall宛にアクセスを行う必要があります。このシナリオのために使用するAzure Firewallの規則の種類として適切なものはどれですか。

    A.   ネットワーク規則

    B.   アプリケーション規則

    C.   ネットワーク規則およびアプリケーション規則

    D.   DNAT規則

6

10 あなたが使用するMicrosoft Azure環境には1つのサブスクリプションがあります。あなたはドメインレジストラーから新しくcontoso.comというドメインを取得し、Azure DNSを使用してcontoso.comという名前のDNSゾーンを作成しました。あなたは、インターネット上でのcontoso.comの名前解決要求でDNSゾーン内の情報が参照されるように構成する必要があります。ドメインレジストラーに連絡すべき情報として最も適切なものはどれですか。

    A.　4つのネームサーバー

    B.　4つのうちのいずれか2つのネームサーバー

    C.　4つのうちのいずれか1つのネームサーバー

    D.　ネームサーバー1として登録されたネームサーバー

11 あなたが使用するMicrosoft Azure環境には1つのサブスクリプションがあります。また、Azure環境内にはVNet1という仮想ネットワークがあり、VNet1にはいくつかの仮想マシンが接続されています。あなたは、Azure DNSを使用して、次の要件を満たす環境を作成する必要があります。

・VNet1内の仮想マシン同士で行われる通信で名前解決ができるようにする

・管理負荷を抑えるために、仮想マシンのレコードは自動的に作成や変更が行われるようにする

行うべき操作として最も適切なものはどれですか(2つ選択)。

    A.　VNet1を解決仮想ネットワークとして関連付ける

    B.　VNet1を登録仮想ネットワークとして関連付ける

    C.　プライベートDNSゾーンを作成する

    D.　パブリック用のDNSゾーンを作成する

解答

1 B

仮想マシンのプライベートIPアドレスを変更したい場合、その仮想マシンに関連付けられたネットワークインターフェイスで割り当ての設定を［静的］に変更し、IPアドレスを指定します。
仮想ネットワークのサブネットにはアドレス範囲の設定はありますが、割り当てるアドレス範囲の開始番号などを指定することはできません。また、仮想マシンのOS内でIPアドレスを変更する操作は行うべきではありません。

2 C

インターネットから仮想マシンにアクセスできるようにするには、パブリックIPアドレスが必要です。また、仮想マシンで可用性ゾーンを使用するには、パブリックIPアドレスのSKUがStandardである必要があります。
プライベートIPアドレスは必須のアドレスであり、パブリックIPアドレスだけを持つ仮想マシンを作成することはできません。

3 D

既定の設定である動的割り当てでは仮想マシンを停止するとアドレス値がリリースされるため、次に起動したときに割り当てられるアドレス値が前回とは異なる可能性が高くなります。同じパブリックIPアドレス値を保持するには、パブリックIPアドレスの割り当て方法を静的に変更する必要があり、その変更はパブリックIPアドレスのリソースの設定画面から行うことができます。
SKUは機能や性能を表す管理単位であり、パブリックIPアドレスの割り当て方法とは別のパラメーターです。ネットワークインターフェイスのリソースではプライベートIPアドレスの割り当て設定は変更できますが、パブリックIPアドレスの割り当て設定は変更できません。また、動的から静的への変更時に、パブリックIPアドレスとネットワークインターフェイスとの関連付けを解除する必要はありません。

4 B、C

NSGは、ネットワークインターフェイスまたはサブネットに関連付けて使用することができます。仮想ネットワークやパブリックIPアドレスへの関連付けはできません。

5　C、E

NSGの規則は優先度順にチェックされます。ただし、より高い優先度の規則で指定した条件に一致した場合、その規則よりも低い優先度の規則は使用されません。HTTPのトラフィックについては、ソースが［任意］と指定されたDeny-HTTPの規則に一致するので、送信元を問わずにすべて拒否されます。RDPのトラフィックについては、ソースがインターネットである場合はDenyAllInBoundの規則によって拒否されますが、ソースが仮想ネットワークであればAllowVnetInBoundの規則によって許可されます。

6　D

ASGでは複数の仮想マシンのネットワークインターフェイスをグループ化して、NSGの規則の送信元および宛先として使用できます。それにより、アプリケーションの通信パターンに合わせたNSG設定が容易に実現できるというメリットがあります。
ASGは、アプリケーション通信の暗号化を実装するためのものではありません。

7　A、C

NSGまたはAzure Firewallのいずれかを使用することで、インターネットから受信可能なトラフィックをHTTPのみに制限できます。NSGは仮想マシンのネットワークインターフェイスまたはサブネットに割り当てて通信制御するのに対し、Azure Firewallは異なるネットワーク間で行われる通信を一元的に制御するという違いがあります。
ピアリングは異なる仮想ネットワーク間で通信ができるようにするための設定であり、ASGはアプリケーションの通信パターンに合わせたNSG設定を簡素化するために使用するものです。どちらも今回のシナリオでの使用は適していません。

8　C

Azure Firewallをデプロイする場合、Azure Firewallの配置先となる仮想ネットワークのサブネット名は「AzureFirewallSubnet」である必要があります。その他の名前のサブネットを選択してAzure Firewallをデプロイすることはできません。

9　D

DNAT規則では、Azure FirewallのパブリックIPとパブリックポート宛に行わ

れる通信を、特定のプライベートIPとプライベートポート宛に変換します。
これにより、外部からはAzure Firewall宛にアクセスを行うことになり、仮
想マシンが使用するIPアドレスを隠蔽できます。
ネットワーク規則ではIPアドレスやポート番号を指定して通信を制御する
ことはできますが、仮想マシンのIPアドレスは隠蔽できません。アプリケー
ション規則はアウトバウンド通信で使用される規則であり、HTTP、HTTPS、
MSSQLのいずれかのプロトコルとアクセス可能なFQDNを指定して定義し
ます。

10　A

Azure DNSゾーン内の情報がインターネット上の名前解決で使用されるた
めには委任が必要です。Azure DNSでは、障害の分離と復元性の向上のた
めに各DNSゾーンに4つのネームサーバーが割り当てられるため、Azure
DNSのSLAを満たすためには4つすべてのネームサーバーに委任する必要が
あります。

11　B、C

仮想ネットワーク内の仮想マシン同士の通信において名前解決を行いたい
場合、プライベートDNSゾーンを作成する必要があります。また、プライベー
トDNSゾーン内の情報を使用して名前解決するには仮想ネットワークを関
連付ける必要がありますが、仮想マシンのレコードを動的に登録するには
登録仮想ネットワークとして関連付ける必要があります。解決仮想ネット
ワークとして関連付けた場合には、管理者は手動ですべてのレコードを管
理する必要があります。
パブリック用のDNSゾーンは、インターネット上の名前解決を目的として
使用するものです。

6

第7章

サイト間接続

7-1 ピアリング

Microsoft Azureの仮想ネットワークは、ピアリングという設定によって異なる仮想ネットワークとの接続ができます。
本節では、ピアリングの概要や設定方法、設定時のオプションについて説明します。

1 ピアリングの概要

　6-1節では仮想ネットワークを使用した基本的なネットワーク接続について扱い、異なる仮想ネットワーク間は既定では通信できないことを説明しました。各仮想ネットワークは独立しているため、仮想ネットワークを複数作成すればネットワークの分離が可能ですが、構成するシステムやアプリケーションによっては異なる仮想ネットワーク間の通信を行いたい場合も考えられます。

　ピアリングという設定を使用すると、Azure上の2つ以上の仮想ネットワークをシームレスに接続できます。「ピア（peer）」という英単語には「仲間」や「同等」などの意味があり、異なる仮想ネットワークを仲間として接続するのがピアリングです。ピアリングされた仮想ネットワーク同士は、リージョン内ネットワークまたはマイクロソフトのバックボーンネットワークによって接続されるため、待機時間の短い広帯域幅の接続が可能です。

【ピアリングによる2つの仮想ネットワークの接続】

　Azureでは、次の種類のピアリングがサポートされています。

●仮想ネットワークピアリング

　同じリージョン内の仮想ネットワークを接続するピアリングの種類です。例えば、VNet1とVNet2が両方とも東日本リージョン内に存在する場合に、その2つの

仮想ネットワークを接続するために使用されます。

●グローバル仮想ネットワークピアリング

　異なるリージョン間の仮想ネットワークを接続するピアリングの種類です。例えば、東日本リージョンに存在するVNet2と西日本リージョンに存在するVNet3がある場合に、この2つの仮想ネットワークを接続するために使用されます。

2　ピアリングの特徴

　ピアリングされた複数の仮想ネットワークは見かけ上1つのネットワークのように機能し、同じネットワーク内の仮想マシン間のトラフィックと同様に、トラフィックがプライベートネットワークを介してルーティングされます。つまり、異なる仮想ネットワークに接続された仮想マシン同士が、お互いプライベートIPアドレスを使用して自由に通信できるようになります。

　ピアリングとその設定は非常にシンプルであり、簡単な操作で異なる仮想ネットワークを接続することができます。ただし、ピアリングを行うためには、いくつかの特徴や要件に加え、設定の注意点を理解しておく必要があります。

●待機時間の短い広帯域幅の接続が可能

　ピアリングされた仮想ネットワーク同士は、リージョン内ネットワークまたはマイクロソフトのバックボーンネットワークによって接続されます。そのため、パブリックインターネットやゲートウェイなどを必要とせず、待機時間の短い広帯域幅での接続ができます。

●異なるサブスクリプション間や異なるテナント間でのピアリングも可能

　異なるリージョン間でのピアリングのほか、異なるサブスクリプションに存在する仮想ネットワークとのピアリングや、異なるテナントに存在する仮想ネットワークとのピアリングを行うこともできます。

異なるサブスクリプションや異なるテナントでのピアリングも構成可能です。

異なるサブスクリプションや異なるテナントでのピアリング設定には、各サブスクリプションでピアリングを作成するためのアクセス許可を与えるなどの追加設定が必要です。これらのシナリオでの設定方法の詳細については、以下のWebサイトを参照してください。

https://docs.microsoft.com/ja-jp/azure/virtual-network/create-peering-different-subscriptions

●アドレス空間は重複してはいけない

　2つの仮想ネットワークのアドレス空間が重複している場合は、ピアリングで接続できません（ピアリングを構成しないのであれば、アドレス空間が重複する仮想ネットワークが存在していても問題ありません）。仮想ネットワークの作成時に指定するアドレス空間がほかの仮想ネットワークと重複している場合、その旨を示す警告が表示されます。

【仮想ネットワーク作成時でのアドレス空間の重複を示す警告】

　仮想ネットワークのアドレス空間については、6-1節で解説しています。

アドレス空間が重複している2つの仮想ネットワークをピアリングで接続することはできません。

●原則として方向ごとのピアリングの設定が必要

ピアリングの設定は原則として、2つの仮想ネットワークの方向ごとに必要です。例えば、VNet1とVNet2をピアリングで接続したい場合、「VNet1からVNet2に接続するための設定」と「VNet2からVNet1に接続するための設定」の両方が必要です。このように原則として方向ごとのピアリングの設定が必要ですが、現在のAzureポータルでは1つの画面操作によって各方向のピアリング設定を作成できます。

【方向ごとのピアリング設定】

●ピアリングの設定は推移しない

ピアリングの設定は明示的に指定した2つの仮想ネットワーク間でのみ有効であり、推移しません。例えば、次の仮想ネットワーク間のピアリングを作成したとします。

・VNet1とVNet2を接続するピアリング
・VNet2とVNet3を接続するピアリング

この場合、VNet1とVNet3で通信ができるようになるわけではありません。VNet1とVNet3が通信できるようにしたい場合は、VNet1とVNet3の間で明示的なピアリングを作成するか、またはVNet2をハブ仮想ネットワークとして構成して、これを介して通信する必要があります。

試験対策　ピアリングの設定は推移しないため、通信したい2つの仮想ネットワークで明示的に設定する必要があります。

7

3　ピアリングの設定

ピアリングの設定は、仮想ネットワークに対して行います。Azureポータルでは、仮想ネットワークの管理画面で任意の仮想ネットワークを選択し、［ピアリング］の設定メニューの［追加］をクリックして構成します。ピアリングは異なる2つの仮想ネットワー

クを接続しますが、その2つのどちらの仮想ネットワークの管理画面からでも構成でき
ます。つまり、VNet1とVNet2をピアリングする場合、VNet1の［ピアリング］の設定
メニューを使用しても、VNet2の［ピアリング］の設定メニューを使用しても構いません。
また、同じリージョン内での仮想ネットワークピアリングでも、異なるリージョン間で
の接続であるグローバル仮想ネットワークピアリングでも、操作や設定は共通です。

　ピアリングの追加画面では、ピアリングリンク名や接続先の仮想ネットワークを選択
し、ピアリングの設定を行います。ピアリングリンクとは、ピアリング設定の定義です。
ピアリングは原則として方向ごとの設定が必要になるため、［この仮想ネットワーク］
に対するピアリングリンク名と、［リモート仮想ネットワーク］に対するピアリングリ
ンク名をそれぞれ設定します。

【［この仮想ネットワーク］に対するピアリングリンクの設定】

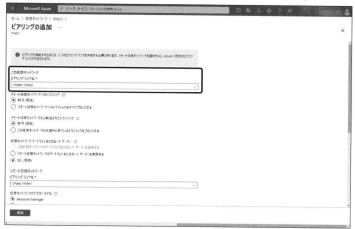

【[リモート仮想ネットワーク] に対するピアリングリンクの設定】

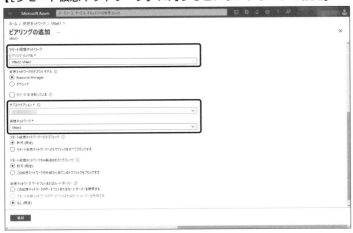

　これらを設定して[追加]をクリックすると、設定内容に従ってピアリングが構成され、選択した2つの仮想ネットワークのそれぞれにピアリングリンクが作成されます。なお、ピアリング構成済みの仮想ネットワークでアドレス空間の追加などの変更を行いたい場合は、「ピアリングをいったん削除し、アドレス空間の変更後にピアリングを再度構成する」または「アドレス空間の変更後にピアリングの同期操作を行う」のいずれかの手順が必要です。

試験対策　ピアリング構成済みの仮想ネットワークでアドレス空間の変更を行うには、ピアリングの再設定または同期操作のいずれかが必要です。

7

4 ピアリングのオプション設定

　仮想ネットワーク上には、オンプレミスとの接続に使用するVPNゲートウェイを配置したり、様々なサービスを提供する仮想マシンを配置して使用することが考えられます。しかし、複数の仮想ネットワークが存在する場合、仮想ネットワークごとにそれらを配置して使用するのは管理上も面倒であり、コストも高くなります。そこで、そのような課題を解決するために、ピアリングにはいくつかのオプション設定が用意されています。これらのオプション設定を使用することで、ある仮想ネットワーク上に作成したVPNゲートウェイをほかのネットワークと共有したり、ハブスポーク型のネットワークトポ

ロジを構成して1つの仮想ネットワーク上のサービスやリソースを効率良く使用することができます。

●VPNゲートウェイの共有

ある仮想ネットワーク上に配置されたVPNゲートウェイを、ほかの仮想ネットワークからも使用できるように共有するオプション設定です。例えば、VNet2にVPNゲートウェイを作成し、そのVPNゲートウェイがVNet1からも使用できるように設定できます。この構成により、VNet1の仮想ネットワーク上にVPNゲートウェイが存在しなくても、ピアリングを介してVNet2上のVPNゲートウェイを借用できるため、結果的にVNet1もVNet2もオンプレミスネットワークとの通信が可能になります。

【VPNゲートウェイの共有】

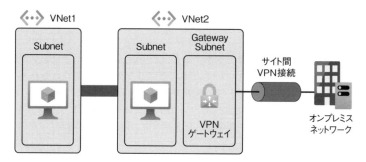

この構成を実現するには、ピアリングのオプション設定を行う必要があります。VPNゲートウェイが配置された仮想ネットワーク（VNet2）のピアリング設定では、VPNゲートウェイを貸すために［仮想ネットワークゲートウェイまたはルートサーバー］で［この仮想ネットワークのゲートウェイまたはルートサーバーを使用する］を選択します。一方、ほかの仮想ネットワーク上のVPNゲートウェイを借りる仮想ネットワーク（VNet1）のピアリング設定では、［仮想ネットワークゲートウェイまたはルートサーバー］で［リモート仮想ネットワークのゲートウェイまたはルートサーバーを使用する］を選択します。このように、VPNゲートウェイを貸すための設定と、VPNゲートウェイを借りるための設定をそれぞれ行うことで、ある仮想ネットワーク上のVPNゲートウェイをほかの仮想ネットワークと共有できます。

【VPNゲートウェイを貸すためのピアリング設定】

仮想ネットワーク ゲートウェイまたはルート サーバー ⓘ
◉ この仮想ネットワークのゲートウェイまたはルート サーバーを使用する
○ リモート仮想ネットワークのゲートウェイまたはルート サーバーを使用する
○ なし (既定)

【VPNゲートウェイを借りるためのピアリング設定】

仮想ネットワーク ゲートウェイまたはルート サーバー ⓘ
　○ この仮想ネットワークのゲートウェイまたはルート サーバーを使用する
　◉ リモート仮想ネットワークのゲートウェイまたはルート サーバーを使用する
　○ なし (既定)

試験対策　仮想ネットワーク上に作成したVPNゲートウェイは、ほかの仮想ネットワークからも使用できるように構成可能です。そのためには、VPNゲートウェイを貸すための設定と、VPNゲートウェイを借りるための設定を各ピアリング設定で行う必要があります。

参考　この設定により特定の仮想ネットワーク上のVPNゲートウェイを共有することができますが、VPNゲートウェイそのものは別途作成する必要があります。VPNゲートウェイの詳細については、7-2節で説明します。

●サービスチェイニングのためのトラフィック転送

　サービスチェイニングとは、ルーターやファイアウォールなどのネットワーク機能を連携し、適切な順番でパケットのやり取りが行われるようにするための構成や仕組みを表すものです。ピアリングによりハブスポーク型のネットワークトポロジを形成すると、サービスチェイニングを実現できます。

　例えば、ハブとなる仮想ネットワーク（HubVNet）と、スポークとなるいくつかの仮想ネットワーク（SpokeVNet）を作成し、ハブとスポーク間を接続するピアリングの設定を行うとします。この構成により、SpokeVNet同士の通信はできませんが、SpokeVNetはHubVNetとの通信が可能になり、HubVNet上のサービスを効率良く使用できます。さらに、HubVNet上にルーターやネットワーク仮想アプライアンス（NVA：Network Virtual Appliance）などを配置すれば、HubVNetを介してSpokeVNet間が通信できるように構成することもできます。例えば、HubVNet上にルーターを配置すれば、2つのSpokeVNet間で明示的にピアリングが構成されていなくても、ルーターを介して2つのSpokeVNet間が通信できるようになります。それにより、ピアリング設定の数は抑えつつ、結果的にフルメッシュの通信が可能になります。

7

【ハブスポーク型のネットワークトポロジ】

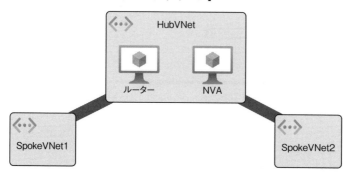

　ただし、このような構成を行うにはルーターなどを配置して経路を変更するだけではなく、転送されたトラフィックを受け入れるためのピアリング設定が必要です。例えば、SpokeVNet2を宛先として考える場合、HubVNet内から送信されたトラフィックは「明示的にピアリングされた仮想ネットワークからのトラフィック」ですが、SpokeVNet1内からHubVNet上のルーターを介してSpokeVNet2に入ってくるトラフィックは「転送されたトラフィック」です。仮想ネットワークではネットワークトラフィックとなる各パケットのアドレスチェックを行っており、転送されたトラフィックを受け入れるかどうかはピアリングの設定内で選択できます。既定では［許可］が選択されているため、転送されたトラフィックも受け入れますが、［この仮想ネットワークの外部から来ているトラフィックをブロックする］を選択した場合、転送されたトラフィックがブロックされます。したがって、このシナリオのように、ハブとなる仮想ネットワーク上のルーターなどを介してスポーク仮想ネットワーク間で通信できるようにするには、転送されたトラフィックを許可するようにピアリング設定を構成しておくことが必要です。

【転送されたトラフィックを受け入れるためのピアリング設定】

> リモート仮想ネットワークから転送されたトラフィック ⓘ
> ◉ 許可（既定）
> ○ この仮想ネットワークの外部から来ているトラフィックをブロックする

この設定によりピアリングを介して転送されたトラフィックが許可されますが、ルーターやネットワーク仮想アプライアンス、経路を変更するためのユーザー定義ルートなどは別途作成する必要があります。ユーザー定義ルートの詳細については、第8章で説明します。

7-2 VPNゲートウェイ

Microsoft Azureの仮想ネットワークは、VPNゲートウェイを使用してほかのネットワークと接続することができます。
本節では、VPNゲートウェイを用いた接続の構成や実装手順、高可用性シナリオについて説明します。

1 VPNゲートウェイの概要

　VPNゲートウェイは、Azure上に作成可能な仮想ネットワークゲートウェイの一種です。パブリックインターネット経由で異なるネットワーク間を接続し、暗号化されたトラフィックを送受信するために使用されます。
　AzureのVPNゲートウェイを使用することで、次の3つの接続を構成できます。

●サイト間接続

　オンプレミスネットワークとAzureの仮想ネットワークを接続するための構成です。3つの接続構成のうち最も代表的な接続構成であり、インターネットVPNを使用してオンプレミスネットワークと仮想ネットワークを接続し、1つのネットワークとして機能させます。VPNプロトコルには、IPsec/IKE（IKEv1またはIKEv2）を使用します。

【サイト間接続】

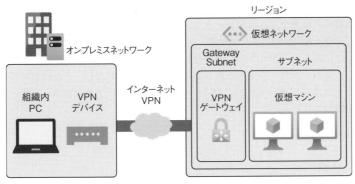

349

●ポイント対サイト接続

　個々のクライアントコンピューターをAzureの仮想ネットワークに接続するための構成です。インターネット経由で最大10,000台まで、任意の場所で実行されるWindows、macOS、Linuxコンピューターを仮想ネットワークに接続します。ポイント対サイト接続は、自宅や会議室などのリモート環境から仮想ネットワークへ接続する場合や仮想ネットワークに接続するクライアント数が少ない場合に使用されます。ポイント対サイト接続では、OpenVPNプロトコル、SSTP、IKEv2の各プロトコルが使用できます。

【ポイント対サイト接続】

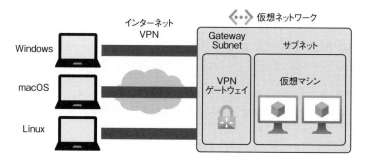

参考

接続に使用できるプロトコルは、OSやそのバージョンによって異なります。これらの情報の詳細は、以下のWebサイトを参照してください。
https://docs.microsoft.com/ja-jp/azure/vpn-gateway/point-to-site-about

●仮想ネットワーク間接続（VNet間接続）

　Azure上の仮想ネットワーク同士をVPNで接続するための構成です。ほかの接続構成とは異なり、仮想ネットワーク間接続のトラフィックは、インターネットではなくAzureのバックボーンネットワークを経由して送信されます。この接続構成は、高スループットを必要とせず、暗号化や推移的なルーティングだけが必要な一部のシナリオで使用されることがあります。ただし、それ以外の多くのシナリオではVPNゲートウェイではなく、ピアリングによる仮想ネットワーク間接続が使用されます。

【仮想ネットワーク間接続】

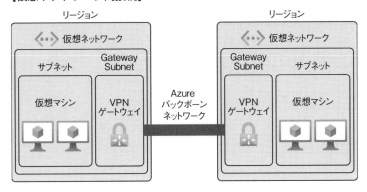

VPNゲートウェイは、サイト間接続やポイント対サイト接続だけでなく、仮想ネットワーク間接続にも使用できます。

このようにVPNゲートウェイを使った仮想ネットワーク間の接続も可能ですが、ピアリングに比べると高コストであり、帯域幅もVPNゲートウェイのSKUに依存します。ピアリングとVPNゲートウェイの比較については、以下のWebサイトを参照してください。

https://docs.microsoft.com/ja-jp/azure/architecture/reference-architectures/
hybrid-networking/vnet-peering

2 サイト間VPN接続の実装手順

　VPNゲートウェイを用いてサイト間接続を構成するには、次の手順が必要です。なお、本書で記載している内容は一般的な実装手順ですが、一部の手順はまとめて行うこともできます。また、VPNゲートウェイとローカルネットワークゲートウェイの作成の順序は逆でも構いません。

【サイト間VPN接続の実装手順】

 手順1　仮想ネットワークおよびゲートウェイサブネットの作成

▼

 手順2　VPNゲートウェイの作成

▼

 手順3　ローカルネットワークゲートウェイの作成

▼

手順4　接続の作成と確認

① 仮想ネットワークおよびゲートウェイサブネットの作成

　　VPNゲートウェイは仮想ネットワーク上に配置する必要があるため、そのための仮想ネットワークを作成します。また、その仮想ネットワークに、VPNゲートウェイを配置するための専用サブネットであるゲートウェイサブネットも作成します。

② VPNゲートウェイの作成

　　サイト間接続を行うために、Azure上にVPNゲートウェイを作成します。VPNゲートウェイの作成時には、配置先となる仮想ネットワークのほか、ゲートウェイの種類やSKUなどのパラメーターの指定も必要です。

③ ローカルネットワークゲートウェイの作成

　　オンプレミスネットワーク上にVPNデバイスを設置し、そのVPNデバイスのIPアドレスなどの情報をAzure上に登録するために、ローカルネットワークゲートウェイという種類のリソースを作成します。

④ 接続の作成と確認

　　Azure上に作成したVPNゲートウェイと、オンプレミスネットワークのVPNデバイス情報であるローカルネットワークゲートウェイを接続します。接続後は、適切に接続できたかどうかの確認も行います。

試験対策　サイト間VPN接続の実装手順の流れと、各手順の内容を確認しておきましょう。

参考　サイト間VPN接続を作成するためにDNSは必須ではありませんが、仮想ネットワークにデプロイするリソースの名前解決を行う必要がある場合は、仮想ネットワーク構成で使用するDNSサーバーを指定する必要があります。

3 仮想ネットワークおよびゲートウェイサブネットの作成

VPNゲートウェイを作成する前に、最初の手順として仮想ネットワークおよびゲートウェイサブネットを作成します。VPNゲートウェイは、ソフトウェアベースのゲートウェイであり、その実体は仮想マシンです。そのため、通常の仮想マシンと同じように、仮想ネットワークとサブネットを作成し、VPNゲートウェイを配置します。ただし、VPNゲートウェイは「わがままな仮想マシン」であり、ほかの仮想マシンが接続されるサブネットにはVPNゲートウェイを配置することができず、VPNゲートウェイのための専用サブネットが必要になります。

ゲートウェイを配置するための専用サブネットのことをゲートウェイサブネットと呼び、「GatewaySubnet」という名前を付ける必要があります。異なる名前のサブネットにはゲートウェイのリソースをデプロイできないため、必ずこの名前を使用します。また、通常のサブネットの作成時と同じようにアドレス範囲も設定しますが、このサブネットにはゲートウェイしか配置しないため、アドレスプレフィックス長として/27または/28を使用することが推奨されています。

【仮想ネットワークおよびゲートウェイサブネットの作成】

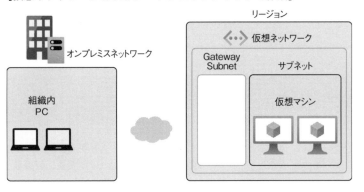

Azureポータルを使用してゲートウェイサブネットを作成するには、作成した仮想ネットワークの管理画面で［サブネット］の設定メニューをクリックし、［ゲートウェイサブネット］をクリックします。サブネットの名前には自動的に「GatewaySubnet」が設定されますが、アドレス範囲などは必要に応じて変更して作成します。

【ゲートウェイサブネットの追加】

 試験対策　ゲートウェイを配置するための専用サブネットの名前は「GatewaySubnet」である必要があります。

 参考　次の手順であるVPNゲートウェイの作成時に、新しい仮想ネットワークおよびゲートウェイサブネットを作成して使用することもできます。

4　VPNゲートウェイの作成

　VPNゲートウェイは、Azureデータセンターに作成するソフトウェアベースの仮想ネットワークゲートウェイであり、サイト間接続、ポイント対サイト接続、仮想ネットワーク間接続のいずれの接続構成でも使用します。サイト間接続では、Azure側のVPNデバイスとしてVPNゲートウェイを作成して使用します。

【VPNゲートウェイの作成】

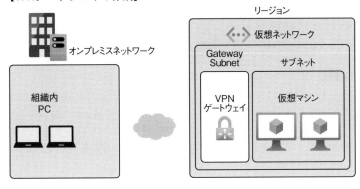

Azureポータルから VPN ゲートウェイを作成するには、サービス一覧から［ネットワーキング］のカテゴリ内にある［仮想ネットワークゲートウェイ］をクリックし、表示される画面で［作成］をクリックします。VPN ゲートウェイの実体は仮想マシンのソフトウェアゲートウェイであり、作成するにはいくつかパラメーターを指定する必要があります。

【仮想ネットワークゲートウェイの作成】

7

VPN ゲートウェイの作成時に必要となる主要なパラメーターには、次のものがあります。なお、これらのパラメーターには後から変更できないものも含まれているため、実際に作成を行う前に各パラメーターの内容を確認し、どのような値にするかを計画しておく必要があります。

355

●ゲートウェイの種類

　ゲートウェイの種類として、[VPN] または [ExpressRoute] のいずれかを選択します。ここではVPNゲートウェイとして使用するため、[VPN] を選択します。ExpressRouteについては、7-3節で説明します。

●VPNの種類

　VPNゲートウェイには、[ポリシーベース] と [ルートベース] の2種類のルーティング方法があります。どちらのルーティング方法を選択するかは、接続する対向のVPNデバイスの製造元やモデル、VPN接続の種類によって異なります。なお、VPNの種類はゲートウェイの作成時のみ選択でき、後から変更することはできません。

　・ポリシーベース
　　IPsecポリシーに基づいて、パケットを送信します。サイト間接続でのみ使用可能で、選択可能なゲートウェイSKUは主にテストや評価用を目的としたBasic SKUに限定されます。また、使用できる構成も限定的であり、アクティブ/アクティブモードなどは使用できません。

　・ルートベース
　　IP転送やルーティングテーブルのルートに基づいて、パケットを送信します。ほとんどのVPNゲートウェイの構成では、ルートベースが使用されます。サイト間接続だけでなく、ポイント対サイト接続、仮想ネットワーク間接続もサポートしています。

試験対策　作成後に仮想ネットワークゲートウェイのVPNの種類を変更することはできません。そのため、誤った種類のVPNを作成した場合は、仮想ネットワークゲートウェイを削除し、作成し直す必要があります。

●VPNゲートウェイのSKUと世代

　SKUとは、コストや機能および性能などを表す管理単位です。VPNゲートウェイのSKUには世代ごとに複数の選択肢が用意されているので、パフォーマンスとコストが用途に適したものを選択します。Basic SKUは開発やテストを目的としたレガシSKUであり、運用環境での使用は推奨されません。

【VPNゲートウェイのSKU】

世代	SKU	スループットベンチマーク	サイト間VPNトンネル数	ポイント対サイトVPNトンネル数
Generation1	Basic	100Mbps	最大10	最大128
Generation1	VpnGw1/AZ	650Mbps	最大30	最大250
Generation1	VpnGw2/AZ	1Gbps	最大30	最大500
Generation1	VpnGw3/AZ	1.25Gbps	最大30	最大1,000
Generation2	VpnGw2/AZ	1.25Gbps	最大30	最大500
Generation2	VpnGw3/AZ	2.5Gbps	最大30	最大1,000
Generation2	VpnGw4/AZ	5Gbps	最大30	最大5,000
Generation2	VpnGw5/AZ	10Gbps	最大30	最大10,000

　Basic SKUを除くすべてのVPNゲートウェイのSKUでは、BGP（Border Gateway Protocol）がサポートされています。BGPは、複数のネットワーク間でルーティングと到達可能性情報を交換するために、インターネット上で一般的に使用されている標準のルーティングプロトコルです。

　また、Basic SKUを除いた各SKUには、ゾーン冗長をサポートするものと、サポートしないものがあります。SKU名の最後に「AZ」という文字列が含まれるSKUはゾーン冗長をサポートし、2つのゲートウェイインスタンスを異なるゾーンにデプロイできます。

　なお、Basic以外のSKUについては、同じ世代内であれば変更が可能です。ただし、ゾーン冗長をサポートするSKUとサポートしないSKUの間での変更はできません。例えば、Generation1のVpnGw1からVpnGw2には変更できますが、VpnGw1からVpnGw1AZには変更できません。

参考　VPNゲートウェイのSKUの最新情報については、以下のWebサイトを参照してください。
https://docs.microsoft.com/ja-jp/azure/vpn-gateway/vpn-gateway-about-vpn-gateway-settings

7

●VPNゲートウェイ作成後の確認

　VPNゲートウェイのデプロイが完了した後は、VPNゲートウェイのパブリックIPアドレスの値を確認します。VPNゲートウェイのパブリックIPアドレスの値は、オンプレミスのVPNデバイスの設定に必要です。AzureポータルからVPNゲートウェイのパブリックIPアドレスの値を確認するには、仮想ネットワークゲートウェイの管理画面で［概要］をクリックします。

【パブリックIPアドレスの確認】

5 ローカルネットワークゲートウェイの作成

　オンプレミスネットワークとのサイト間接続を行うには、オンプレミスネットワーク上にもVPNデバイスを用意する必要があります。オンプレミスネットワーク側に設置したVPNデバイスのIPアドレスなどの情報をAzure上に登録するには、ローカルネットワークゲートウェイという種類のリソースを作成します。

【ローカルネットワークゲートウェイの作成】

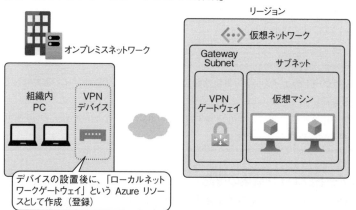

●オンプレミスネットワークのVPNデバイス

　オンプレミスネットワークのVPNデバイスは、自ら用意する必要があります。AzureをサポートするVPNデバイスをベンダーから購入して設置するほかに、Windows Serverで「ルーティングとリモートアクセスサービス」を構成してVPN

デバイスとして使用することもできます。

　マイクロソフトはVPNデバイスの様々なベンダーと協力し、一般的に使用されるVPNデバイスの検証を行っています。検証済みの主なVPNデバイスには次のようなものがあります。この表に記載されたデバイスファミリ内のすべてのVPNデバイスが動作可能です。

【検証済みの主なVPNデバイス】

ベンダー名	デバイスファミリ	OS最小バージョン	ポリシーベースによる構成	ルートベースによる構成
Barracuda Networks, Inc.	Barracuda CloudGen Firewall	ポリシーベース:5.4.3 ルートベース:6.2.0	○	○
Cisco	ASA	8.3 （IKEv2は8.4以降）	○	○
	ASR	ポリシーベース:IOS 15.1 ルートベース:IOS 15.2	○	○
	CSR	ルートベース:IOS-XE 16.10	未検証	○
	Meraki（MX）	MX v15.12	×	○
Citrix	NetScaler MPX、SDX、VPX	10.1以上	○	×
Internet Initiative Japan（IIJ）	SEILシリーズ	SEIL/X 4.60 SEIL/B1 4.60 SEIL/x86 3.20	○	×
Juniper	SRX	ポリシーベース:JunOS 10.2 ルートベース:JunOS 11.4	○	○
	ISG	ScreenOS 6.3	○	○
	MX	JunOS 12.x	○	○
Microsoft	ルーティングとリモートアクセスサービス	Windows Server 2012	×	○
Ubiquiti	EdgeRouter	EdgeOS v1.10	未検証	○
WatchGuard	All	Fireware XTM ポリシーベース:v11.11.x ルートベースv11.12.x	○	○

7

また、オンプレミス側のVPNデバイスの構成時には、次の情報も必要です。

・共有キー
ここで設定した共有キーを、次の手順である「接続の作成」時に指定する必要
があります。

・VPNゲートウェイのパブリックIPアドレス
オンプレミスVPNデバイスの対向となる、Azure上に作成したVPNゲートウェ
イのパブリックIPアドレスです。

> 検証済みのVPNデバイスの一覧とデバイス構成ガイドについては、以下の
> Webサイトで公開されています。
> https://docs.microsoft.com/ja-jp/azure/vpn-gateway/vpn-gateway-about-vpn-
> devices

●ローカルネットワークゲートウェイの作成

　オンプレミスネットワークと接続するには、Azure上に作成したVPNゲートウェ
イからオンプレミス側のVPNデバイスへ接続できるように、オンプレミス側の
VPNデバイスのIPアドレス情報をAzure上に登録する必要があります。そのため
に、Azure上にローカルネットワークゲートウェイという種類のリソースを作成し
ます。ローカルネットワークゲートウェイはAzure上のリソースの1つではありま
すが、オンプレミス側のVPNデバイスの情報を登録するための「設定リソース」
です。ルーティングにおいてオンプレミスの場所を表すオブジェクトとして使用
されます。

　Azureポータルからローカルネットワークゲートウェイを作成するには、サービ
ス一覧から［ネットワーキング］のカテゴリ内にある［ローカルネットワークゲー
トウェイ］をクリックし、表示される画面で［作成］をクリックします。ローカ
ルネットワークゲートウェイの作成では、サイトやオンプレミスVPNデバイスを
表す任意の名前を設定し、オンプレミスネットワークに設置したVPNデバイスの
IPアドレスを設定します。また、［アドレス空間］には、オンプレミスネットワー
クで使用するIPアドレスのプレフィックスを指定します。ここで指定された情報
がルーティング情報となり、オンプレミスネットワークとの通信はVPNゲートウェ
イを介してオンプレミスVPNデバイスにルーティングされます。

【ローカルネットワークゲートウェイの作成画面】

---

6 接続の作成と確認

Azure上に作成したVPNゲートウェイとオンプレミスネットワークのVPNデバイス情報であるローカルネットワークゲートウェイを接続するために、「接続」という種類のリソースを作成します。このリソースの作成によってVPNゲートウェイとオンプレミスネットワークのVPNデバイスの接続が確立され、サイト間接続が行えるようになります。

【接続の作成と確認】

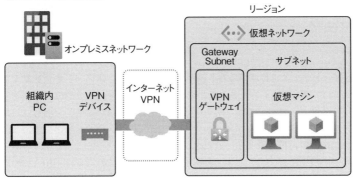

●接続の作成

　Azureポータルから接続リソースを作成するには、サービス一覧から［ネットワーキング］のカテゴリ内にある［接続］をクリックし、表示される画面で［作成］をクリックします。接続リソースの作成時には、最初に［基本］タブで接続の種類や名前を設定します。サイト間接続を行う場合は、［接続の種類］で［サイト対サイト（IPsec）］を選択します。さらに［設定］タブで、これまでの手順で作成したVPNゲートウェイとローカルネットワークゲートウェイを選択し、オンプレミス側のVPNデバイスの構成時に指定した共有キーを設定します。

【接続の作成】

●接続の確認

　接続リソースの作成後は、適切に接続できたかどうかの確認を行います。Azureポータルから確認するには、作成した接続リソースの管理画面で［概要］をクリックし、表示される［状態］の情報を確認します。接続に成功している場合、［状態］には［接続済み］と表示されます。

7 高可用性シナリオ

　1つのVPNゲートウェイを作成すると、内部的には2つのインスタンスがデプロイされており、既定ではこの2つのインスタンスがアクティブ/スタンバイで構成されます。アクティブなインスタンスに対してメンテナンスや何らかの問題が発生した場合は、スタンバイインスタンスへの自動的なフェールオーバーが行われ、サイト間接続または仮想ネットワーク間接続が再開されます。ただし、フェールオーバーによって切り替わる際には、短時間ですが中断が発生します。計画的なメンテナンスの場合は、10〜15秒以内に接続が回復しますが、予期しない問題の場合には接続の復旧に1〜3分程度かかる可能性があります。また、ポイント対サイト接続の場合は、クライアントコンピューターからの接続が切断されるため、ユーザーが自分で再接続する必要があります。

【アクティブ/スタンバイモード】

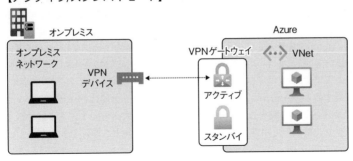

　この問題を回避するため、Basic SKUを除く各SKUではアクティブ/アクティブモードを有効化できます。アクティブ/アクティブモードでは、各ゲートウェイインスタンスが個別のパブリックIPアドレスを持ち、ローカルネットワークゲートウェイとの接続で指定されたオンプレミスのVPNデバイスへのIPsec/IKEサイト間VPNトンネルを確立します。

　オンプレミスのVPNデバイス側では、2つのVPNゲートウェイのパブリックIPアドレスと2つのサイト間VPNトンネルを受け入れるように構成する必要がありますが、これにより接続の可用性は向上します。オンプレミスのVPNデバイスがどちらか一方のトンネルを優先的に使用している場合でも、Azureからオンプレミスネットワークへのトラフィックは両方のトンネルを使用するようルーティングされます。一方のゲートウェイインスタンスに対してメンテナンスや何らかの問題が発生した場合は、そのインスタンスからオンプレミスのVPNデバイスへのIPsecトンネルが切断され、そちらのルートが自動的に削除または無効化されて、もう一方のアクティブなIPsecトンネルのみを使用するように切り替えられます。

【アクティブ/アクティブモード】

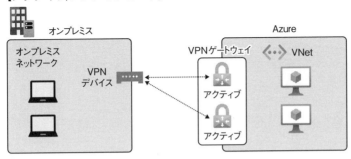

　アクティブ/アクティブモードは、VPNゲートウェイの作成時だけでなく、VPNゲートウェイの作成後に［構成］の設定メニューから有効化することもできます。なお、アクティブ/アクティブモードでは各ゲートウェイインスタンスが個別のパブリックIPア

7

ドレスを持つため、2番目のパブリックIPアドレスの作成または割り当てが必要です。

　さらに接続の可用性を向上するために、オンプレミスネットワークにも2つのVPNデバイスを設置してクロスプレミスで接続することもできます。アクティブ/アクティブモードを有効にしてVPNゲートウェイを作成し、2つのオンプレミスVPNデバイスとそれに対応する2つのローカルネットワークゲートウェイとの各接続を作成します。また、複数のオンプレミスVPNデバイスを使用して接続を確立するために、BGPも必要です。このように構成すると、Azureとオンプレミスネットワークの間は4つのIPsecトンネルが存在するフルメッシュ接続となり、トラフィックは4つすべてのトンネルに分散されます。これにより、接続の可用性に加え、スループットの向上も期待できます。

【オンプレミスのVPNデバイスも冗長化したトポロジ】

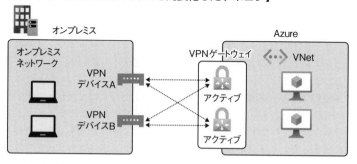

試験対策　アクティブ/アクティブモードを使用するには、2番目となるパブリックIPアドレスの作成または割り当てが必要です。

サイト間接続の構成にはVPNゲートウェイを使用する方法のほか、ExpressRouteやVirtual WANを使用する方法もあります。
本節では、ExpressRouteとVirtual WANについて、それぞれの概要や提供される機能、VPNゲートウェイによる接続との比較やメリットなどを説明します。

1 ExpressRouteの概要

　7-2節ではVPNゲートウェイについて取り上げ、オンプレミスネットワークとAzureの仮想ネットワークをインターネットVPNで接続する方法について説明しました。ただし、VPNによるサイト間接続の場合、送受信されるトラフィックはインターネットを経由することになります。そのため、あくまでもベストエフォート通信であり、ネットワークの帯域幅の保証がないことから、通信の遅延などの問題が発生することがあります。また、送受信されるトラフィックは暗号化されているため一定のセキュリティは確保されていますが、組織で定めているコンプライアンス上の理由から、インターネットを経由すること自体を避けたいと考える場合もあります。

　そのようなシナリオに対応するために用意されているサービスがExpressRoute（Azure ExpressRoute）です。ExpressRouteは、オンプレミスネットワークとマイクロソフトデータセンターを閉域網で接続するサービスであり、インターネットを使用しないため、高い安全性を持ちます。また、様々な帯域幅のExpressRoute回線が選択可能で、安定したパフォーマンスが得られます。

【ExpressRouteによる接続】

```
オンプレミス                          マイクロソフト
ネットワーク                          データセンター

            ExpressRoute回線

閉域網での接続により、高い安全性と安定したパフォーマンスを提供
```

●接続プロバイダーの選択

　ExpressRouteを使用するには、Azure上のリソースとしてExpressRouteの仮想

ネットワークゲートウェイやExpressRoute回線などを作成するほか、接続プロバイダー（サービスプロバイダー）と連携して接続を行う必要があります。そのため、マイクロソフトとのAzureの契約とは別に、接続プロバイダーとの契約も必要です。接続プロバイダーによって、サービスの提供地域や費用、サービス内容、責任範囲などは異なります。

 ExpressRouteの接続プロバイダーの一覧については、以下のWebサイトを参照してください。
https://docs.microsoft.com/ja-jp/azure/expressroute/expressroute-locations

●サポートされる帯域幅

ExpressRouteでサポートされる帯域幅（回線速度）は次のとおりです。どの帯域幅の回線が利用できるのかは、契約する接続プロバイダーによって異なります。

- 50Mbps
- 100Mbps
- 200Mbps
- 500Mbps
- 1Gbps
- 2Gbps
- 5Gbps
- 10Gbps

●冗長性を備えた接続

ExpressRouteによる接続では、標準的な動的ルーティングプロトコルであるBGPが利用されます。オンプレミスネットワーク、Azureインスタンス、マイクロソフトパブリックアドレスの間でルートを交換し、通信（ピアリング）の種類ごとに個別のBGPセッションを確立します。

また、各ExpressRoute回線では、接続プロバイダー／オンプレミス側のネットワークエッジと、接続ポイントに配置した2つの**マイクロソフトエンタープライズエッジルーター**（MSEE）が接続される構成となります。冗長性を向上するには、接続プロバイダー／オンプレミス側から各MSEEに対して1つずつ、計2つのBGP接続が必要です。

【冗長性を備えた接続】

●接続可能なクラウドサービス

ExpressRoute接続を使用して、Azure内の仮想ネットワークだけでなくPasS、SaaSとして提供されているAzureサービスとMicrosoft 365サービスにアクセスすることができます。アクセス可能なクラウドサービスは、ExpressRoute回線内に構成するピアリングの種類によって異なります。

●課金モデル

環境や使用目的に合わせて、「従量制課金」または「無制限」の課金モデルを選択できます。

・従量制課金
月額の基本料金＋送信データ量（1GB単位で課金。データ受信は無料）のコストが発生します。ここでの送信データ量は、MSEEから送信されるデータ量を指します。

・無制限
月額の基本料金のみ（データ送受信無料）のコストが発生します。

2 ExpressRoute回線のSKU

7

ExpressRoute回線には3つのSKUがあります。選択するSKUによって、価格や接続可能なリージョン、接続可能な仮想ネットワークの数の上限などが異なります。

●ローカル

ExpressRouteの接続場所から最も近いリージョンにのみ接続可能なSKUです。例えば、ExpressRouteを東京で契約した場合、東日本リージョンのみ接続できます。このSKUで提供される課金モデルは無制限のみであり、データ送信に関する課金は行われません。ただし、提供される回線帯域幅は1Gbps以上に限定されます。

●Standard

ExpressRouteの接続場所と同一地域内のリージョンに接続可能なSKUです。例

えば、ExpressRouteを東京で契約した場合、東日本リージョンと西日本リージョンに接続できます。

●Premium

ExpressRouteの接続場所を問わず、特殊リージョンを除く世界中のすべてのリージョンに接続可能なSKUです。例えば、ExpressRouteを東京で契約した場合でも、世界中のリージョンに接続できます。また、ほかのSKUよりも接続する仮想ネットワーク数の上限が大きいというメリットもあります。

【StandardとPremiumの主な違い】

	Standard	Premium
価格	安	高
選択可能な課金モデル	従量制課金または無制限	従量制課金または無制限
接続可能なリージョン	同一地域内のリージョン	世界中のすべてのリージョン（特殊リージョンを除く）
プライベートピアリング用ルートの上限	4,000	10,000
接続可能な仮想ネットワーク数	10	20〜100（回線のサイズによる）

試験対策　ExpressRoute回線のSKUの違いを確認しておきましょう。

3 ExpressRouteの接続方法

オンプレミスネットワークとマイクロソフトデータセンターの間は、次に説明する3つのいずれかの接続モデルを使用して接続しますが、ExpressRouteを利用する場所や選択する接続プロバイダーによって、提供される接続モデルは異なります。

日本では「ポイントツーポイントのイーサネット接続」と呼ばれる接続方法は提供されていません。そのため、日本国内でExpressRouteを使用するには、オンプレミスネットワークからTokyo（東京）またはOsaka（大阪）の**接続ポイント**に接続し、接続ポイントからExpressRoute回線を使用してマイクロソフトデータセンターに接続する方法を使用します。接続ポイントは、MSEEデバイスが配置されているコロケーション施設やその共同スペースであり、ExpressRouteへの入り口です。したがって、日本では次の接続方法のうち、「Cloud Exchangeでの同一場所配置」または「任意の環境間ネットワーク」

のいずれかの方法によって接続ポイントに接続します。

●ポイントツーポイントのイーサネット接続 (Point-to-point Ethernet connections)

　オンプレミスネットワークから直接、ExpressRoute回線を使用してマイクロソフトネットワークおよびデータセンターへ接続する方法です。専用線で直結するという最もわかりやすい接続方法ではありますが、日本ではこの接続方法は使用できません。

【ポイントツーポイントのイーサネット接続】

●Cloud Exchangeでの同一場所配置 (Co-located at a cloud exchange)

　この接続方法は、**L2接続サービス**とも呼ばれます。接続ポイントに回線引き込み済みの接続プロバイダーと契約し、接続プロバイダーの局内に自社の機材を導入する方法です。オンプレミスネットワークから接続プロバイダーの局内までは任意のキャリアで接続します。

　つまり、ユーザー自身で接続ポイントの施設内にルーターを設置し、オンプレミスネットワークとの接続を行います。そのため、ネットワークの自由な設計と管理が可能ですが、運用コストが高いという特徴があります。例えば、オンプレミスネットワークと接続ポイント間の接続トラブルなどが起きた場合は、ユーザー自身での調査や対応が必要です。

【Cloud Exchangeでの同一場所配置】

●任意の環境間ネットワーク（Any-to-any networks）

　この接続方法は、**L3接続サービス**とも呼ばれます。この方法では、接続ポイントに回線引き込み済みの接続プロバイダーのWAN回線を利用します。つまり、接続プロバイダーが提供するWANサービスに相乗りしてExpressRouteに接続する方法です。この接続方法の場合には、オンプレミスネットワークからWANサービスまでの間はIP-VPNなどでの接続が必要になりますが、その先のルーターおよびネットワークの管理や設定などは接続プロバイダーによって行われます。そのため、「Cloud Exchangeでの同一場所配置」に比べて運用コストが低く、手軽に利用できるという特徴があります。

【任意の環境間ネットワーク】

　接続ポイントは、「ExpressRouteの場所」や「ピアリングの場所」とも呼ばれることがあります。

　接続プロバイダーによって、提供される接続モデルは異なります。実際の利用では、最適な接続モデルを接続プロバイダーと相談して決定することをお勧めします。

4 ExpressRoute回線とピアリング

　ExpressRouteを利用する際は、「ExpressRoute回線」というリソースを作成し、そのリソース内でピアリング情報を構成します。この情報は「ExpressRouteピアリング」と呼ばれ、接続先に応じた次の2種類のピアリングが用意されています。なお、1つのExpressRoute回線上に2種類のピアリングの両方を構成することもできます。

・Azureプライベートピアリング
Azure仮想ネットワークとの接続に使用するピアリングです。これによって、仮想ネットワークに接続された仮想マシンとクラウドサービスにプライベートIPアドレスで接続できるようになります。

・Microsoftピアリング
マイクロソフトのオンラインサービスであるMicrosoft 365やAzure PaaSサービスとの接続に使用するピアリングです。ただし、Microsoftピアリングでの接続に利用できるのはパブリックIPアドレスのみです。そのため、パブリックIPアドレスの準備に加え、オンプレミスネットワーク側ではNATを使用してプライベートIPアドレスをパブリックIPアドレスに変換する必要もあります。

【2種類のExpressRouteピアリング】

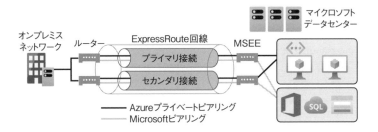

ExpressRouteピアリングには2種類があり、接続先に適したピアリングを構成して使用します。

試験対策

このほかに「Azureパブリックピアリング」と呼ばれるExpressRouteピアリングもありますが、現在、新しい回線でのAzureパブリックピアリングの使用は非推奨となっており、「Microsoftピアリング」に統合されています。

参考

5 ExpressRouteの主な実装手順

ExpressRouteを実装し、Azureプライベートピアリングで仮想ネットワークと接続する主な手順は次のとおりです。本書ではAzureプライベートピアリングでの基本的な接

続手順を説明しますが、選択する接続プロバイダーや構成によって細部の順序などが異なる可能性があります。また、ExpressRouteの利用には、この手順とは別に、接続プロバイダーとの契約も必要です。

【ExpressRouteの主な実装手順】

手順1　ExpressRoute回線の作成

▼

手順2　ExpressRouteピアリングの構成

▼

手順3　ExpressRouteゲートウェイの作成

▼

手順4　接続の作成と確認

参考　ExpressRouteの実装手順の詳細は接続プロバイダーによって異なる可能性があるため、事前に各接続プロバイダーやマイクロソフトに確認しておくことをお勧めします。

① ExpressRoute回線の作成

　最初の作業として、Azure上に「ExpressRoute回線」という種類のリソースを作成します。Azureポータルから行う場合は、サービス一覧から［ネットワーキング］のカテゴリ内にある［ExpressRoute回線］をクリックし、表示される画面で［作成］をクリックします。その後に表示される画面の［基本］タブではリージョンや名前を、［Configuration］タブではプロバイダーやピアリングの場所、帯域幅などのパラメーターを設定し、作成します。

【ExpressRoute回線の作成】

ExpressRoute回線を作成すると、個々のExpressRoute回線を識別するための「サービスキー」と呼ばれるIDが発行されます。サービスキーは接続プロバイダー側での初期設定に必要な情報であるため、サービスキーの情報を確認して接続プロバイダーに連絡する必要があります。サービスキーの情報は、ExpressRoute回線の管理画面で［概要］をクリックして確認できます。

なお、ExpressRoute回線の作成直後は［プロバイダーの状態］が［未プロビジョニング］となりますが、接続プロバイダーへのサービスキーの連絡と初期設定が完了すると［プロビジョニング済み］に変化します。

② ExpressRouteピアリングの構成

ExpressRouteピアリングの構成を行うには、前の手順で作成したExpressRoute回線の管理画面の［概要］で構成するピアリングを選択し、必要な情報を入力します。なお、ピアリングの構成を行うには、ExpressRoute回線の［プロバイダーの状態］が［プロビジョニング済み］である必要があります。また、接続方法が「任意の環境間ネットワーク」（L3接続サービス）である場合は、AzureプライベートピアリングおよびMicrosoftピアリングの有効化を接続プロバイダーに依頼することもできます。

7

【Azureプライベートピアリングの構成】

> [プロバイダーの状態]が［未プロビジョニング］の段階では、この画面の
> ように各ピアリングの構成画面を開いても各設定がグレーアウトしていて
> 編集できません。［プロバイダーの状態］が［プロビジョニング済み］であ
> れば、各種類のピアリングを構成できます。

③ ExpressRouteゲートウェイの作成

ExpressRouteを使用して仮想ネットワークとの接続を行う場合、接続先となる仮
想ネットワーク上にゲートウェイサブネットを用意し、仮想ネットワークゲート
ウェイを作成します。

7-2節で説明したVPNゲートウェイの作成時と同様、ゲートウェイサブネットには
「GatewaySubnet」という名前を付ける必要があります。［アドレス範囲］の値は、
実際の構成要件に合わせて調整してください。アドレス範囲は/27以下（/26、/25
など）の値を使用することが推奨されていますが、例えばゲートウェイに16本の
ExpressRoute回線を接続する場合には、/26以下のアドレス範囲でゲートウェイサ
ブネットを作成する必要があります。

仮想ネットワークゲートウェイの作成方法は、基本的にVPNゲートウェイの作成時
とほとんど同じです。ただし、［ゲートウェイの種類］で［ExpressRoute］を選択
します。なお、ExpressRouteゲートウェイにもSKUがあり、選択するゲートウェ
イSKUが上位であるほどゲートウェイに割り当てられるCPUやネットワーク帯域幅
が増えるため、より高いネットワークスループットをサポートできます。

【ExpressRouteゲートウェイSKUの推定パフォーマンス】

SKU	1秒当たりの メガビット 数	1秒当たりの パケット数	1秒当たり の接続数	回線接続 の最大数
Standard/ErGw1AZ	1,000	100,000	7,000	4
High Performance/ErGw2AZ	2,000	250,000	14,000	8
Ultra Performance/ErGw3AZ	10,000	1,000,000	28,000	16

④ 接続の作成と確認

これまでの手順で作成したExpressRoute回線と仮想ネットワークゲートウェイをリンクするために、「接続」という種類のリソースを作成します。接続リソースの作成により、ExpressRoute回線と仮想ネットワークゲートウェイ間の接続が確立されます。

接続リソースの作成についても、基本的な手順はVPNゲートウェイの接続時とほとんど同じです。ただし、最初に表示される［基本］タブで、［接続の種類］として［ExpressRoute］を選択します。また、［詳細］タブでは、ExpressRoute用に作成した仮想ネットワークゲートウェイとExpressRoute回線をそれぞれ選択し、作成します。

ここまでの作業が完了し、オンプレミスネットワークと接続プロバイダー間のアクセス回線やネットワーク設定も完了していれば、オンプレミスネットワークとAzure仮想ネットワーク上の仮想マシンとの間で通信できるようになります。

6 ExpressRouteによる接続とサイト間VPN接続の共存

ExpressRoute回線やその接続の障害が発生すると、オンプレミスネットワークと仮想ネットワークとの間が通信できなくなり、業務やシステムに影響が出る可能性が考えられます。その回避策として、「東京と大阪でそれぞれ1つ」など複数のExpressRoute接続を作成する方法もありますが、高いコストが必要になります。

コストを抑えながら接続の可用性を高める1つの方法として、ExpressRouteによる接続とサイト間VPN接続の併用があります。例えば、「ExpressRoute接続を1つだけ作成して通常はそちらを使用するが、ExpressRouteで障害が発生したときのフェールオーバーパスとしてサイト間VPN接続も使用できるように構成する」などの事例が考えられます。このような共存構成ではExpressRouteでの接続が常にプライマリリンクとして使用され、ExpressRoute回線やその接続で障害が発生した場合にのみ、サイト間VPN接続によるパスが使用されます。ほかにも、「サイト間VPNを使用してExpressRoute接続が構成されていないサイトに接続する」「ExpressRoute接続とVPN接続の間でトランジットルーティングを有効にし、異なる方法で接続された2つのサイト間で通信できるような構成する」などの活用方法も考えられます。このように、ExpressRouteによる接続とサイト間VPN接続の共存には、様々なメリットがあります。

7

【ExpressRouteによる接続とサイト間VPN接続の共存】

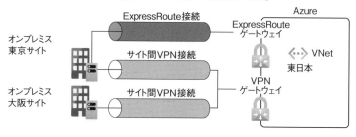

　ただし、このような共存構成を行う場合には、同じ仮想ネットワークに2つの仮想ネットワークゲートウェイが必要になります。つまり、ゲートウェイの種類で[ExpressRoute]を選択して構成する仮想ネットワークゲートウェイと、[VPN]を選択して構成する仮想ネットワークゲートウェイをそれぞれ作成し、それらを同じ仮想ネットワークに接続します。また、VPN接続のための仮想ネットワークゲートウェイ（VPNゲートウェイ）は、Basic以外のSKUを使用する必要もあります。Basic SKUのVPNゲートウェイは、ExpressRouteとの共存構成をサポートしていません。

試験対策　ExpressRouteによる接続とサイト間VPN接続は共存可能ですが、その場合、それぞれの種類の仮想ネットワークゲートウェイが必要です。また、Basic SKUのVPNゲートウェイはExpressRouteとの共存構成をサポートしていません。

7　Virtual WANの概要

　Virtual WAN（Azure Virtual WAN）とは、Azureが提供する様々なネットワーク接続サービスを集約した、大規模拠点間接続サービスです。Standardの種類のVirtual WANでは、サイト間VPN、ユーザーVPN（ポイント対サイト）、ExpressRouteなどの多数の接続サービスを1つの運用インターフェイスに統合し、ハブスポーク型でのフルメッシュ接続を構成できます。Virtual WANでは、Azure上に仮想ハブと呼ばれるリソースを作成し、その仮想ハブに仮想ネットワークや拠点ネットワークデバイスを接続して使用します。仮想ハブ内には、拠点間接続のためのハブゲートウェイがアクティブ/アクティブでデプロイされます。拠点ネットワークデバイスとその設定情報はサイトという単位で登録し、仮想ハブとの接続を確立します。

　仮想ハブに接続されたネットワーク間の通信は、すべて仮想ハブおよびハブゲートウェイを経由して行われます。例えば、ある拠点ネットワークから仮想ネットワーク宛の通信については、拠点ネットワークデバイスからハブゲートウェイを経由し、仮想ハ

ブに接続された仮想ネットワークに到達します。2つの拠点ネットワーク間の通信の場合でも、仮想ハブおよびハブゲートウェイを経由して通信が行われます。このように仮想ハブを介したフルメッシュ接続により、異なるスポークに存在するエンドポイント間の推移的な接続を確立できます。

【Virtual WANの接続イメージ】

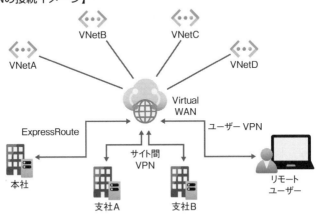

また、VPNゲートウェイによるサイト間接続に比べて、Virtual WANではより多くのサイト間接続を構成できます。VPNゲートウェイではサイト間VPNトンネル数は最大で30に限定されているため、30を超える拠点間は接続できません。それに対し、Virtual WANでは仮想ハブ1つ当たり1,000のサイトを接続できます。そのため、VPNゲートウェイよりも大規模なサイト間接続が可能であり、スケーラビリティや使いやすさに優れています。

さらに、スポーク側で使用するVPNデバイス側に必要な構成情報をファイルとしてダウンロードできる点もVirtual WANのメリットとして挙げられます。Virtual WANで作成した仮想ハブに、サイトとして拠点デバイスの情報を設定すると、仮想ハブに接続するためにVPNデバイス側で必要な構成情報がファイルとしてダウンロードできるようになります。Virtual WANの自動デプロイに対応したデバイスであれば、この構成情報ファイルをデバイスに適用することで自動的に設定情報が構成され、Virtual WANとの接続を開始できます。

7

【サイト間VPN構成のダウンロード】

構成情報ファイルの投入による自動デプロイを行うには、Virtual WANパートナーが提供する対応デバイスが必要です。Virtual WANパートナーやデプロイガイドなどの情報は、以下のWebサイトを参照してください。

https://docs.microsoft.com/ja-jp/azure/virtual-wan/virtual-wan-locations-partners

●Virtual WANの種類

　Virtual WANには、BasicとStandardの2種類があります。種類により、使用される仮想ハブの種類と利用可能な構成、フルメッシュ接続が可能かどうかが異なります。また、BasicからStandardへのアップグレードは可能ですが、StandardからBasicには変更できません。

Virtual WANの種類	使用されるハブの種類	利用可能な構成	フルメッシュ接続
Basic	Basic	・サイト間VPNのみ	不可
Standard	Standard	・ユーザーVPN（ポイント対サイト） ・サイト間VPN（サイト対サイト） ・ExpressRoute ・仮想ハブを経由したハブ間およびVNet対VNetトランジット	可

Virtual WANを使用したサイト間接続の構成手順の詳細については、以下のWebサイトを参照してください。

https://docs.microsoft.com/ja-jp/azure/virtual-wan/virtual-wan-site-to-site-portal

演習問題

1 あなたはピアリングを使用し、Azure環境上に存在するいくつかの仮想ネットワークを接続する予定ですが、その前にピアリングによってどのような仮想ネットワークを接続できるかを特定する必要があります。ピアリングが構成可能な組み合わせとして適切なものはどれですか(2つ選択)。

    A.   同一サブスクリプション内に存在し、アドレス空間が異なる2つの仮想ネットワーク

    B.   同一サブスクリプション内に存在し、アドレス空間が重複する2つの仮想ネットワーク

    C.   異なるサブスクリプションに存在し、アドレス空間が異なる2つの仮想ネットワーク

    D.   異なるサブスクリプションに存在し、アドレス空間が重複する2つの仮想ネットワーク

2 あなたが使用するMicrosoft Azure環境には1つのサブスクリプションがあります。Azure環境には、VNet1、VNet2、VNet3という3つの仮想ネットワークがあり、VNet1とVNet2の仮想ネットワーク間はピアリングによって接続が構成されています。また、Azure環境にはいくつかの仮想マシンも存在し、各仮想マシンは次のように仮想ネットワークに接続されています。

仮想マシン	接続している仮想ネットワーク
VM1	VNet1
VM2	VNet2
VM3	VNet3

あなたは、VM2とVM3、VM1とVM3がそれぞれプライベートIPアドレスで通信できるように構成する必要があります。なお、このシナリオではルーターなどを介さずに、2台の仮想マシンが直接通信できるようにする必要があるものとします。これらの要件を満たすように構成する場合、行うべき作業として最も適切なものはどれですか。

    A.   設定変更は不要

    B.   VNet2とVNet3間を接続するピアリング設定

    C.   VNet1とVNet3間を接続するピアリング設定

    D.   VNet2とVNet3間を接続するピアリング設定と、VNet1とVNet3間を接続するピアリング設定の両方

7

3 あなたが使用するMicrosoft Azure環境には1つのサブスクリプションがあります。Azure環境には、VNet1とVNet2という2つの仮想ネットワークがあり、この仮想ネットワーク間はピアリングが構成されています。あなたは、これからVNet2上にVPNゲートウェイを作成しますが、そのVPNゲートウェイがVNet1からも使用できるようにピアリング設定を変更する必要があります。VNet2で構成されているピアリング設定について、行うべき操作として適切なものはどれですか。

 A. リモート仮想ネットワークのゲートウェイまたはルートサーバーを使用するように変更する

 B. リモート仮想ネットワークから転送されたトラフィックをブロックするように変更する

 C. リモート仮想ネットワークから転送されたトラフィックを許可するように変更する

 D. この仮想ネットワークゲートウェイまたはルートサーバーを使用するように変更する

4 あなたが使用するMicrosoft Azure環境には1つのサブスクリプションがあります。Azure環境には、VNet1とVNet2という2つの仮想ネットワークがあります。この2つの仮想ネットワーク間で、プライベートIPアドレスを使用して相互に通信ができるように構成したいと考えています。このシナリオを実現するために使用するものとして、適切なものはどれですか（2つ選択）。

 A. ネットワークセキュリティグループ

 B. ピアリング

 C. VPNゲートウェイ

 D. ローカルネットワークゲートウェイ

5 あなたが使用するMicrosoft Azure環境には1つのサブスクリプションがあります。あなたは、これからVPNゲートウェイを使用してサイト間VPN接続を行う予定です。そのために、サイト間VPN接続を構成するための手順を特定する必要があります。次の選択肢のうち、サイト間VPN接続を実装するために必要となる手順はどれですか(4つ選択)。

    A. 接続の作成

    B. VPNゲートウェイの作成

    C. DNAT規則の構成

    D. 仮想ネットワークおよびゲートウェイサブネットの作成

    E. ローカルネットワークゲートウェイの作成

    F. アプリケーションゲートウェイの作成

6 あなたが使用するMicrosoft Azure環境には1つのサブスクリプションがあります。Azure環境にはVNet1という仮想ネットワークがあり、この仮想ネットワーク上にVPNゲートウェイをデプロイする予定です。あなたは、VPNゲートウェイをデプロイするためのサブネットをVNet1に作成する必要があります。作成するサブネットの名前として適切なものはどれですか。

    A. GatewaySubnet

    B. VPNGatewaySubnet

    C. AzureGatewaySubnet

    D. AzureVPNGatewaySubnet

7 あなたが使用するMicrosoft Azure環境には1つのサブスクリプションがあります。あなたは、種類としてポリシーベースを選択して、GW1という名前のVPNゲートウェイを作成しました。しかし、GW1を作成した後で、このVPNゲートウェイではポイント対サイト接続ができないことが判明しました。あなたは、ポイント対サイト接続ができるようにVPNゲートウェイを構成する必要があります。行うべき操作として適切なものはどれですか。

    A. 新しいVPNゲートウェイを作成する

    B. VPNの種類をルートベースに変更する

    C. SKUを上位のものに変更する

    D. ゲートウェイの種類をExpressRouteに変更する

7

8 あなたが使用するMicrosoft Azure環境には1つのサブスクリプションがあります。Azure環境上には、ルートベースのVPNゲートウェイとしてGW1という名前のリソースがあり、このVPNゲートウェイのSKUとしてGeneration1のVpnGw3が選択されています。GW1は、現在はアクティブ/スタンバイのモードで構成されていますが、接続の可用性を高めるためにアクティブ/アクティブのモードで使用できるように変更したいと考えています。この変更を行うために必要な操作として適切なものはどれですか。

    A.   VPNゲートウェイのSKUの世代をGeneration2に変更する

    B.   ポリシーベースのVPNゲートウェイを作成する

    C.   VPNゲートウェイのSKUをVpnGw5に変更する

    D.   追加で使用するパブリックIPアドレスリソースを作成する

9 あなたが使用するMicrosoft Azure環境には1つのサブスクリプションがあります。あなたの組織ではExpressRouteを使用し、マイクロソフトデータセンターとの閉域網による接続を行います。接続の要件として、ExpressRouteの接続場所と同一地域内の別のリージョンに接続できる必要があります。ただし、コストはなるべく抑える必要があります。このシナリオで使用するExpressRoute回線のSKUとして最も適切なものはどれですか。

    A.   ローカル

    B.   Basic

    C.   Standard

    D.   Premium

10 あなたが使用するMicrosoft Azure環境には1つのサブスクリプションがあります。あなたの組織ではExpressRouteを使用し、マイクロソフトデータセンターとの閉域網による接続を行います。あなたは、これからExpressRoute回線を作成しますが、仮想ネットワークに接続された仮想マシンにプライベートIPアドレスで接続ができるようにExpressRouteピアリングを構成する必要があります。構成すべきExpressRouteピアリングの種類として適切なものはどれですか。

    A.   Microsoftピアリング

    B.   Azureハイブリッドピアリング

    C.   Azureプライベートピアリング

    D.   Azureパブリックピアリング

11 あなたが使用するMicrosoft Azure環境には1つのサブスクリプションがあります。あなたの組織ではExpressRouteを使用し、オンプレミスネットワークと仮想ネットワークとの接続を行っています。あなたはこの環境で、ExpressRouteで障害が起きたときのためのフェールオーバーパスとしてサイト間VPN接続が使用できるように構成したいと考えています。この構成を行うために必要な手順として適切なものはどれですか。

A. 新しいExpressRouteゲートウェイを作成する

B. 新しいVPNゲートウェイを作成する

C. 既存のExpressRouteゲートウェイを共存モードに変更する

D. 既存のExpressRouteゲートウェイのSKUをHighPerformanceに変更する

7

解答

1 A、C

ピアリングによる仮想ネットワーク間の接続は、同一サブスクリプション内だけでなく、異なるサブスクリプションや異なるテナントでも構成可能です。ただし、アドレス空間が重複する2つの仮想ネットワークをピアリングで接続することはできません。

2 D

このシナリオではVNet1とVNet2を接続するピアリングが有効になっていますが、ピアリングの設定は推移しないため、通信できるようにする2つの仮想ネットワーク間で明示的にピアリングを設定する必要があります。したがって、このシナリオの要件を満たすには、VNet2とVNet3間を接続するピアリング設定と、VNet1とVNet3間を接続するピアリング設定の両方が必要です。

3 D

VPNゲートウェイを共有するには、VPNゲートウェイを貸すための設定と、VPNゲートウェイを借りるための設定を各ピアリング設定で行う必要があります。このシナリオでは、VPNゲートウェイを貸し出す側の仮想ネットワークであるVNet2でのピアリングについて問われているため、VNet2で構成されたピアリング設定で［この仮想ネットワークゲートウェイまたはルートサーバーを使用する］を選択する必要があります。一方、VNet1のピアリング設定では、［リモート仮想ネットワークのゲートウェイまたはルートサーバーを使用する］を選択する必要があります。

リモート仮想ネットワークから転送されたトラフィックに関する設定は、ほかの仮想ネットワーク上に存在するルーターなどによって転送されたトラフィックを受け入れるかどうかの設定です。

4 B、C

2つの仮想ネットワーク間で通信できるように構成する場合は、ピアリングとVPNゲートウェイのいずれかを使用できます。どちらも仮想ネットワーク間接続を構成可能ですが、VPNゲートウェイを使用する方法はピアリングに比べると高コストです。

ネットワークセキュリティグループは規則を作成して通信制御を行うものです。また、ローカルネットワークゲートウェイは、サイト間VPN接続を

行う際に使用するものです。どちらも仮想ネットワーク間接続のために使用するものではありません。

5　A、B、D、E

VPNゲートウェイを使用してサイト間接続を構成するには、一般的に次の4つの手順が必要です。

・仮想ネットワークおよびゲートウェイサブネットの作成
・VPNゲートウェイの作成
・ローカルネットワークゲートウェイの作成
・接続の作成

DNAT規則の構成は、Azure Firewallの構成で行う手順です。アプリケーションゲートウェイは、Webサーバーの負荷分散に使用するサービスです。どちらも、サイト間接続を実装するための手順としては適切ではありません。

6　A

VPNゲートウェイをデプロイするためのサブネットの名前は「Gateway Subnet」とする必要があります。この名前は固定されており、その他の名前のサブネットを選択してVPNゲートウェイをデプロイすることはできません。

7　A

VPNゲートウェイを使用してポイント対サイト接続ができるようにするには、ルートベースのVPNの種類が選択されたVPNゲートウェイを作成する必要があります。VPNの種類は後から変更できないため、このシナリオでは新しいVPNゲートウェイを作成し直す必要があります。
SKUを上位のものに変更しても、VPNの種類がルートベースでないとポイント対サイト接続はできません。また、ポリシーベースのVPNゲートウェイで選択可能なSKUはBasicのみです。作成したゲートウェイの種類をExpressRouteに変更することもできません。

8　D

アクティブ/アクティブモードでは2つのゲートウェイインスタンスがそれぞれ個別のパブリックIPアドレスを持つため、2番目となるパブリックIPアドレスの作成または割り当てを行う必要があります。

ポリシーベースのVPNゲートウェイでは、アクティブ/アクティブのモード
を使用できません。また、VPNゲートウェイのSKUはBasic以外であればア
クティブ/アクティブモードが使用できるため、このシナリオでSKUを変更
する必要はありません。

9　C

ExpressRoute回線には、ローカル、Standard、Premiumという3つのSKUが
あり、選択するSKUによって価格や接続可能なリージョンなどが異なりま
す。このシナリオではExpressRouteの接続場所と同じ地域内の別のリージョ
ンに接続できる必要があるため、ExpressRoute回線のSKUはStandardか
Premiumのいずれかが接続の要件を満たします。ただし、コストをなるべ
く抑える必要があるため、Standardがこのシナリオでの最適な選択肢です。
ローカルは、ExpressRouteの接続場所から最も近いリージョンにのみ接続
可能なSKUです。BasicというExpressRoute回線のSKUはありません。

10　C

ExpressRoute回線の作成後は、接続先に適したExpressRouteピアリングを構
成する必要があります。ExpressRouteピアリングにはAzureプライベートピ
アリングとMicrosoftピアリングの2種類がありますが、Azure仮想ネット
ワークとの接続のためにはAzureプライベートピアリングの構成が必要で
す。Microsoftピアリングは、Microsoft 365やAzure PaaSサービスとの接続
のために構成するピアリングです。
Azureパブリックピアリングという種類のピアリングも構成可能ですが、
現在の新しいExpressRoute回線での使用は非推奨になっており、代わりに
Microsoftピアリングでの使用が推奨されています。Azureハイブリッドピ
アリングという種類のピアリングはありません。

11　B

ExpressRouteによる接続とサイト間VPN接続は共存させることが可能です
が、そのためには、それぞれに対応する種類の仮想ネットワークゲートウェ
イが必要です。今回のシナリオではExpressRouteでの接続が行われている
ため、ゲートウェイサブネットやExpressRouteゲートウェイなどはすでに
作られていることがわかります。したがって、新しいVPNゲートウェイの
作成が、このシナリオで必要な手順です。
ExpressRouteゲートウェイには共存モードという設定はなく、ExpressRoute
ゲートウェイのSKUは共存構成そのものに影響しません。

第8章

ネットワークトラフィック
管理

8-1 ルートテーブル

Microsoft Azureでは、ルートテーブルを使ってルーティングを管理します。
本節では、Azure上で自動的に管理されるシステムルートや、経路をカスタマイズする方法
などについて説明します。

1 システムルート

Azure仮想ネットワークやオンプレミスネットワーク、インターネットなどの各ネットワーク上のリソース間のトラフィックは、ルーティングによって特定の経路で送受信されます。Azureでは、ユーザーの保守が不要なルートテーブルであるシステムルートが自動的に作成され、仮想ネットワークの各サブネットに割り当てられています。システムルートはAzureによって自動的に管理、更新されており、ユーザーは特に何もしなくても、最初からシステムルートで定義されたルート情報を使用できます。例えば、仮想マシンからインターネットにアクセスできるのは、システムルートに既定でデフォルトルートが定義されているためです。また、仮想ネットワークピアリングの設定では、指定した仮想ネットワーク宛のルート情報が自動的にシステムルートに反映されるため、ピアリングの設定を行うだけで異なる仮想ネットワーク間の通信が可能になります。

【システムルート】

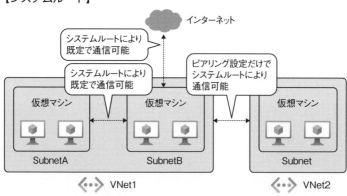

●システムルートに含まれるルート情報

　仮想ネットワークが作成されるたびに、いくつかの既定のルート情報を含むシステムルートが自動的に作成されます。作成されたシステムルートは、その仮想ネットワークのサブネットごとに割り当てられて使用されます。各ルートには、アドレスプレフィックスとネクストホップの種類が含まれています。サブネット内から送信されるトラフィックの宛先が特定のルートのアドレスプレフィックスに含まれているときに、そのプレフィックスを含むルート情報が使用されます。

　システムルートには、次の表に示すルート情報が既定で含まれています。

【既定で含まれる主なルート情報】

アドレスプレフィックス	ネクストホップの種類
接続している仮想ネットワークのアドレス空間	仮想ネットワーク
0.0.0.0/0	インターネット
10.0.0.0/8	なし
192.168.0.0/16	なし
100.64.0.0/10	なし

　また、Azure上で特定の機能を有効にしたときには、その機能に対するルート情報がシステムルートに追加されます。有効にした機能と設定内容に応じて、仮想ネットワークの特定のサブネットまたはすべてのサブネットに割り当てられたシステムルートにオプションのルート情報が追加されます。特定の機能を有効にしたときに追加される可能性があるルート情報は、次のとおりです。

【使用する機能によって追加される可能性があるルート情報】

ソース	アドレスプレフィックス	ネクストホップの種類	ルートの追加先となる仮想ネットワークのサブネット
既定	ピアとなる仮想ネットワークのアドレス空間	VNETピアリング	すべて
仮想ネットワークゲートウェイ	BGP経由でオンプレミスからアドバタイズされたプレフィックス、またはローカルネットワークゲートウェイで構成されているプレフィックス	仮想ネットワークゲートウェイ	すべて
既定	サービスエンドポイント設定で選択したサービスの種類によって異なる複数のプレフィックス	VirtualNetworkServiceEndpoint	サービスエンドポイントが有効になっているサブネットのみ

8

389

●有効なルートの確認

システムルートを含む有効なルートは、ネットワークインターフェイスのリソースから確認できます。ネットワークインターフェイスの管理画面で[有効なルート]をクリックすると、そのネットワークインターフェイスが接続するサブネットで有効なルート情報が表示されます。

【有効なルートの確認】

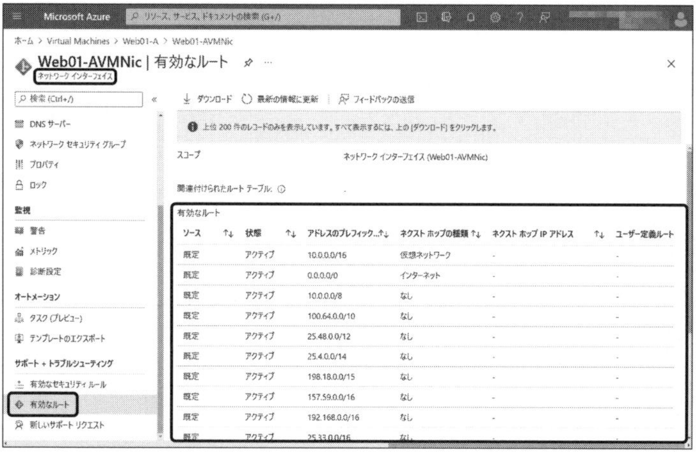

なお、有効なルートを確認するには、そのネットワークインターフェイスが関連付けられた仮想マシンを起動しておく必要があります。

2 ルート情報の変更の必要性

システムルートはAzureによって保守されるため、私たちが管理する必要はありません。例えば、仮想ネットワークピアリングを構成すれば、自動的にそのためのルート情報が追加されます。したがって、システムルートで定義されるルート情報に特に不満がなければ、ルートを変更する必要もありません。

ただし、時と場面によって、既定のルート情報の使用が問題になる場合があります。その1つの例として、同じ仮想ネットワーク内に存在するいくつかのサブネット間で通信を行うときに、特定のサブネットのネットワーク仮想アプライアンス（NVA）を経由するようにしたい場合が挙げられます。ここでのNVAは、ファイアウォールやルーティングなどの機能を提供する仮想マシンを意味します。

例えば、次図のように1つの仮想ネットワーク上に3つのサブネットが構成されており、サブネットAからサブネットB宛に送信されるトラフィックを、サブネットZに接続され

たNVAを経由するように構成し、NVAが持つファイアウォール機能を使用して通信制御やログ記録などを行いたい場合が考えられます。しかし、システムルートに含まれる既定のルート情報では、仮想ネットワークのアドレス空間と同じプレフィックスのルートが構成されているため、サブネットAからサブネットB宛に送信されるトラフィックには直接的な経路が使用され、NVAを経由せずに、2つのサブネット間での通信が行われてしまいます。

【既定のルート情報によるサブネット間の通信】

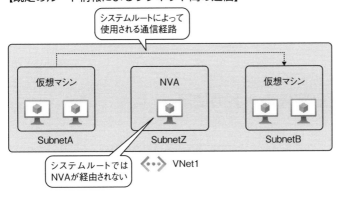

　このシナリオのように、ある宛先への通信時に特定のNVAや仮想ネットワークをネクストホップとして指定したい場合には、ルート情報の変更が必要です。つまり、既定のシステムルートに含まれるルート情報ではなく、別のルート情報を使用するように変更する必要があります。

　Azureで管理されるシステムルートを変更することはできませんが、ユーザー定義ルートを作成することでこのようなシナリオへの対応が可能です。ユーザー定義ルートとして指定されたルート情報は、システムルートよりも優先度が高いルート情報として使用されます。言い換えれば、既定のシステムルートをオーバーライドしたり、サブネットのルートテーブルにルートを追加したりするのに役立ちます。上記のシナリオでは、ユーザー定義ルートを作成してサブネットAに関連付けることで、サブネットAからサブネットB宛に送信されるトラフィックが、サブネットZに接続されたNVAを経由して宛先に送られるようにネクストホップを指定できます。

8

【ユーザー定義ルートによる通信経路の変更】

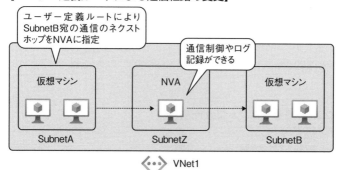

---

3 ユーザー定義ルートの使用

　ユーザー定義ルートを使用して特定の宛先への通信経路を変更するには、次の手順が必要です。

①ルートテーブルの作成

　ユーザー定義ルートを使用するには、最初にルートテーブルを作成します。Azureポータルからルートテーブルを作成するには、サービス一覧から［ネットワーキング］のカテゴリ内にある［ルートテーブル］をクリックし、表示される画面で［作成］をクリックします。ルートテーブルの作成では、ほかのリソースと同様にリソースグループや名前などのパラメーターを［基本］タブで指定します。

②ルートの追加

　前の手順で作成したルートテーブルに、ルートを追加します。ルートを追加するには、ルートテーブルの管理画面で［ルート］のメニューをクリックし、［追加］をクリックします。

　ルートテーブルに追加する独自のルート情報を、ユーザー定義ルートと呼びます。ルートの追加時は、ルート名のほかに、［アドレスプレフィックス］や［ネクストホップの種類］を選択します。この設定により、送信されるトラフィックの宛先が特定のルートのアドレスプレフィックスに含まれているときのネクストホップを指定できます。［ネクストホップの種類］は次の選択肢から適したものを選択しますが、［仮想アプライアンス］を選択した場合には、そのNVAのIPアドレスの指定も必要です。

・仮想ネットワークゲートウェイ
・仮想ネットワーク
・インターネット

・仮想アプライアンス

・なし

前に説明したシナリオのように、サブネットAからサブネットB宛に送信されるトラフィックが、サブネットZに接続されたNVAを経由するようにしたい場合には、サブネットBのアドレス範囲を［アドレスプレフィックス］に指定します。そして、［ネクストホップの種類］で［仮想アプライアンス］を選択し、［IPアドレス］にはサブネットZに接続されたNVAのプライベートIPアドレスを指定します。

【ルートの追加】

参考

特定のNVAを経由するように経路を変更する場合、NVAとなる仮想マシンのネットワークインターフェイスでIP転送を有効化しておく必要があります。IP転送は既定で無効になっており、仮想マシンのOS内でルーターの役割などが構成されていても、自身のアドレス以外の宛先が指定されたトラフィックをドロップしてしまうためです。IP転送の設定の詳細については、以下のWebサイトを参照してください。

https://docs.microsoft.com/ja-jp/azure/virtual-network/virtual-network-network-interface#enable-or-disable-ip-forwarding

8

③ サブネットへの関連付け

ルートテーブルにルートを追加できたら、そのルートテーブルを使用するサブネットへの関連付けを行います。前に説明したシナリオのように、サブネットAからサブネットB宛に送信されるトラフィックが、サブネットZに接続されたNVAを経由するようにしたい場合には、ルートテーブルをサブネットAに関連付けます。この関連付けにより、既定で使用されるシステムルートのルート情報と、作成したルートテーブルのルート情報がマージされます。もし、両者のルート情報に同じアドレスプレフィックスが含まれていた場合には、作成したルートテーブルのルート情報が優先的に使用されます。つまり、ユーザー定義ルートによって、システムルートの

ルート情報をオーバーライドできるわけです。

【サブネットへの関連付け】

試験対策　作成したルートテーブルを使用するには、仮想ネットワークのサブネットへの関連付けが必要です。

④ 変更されたルートの確認

　サブネットへの関連付けを終えたら、最後にルートが変更されたかどうかを確認します。ここでのシナリオの場合、サブネットAに接続する仮想マシンのネットワークインターフェイスの管理画面で［有効なルート］をクリックし、ユーザー定義ルートによって構成されたルート情報を確認します。

【変更されたルートの確認】

サービスエンドポイントと
Private Link

Microsoft Azureには、特定の仮想ネットワークからストレージやSQL Databaseなどへの直接アクセスを提供する機能として、サービスエンドポイントとPrivate Linkがあります。本節では、サービスエンドポイントとPrivate Linkについて、両者の違いや実装方法などについて説明します。

1 サービスエンドポイントの概要

　Azureには、ストレージやSQL Databaseなどのサービスがあります。これらのサービスの利用シナリオには様々なものがありますが、大きく分けると「インターネットを経由して利用するシナリオ」と「Azureの内部から利用するシナリオ」の2つがあります。既定では、これらのサービスへのアクセスおよびトラフィックでは送信元IPアドレスとしてパブリックIPアドレスが使用されるため、インターネットを経由してそれらのサービスにアクセスすることが可能です。しかし、Azureの内部から利用するシナリオでは、インターネット経由のアクセスを許可しないよう制限したい場合があります。例えば、アクセス元の仮想マシンとアクセス先のストレージが同じリージョンやデータセンターに存在しているにも関わらず、インターネット経由でアクセスするのは非効率です。また、インターネットを経由したアクセスを許可していると、外部からの不正アクセスなどの可能性も考えられます。

【インターネットを介したストレージへのアクセス】

　サービスエンドポイントを使用すると、Azureのバックボーンネットワーク上で最適化されたルートを介して、ストレージやSQL DatabaseなどのAzureサービスに安全に直接接続できます。サービスエンドポイントの有効化により、仮想ネットワークから

Azureサービスにアクセスするときのトラフィックにおいて、発信元IPアドレスとして仮想ネットワークのプライベートアドレスが使用されるよう切り替わります。つまり、仮想マシンなどがパブリックIPアドレスを使用せずに、仮想ネットワーク内からストレージやSQL Databaseなどのサービスに直接接続できます。また、サービスエンドポイントを使用することで、重要なAzureサービスリソースへのアクセスを特定の仮想ネットワークのみに限定できます。インターネットを経由したアクセスはブロックされるため、Azureの内部からストレージなどのサービスを利用するシナリオにおいてセキュリティが向上します。

【サービスエンドポイントを使用したストレージへのアクセス】

サービスエンドポイントによって、仮想ネットワーク上の仮想マシンなどからストレージやSQL DatabaseなどのAzureサービスに直接的に接続可能になり、インターネット経由のアクセスはブロックされます。

SQL Databaseの場合は接続元の仮想ネットワークと同じリージョンに存在している必要があるなど、一部のサービスには制限があります。これらの制限やサポートされるAzureサービスの一覧については、以下のWebサイトを参照してください。
https://docs.microsoft.com/ja-jp/azure/virtual-network/virtual-network-service-endpoints-overview

2　サービスエンドポイントの有効化

　サービスエンドポイントの有効化は、仮想ネットワークのサブネットごとに、サービスエンドポイントを使用するサービスを選択して行います。仮想ネットワークの管理画面で［サブネット］から任意のサブネットをクリックすると、サービスエンドポイントのサービスの一覧からサービスを選択できます。このサービス一覧には、ストレージサービスの［Microsoft.Storage］やSQL Databaseサービスの［Microsoft.Sql］などが含まれています。

【サブネットごとのサービスエンドポイントの有効化】

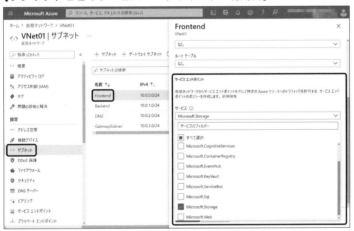

 複数のサブネットに対してまとめてサービスエンドポイントを構成したい場合には、仮想ネットワークの管理画面で［サービスエンドポイント］のメニューを使用します。

 サービスエンドポイントを有効化するとシステムルートのルート情報が自動的に更新され、［ネクストホップの種類］列が［VirtualNetworkServiceEndpoint］となったルート情報が追加されていることを確認できます。

8

3 サービスエンドポイントの構成

　サービスエンドポイントを有効化した後は、各サービスで具体的な制限の内容について構成する必要があります。サービスエンドポイントは、各サービスが持っているファイアウォール機能と連動して動作しますが、リソースへのネットワークアクセスを制限するために必要な手順はサービスの種類によって異なります。例えば、ストレージに対してサービスエンドポイントを有効化した場合は、5-4節で説明したようにストレージアカウントの管理画面の［ネットワーク］のメニューからアクセスを許可する仮想ネットワークおよびサブネットの選択などの構成を行います。また、SQL Databaseに対してサービスエンドポイントを有効化した場合は、SQL Databaseの管理画面の［概要］にある［サーバーファイアウォールの設定］からアクセスを許可する仮想ネットワークおよびサブネットの構成を行います。

【SQL Databaseでのサービスエンドポイントの構成】

　このように、サービスエンドポイントはルートテーブルの変更とサービスごとのファイアウォール機能によって実現されています。その結果、サービス側で許可した特定の仮想ネットワークからのアクセスだけが受け入れられ、仮想ネットワークからAzureサービスへのアクセスがインターネットを経由せず、直接に行われるようになります。

4　Private Linkの概要

　Azureには、様々なリソース間のプライベート接続を提供する、Azure Private Link と呼ばれるサービスがあります。Azure Private Linkでは、仮想ネットワークから Azure PaaSサービス、あるいはAzure上で運用している自社の業務システムなどへのプライベート接続を行うための**プライベートエンドポイント**を構成できます。これによって、例えば、ストレージやSQL DatabaseなどのAzure PaaSサービスに仮想ネットワーク内のプライベートエンドポイントを介してアクセスできます。仮想ネットワークとサービスの間の通信はAzureのバックボーンネットワーク経由で行われるため、インターネットへのサービスの公開が不要になり、サービスエンドポイントと同様に、ストレージやSQL Databaseなどへのアクセス元を特定の仮想ネットワークだけに制限したいシナリオで活用できます。

　サービスエンドポイントとPrivate Linkのプライベートエンドポイントは、リソースへのアクセスを限定する機能という意味ではよく似ています。しかし、両者には異なる特徴があります。

　サービスエンドポイントの実装方法については本節の前半で説明しましたが、サービスエンドポイントを設定したリソースのIPアドレスは公的にルーティング可能なIPアドレス（パブリックIPアドレス）から変わることはなく、ルートテーブルの変更とサービスごとのファイアウォール設定によって実現されています。一方、Private Linkのプライベートエンドポイントを作成すると、プライベートエンドポイント用のネットワークインターフェイスが作成され、このネットワークインターフェイスにプライベートIPアドレスが割り当てられます。そして、プライベートエンドポイントにストレージアカウントなどのリソースをマップすることによって、リソースへの直接アクセスを実現します。

【Private Linkおよびプライベートエンドポイントの動作イメージ】

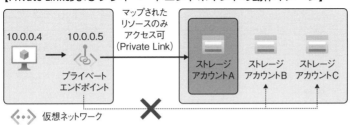

8

　そのため、Private Linkのプライベートエンドポイントには、サービスエンドポイントとは異なる次の利点があります。

●グローバルな展開

ほかのリージョンで実行されるサービスへのプライベート接続が可能です。例えば、リージョンAにある仮想ネットワークに接続された仮想マシンから、リージョンBにあるストレージやSQL Databaseなどのサービスに接続できます。

●様々なネットワークから使用可能

ピアリングされたほかの仮想ネットワークからも、Private Linkのプライベートエンドポイントを介してリソースにアクセスできます。さらに、ExpressRouteやVPNトンネルで接続されたオンプレミスネットワークからも、Private Linkのプライベートエンドポイントを介してリソースにアクセスできます。

試験対策

サービスエンドポイントとPrivate Linkのプライベートエンドポイントの違いについて確認しておきましょう。

参考

Private Linkのプライベートエンドポイントの宛先ターゲットとして指定できるリソースの一覧については、以下のWebサイトを参照してください。
https://docs.microsoft.com/ja-jp/azure/private-link/private-endpoint-overview

5　Private Linkのプライベートエンドポイントの実装

AzureポータルからPrivate Linkのプライベートエンドポイントを作成するには、サービス一覧から［ネットワーキング］のカテゴリ内にある［Private Link］をクリックします。そして、表示される［Private Linkセンター］画面で、［プライベートエンドポイント］、［作成］の順にクリックし、ウィザードに従ってプライベートエンドポイントを作成します。

●［基本］タブ

通常のリソースを作成するときと同様に、リソースグループの選択や、プライベートエンドポイントの名前、地域を選択します。

●［リソース］タブ

マップするリソースの種類や対象のリソースを選択します。例えば、ストレージへのアクセスのために構成する場合は、リソースの種類で［Microsoft.Storage/

storageAccounts] を選択し、その配下でストレージアカウントと対象サブリソースを選択します。

【プライベートエンドポイントの作成 - [リソース] タブ】

● [構成] タブ

　プライベートエンドポイントを構成する仮想ネットワークおよびサブネットを選択します。ネットワークインターフェイスに割り当てられるプライベートIPアドレスは、ここで選択する仮想ネットワークおよびサブネットによって決定されます。

　なお、プライベートリンクにマップするリソースへ完全修飾ドメイン名（FQDN）でアクセスするには、割り当てられたプライベートIPアドレスに解決されるようにDNS設定を正しく構成する必要があります。プライベートDNSゾーンを使用して名前解決を行う場合は、プライベートDNSゾーンとの統合を構成します。

【プライベートエンドポイントの作成 - [構成] タブ】

8

プライベートエンドポイントは、Private Linkセンターから構成する以外に、各サービスの管理画面から構成することもできます。例えば、ストレージアカウントの管理画面では、[ネットワーク] のメニューで [プライベートエンドポイント接続] タブから構成可能です。

●プライベートエンドポイントの作成後の確認

プライベートエンドポイントの作成後、[Private Linkセンター] 画面の [プライベートエンドポイント] の一覧に、作成したプライベートエンドポイントやリソースの情報が表示されます。

【作成されたプライベートエンドポイント】

また、各プライベートエンドポイントをクリックすると [概要] 画面が表示され、このプライベートエンドポイントに関連付けられた仮想ネットワークおよびサブネット、ネットワークインターフェイス、リソースなどの情報を確認できます。また、アクセスに使用されるIPアドレスやDNS名は、[DNSの構成] をクリックすると確認できます。

【プライベートエンドポイントの［DNSの構成］】

　このように、プライベートエンドポイントの構成時に選択したリソースにアクセスするためのプライベートIPアドレスが割り当てられ、仮想マシンなどからAzureのバックボーンネットワークを経由してリソースに直接アクセスできます。

8

8-3 Azure Load Balancer

Microsoft Azureにはいくつかの負荷分散サービスがあり、ユーザーからの要求を複数の仮想マシンやエンドポイントに振り分けて処理することができます。
本節では、Azure Load Balancerと呼ばれる最も代表的な負荷分散サービスについて、コンポーネントや実装手順を説明します。

1 Azureで提供される負荷分散サービス

第4章で説明したように、仮想マシンは可用性オプションを構成することにより可用性を高めることができますが、可用性オプションを構成しただけでは、負荷分散にはなりません。それだけでは個々の仮想マシンが独立にサービスを提供している状態であり、ユーザーは各仮想マシンに個別にアクセス要求を行う必要があります。ユーザーからのアクセス要求を自動で複数の仮想マシンなどに振り分けるには、負荷分散サービスを構成する必要があります。負荷分散サービスを利用すると、ユーザーからの見かけ上は1つのサーバーとして振る舞いつつ、実際にはいくつかの仮想マシンなどで分散してアクセス要求を処理することが可能になります。

Azureで提供される主な負荷分散サービスには、Azure Load BalancerとAzure Application Gatewayの2種類があります。それぞれ異なる特徴を持っており、負荷を分散したいサービスの内容や用途に適した負荷分散サービスを選択して使用します。

【Azureで提供される主な負荷分散サービス】

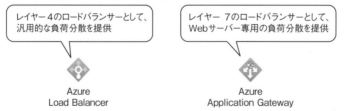

レイヤー4のロードバランサーとして、
汎用的な負荷分散を提供

Azure
Load Balancer

レイヤー7のロードバランサーとして、
Webサーバー専用の負荷分散を提供

Azure
Application Gateway

●Azure Load Balancer

レイヤー4のロードバランサーとして使用できる、最もポピュラーな負荷分散サービスです。任意のポート番号とプロトコル（TCPまたはUDP）を振り分けの条件に使用し、いくつかの仮想マシンで負荷を分散できます。Webサーバーの負

荷分散にも使用できますが、主にWebサーバー以外の負荷分散に使用されます。

●Azure Application Gateway

レイヤー7のロードバランサーとして使用できるサービスです。簡単に言ってしまえば、Webサーバー専用の負荷分散サービスです。Webサーバーの負荷分散に特化しており、必要に応じてWebアプリケーションファイアウォール（WAF）やSSLオフロード機能も使用できます。Azure Application Gatewayの詳細については8-4節で説明します。

【2つの負荷分散サービスの比較】

	Azure Load Balancer	Azure Application Gateway
テクノロジ	トランスポート層（レイヤー4）	アプリケーション層（レイヤー7）
プロトコル	任意のTCPまたはUDPプロトコル	HTTP、HTTPS、HTTP/2、およびWebSocket
バックエンドまたはエンドポイント	・Azure Virtual Machines ・Azure Virtual Machine Scale Sets	・Azure Virtual Machines ・Azure Virtual Machine Scale Sets ・Azure App Services ・任意のIPアドレスまたはホスト名
ネットワーク接続	外部または内部	外部または内部

試験対策　2つの負荷分散サービスの特徴の違いを確認しておきましょう。

参考　このほかにも、名前解決の仕組みを用いた負荷分散を提供するAzure Traffic Managerや、グローバル負荷分散とサイトアクセラレーションサービスを提供するAzure Front Doorという負荷分散サービスもあります。これらを含めた負荷分散サービスの詳細については、以下のWebサイトを参照してください。
https://docs.microsoft.com/ja-jp/azure/architecture/guide/technology-choices/load-balancing-overview

8

2 Azure Load Balancerの概要

　最もポピュラーな負荷分散サービスであり、レイヤー4のロードバランサーとして使用できるサービスです。任意のポート番号とプロトコル（TCPまたはUDP）を振り分けの条件に使用し、いくつかの仮想マシンで負荷を分散できます。例えば、同じ役割を構成した3つの仮想マシンがあり、この3つの仮想マシンで負荷を分散できるように構成したい場合に活用できます。Azure Load Balancerを使用した場合は、ユーザーからのアクセス要求はロードバランサーで受けることになり、そのアクセス要求がバックエンドプールに含まれる仮想マシンに振り分けられます。このような動作によって、ユーザーからの見かけ上は1つのサーバーであるかのように振る舞います。また、バックエンドプール内の特定の仮想マシンがダウンしたとしても、残りの仮想マシンでサービスを引き続き処理できるため、結果的にサービスの可用性も向上します。

【Azure Load Balancerの動作イメージ】

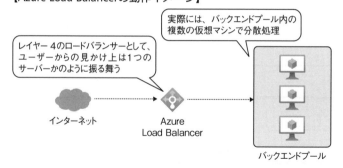

●負荷分散アルゴリズム

　Azure Load Balancerでは、ハッシュベースの分散アルゴリズムを使用してインバウンドフローを分散し、振り分け先となるバックエンドプール内の仮想マシンを決定します。ハッシュには次のものが含まれます。

- ・送信元IPアドレス
- ・送信元ポート
- ・宛先IPアドレス
- ・宛先ポート
- ・プロトコル

　既定では、上記の5つの要素の組み合わせから生成されるハッシュ値（5タプルハッシュ）を使用し、複数の仮想マシン間でネットワークトラフィックが均等に

分散されるように動作します。そのため、完全なラウンドロビンではありませんが、ほぼラウンドロビンのように偏りなく順番に振り分けられます。なお、TCPまたはUDPセッションが続く限りは同じ仮想マシンに振り分けられますが、同じ送信元IPアドレスから新しいセッションが開始されたときは、送信元ポートが変化するため、5タプルハッシュによってバックエンド内の別の仮想マシンにトラフィックが向かう可能性があります。

【負荷分散アルゴリズム】

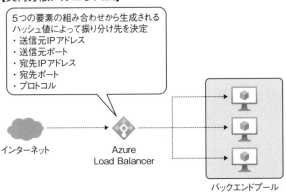

必要に応じて、セッション永続化という設定を使用して、同じ送信元IPアドレスからの要求を処理する仮想マシンが変化しないように固定化できます。セッション永続化については、本節の後半で説明します。

3 Azure Load Balancerのコンポーネントおよび用語

　Azure Load Balancerには様々なコンポーネントがあります。また、負荷分散では特有の用語がいくつか登場します。負荷分散を適切に行うには、これらのコンポーネントおよび用語を理解しておく必要があります。

8

【Azure Load Balancerの主なコンポーネント】

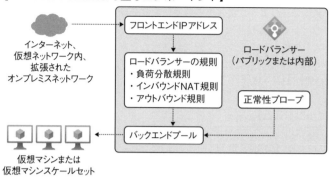

●ロードバランサーの種類

「パブリック」と「内部」の2つの種類があります。この2つの違いはパブリックIPアドレスを持つかどうかです。負荷分散の対象がインターネットからのアクセス要求か、仮想ネットワーク内からのアクセス要求かによって適した種類を選択します。

●フロントエンドIPアドレス

ロードバランサーのIPアドレスのグループです。既定で1つのIPアドレスが含まれますが、オプションでIPアドレスを追加することもできます。また、このIPアドレスはロードバランサーへのアクセスに使用されるため、インターネットからのアクセス要求を負荷分散する場合には、パブリックIPアドレスの割り当てが必要になります。

●バックエンドプール

負荷分散先となる仮想マシンのグループです。ロードバランサーのSKUによってバックエンドプールに含められるものが異なります。

●ロードバランサーで使用する規則

ロードバランサーのインバウンド接続に使用する規則には、「負荷分散規則」と「インバウンドNAT規則」があります。負荷分散が目的の場合は負荷分散規則、1対1のポート変換が目的の場合はインバウンドNAT規則を使用します。また、必要に応じてアウトバウンド接続に使用する「アウトバウンド規則」も構成できます。

●正常性プローブ

バックエンドプール内の死活監視を行うコンポーネントです。例えば、バックエンドプール内に複数の仮想マシンが含まれている場合、それらの仮想マシンがアップしている（正常に稼働している）かどうかをチェックするために正常性プ

ローブが使用されます。

4 ロードバランサーの種類

ロードバランサーには「パブリック」と「内部」の2種類があります。この2つの違いはパブリックIPアドレスを持つかどうかです。負荷分散に使用するアルゴリズムや機能はまったく一緒なので、どこからのアクセス要求を負荷分散したいかによって適した種類を選択します。

●パブリック

　一般的なロードバランサーの構成に使用される種類です。ロードバランサーがパブリックIPアドレスを持ち、インターネットからロードバランサー宛に送られたトラフィックが分散されます。ロードバランサーが持つパブリックIPアドレスは、フロントエンドIPアドレスの構成時に割り当てます。パブリックロードバランサーではネットワークアドレス変換（NAT）を行うため、バックエンドプールに含まれる個々の仮想マシンにはパブリックIPアドレスが不要です。なお、パブリックロードバランサーは、バックエンドプール内の死活監視を行うためにプライベートIPアドレスも所有します。

●内部

　パブリックIPアドレスを持たないロードバランサーの種類です。プライベートIPアドレスだけを持ち、仮想ネットワーク内からロードバランサー宛に送られたトラフィックが分散されます。また、仮想ネットワークとオンプレミスネットワークを接続していたり、仮想ネットワークピアリングを構成している場合は、それらのネットワークからのトラフィックも分散できます。そのため、内部ロードバランサーは、アプリケーションサーバーからデータベースサーバーへの通信などのように、内部的に行われる通信を分散する用途に使用されます。

8

【ロードバランサーの種類】

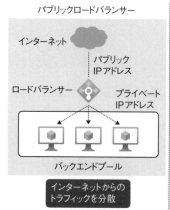
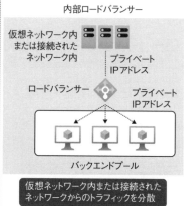

---

5 ロードバランサーのSKU

　SKUは、ロードバランサーの性能を決定するパラメーターです。ロードバランサーのSKUには「Basic」と「Standard」の2つの選択肢があり、コストおよびSLAの有無だけではなく、バックエンドプールに含めることができるインスタンスの数や仮想マシンで必要な構成、可用性ゾーンのサポートの有無などが異なります。

●Basic

　Basic SKUは無料ですが、SLAが提供されません。また、バックエンドプールに含まれる仮想マシンの数は300までという制限があり、仮想マシンの場合は可用性セットの構成も必要です。

●Standard

　Standard SKUは有料ですが、99.99％のSLAが提供されます。バックエンドプールに最大1,000まで同じ仮想ネットワーク内の任意の仮想マシンを含めることができます。また、Standard SKUでは、可用性ゾーンもサポートされます。

【ロードバランサーのSKUの主な違い】

	Basic SKU	Standard SKU
コスト	無料	有料
SLA	なし	99.99%
バックエンドプールのサイズ	最大300インスタンス	最大1,000インスタンス

	Basic SKU	Standard SKU
バックエンドプールに含められるもの	単一の可用性セットが構成された仮想マシンまたは仮想マシンスケールセット	単一の仮想ネットワーク内の任意の仮想マシンまたは仮想マシンスケールセット
可用性ゾーン	使用できない	使用できる

 参考

本書の執筆時点ではプレビュー段階ですが、Standard SKUかつ特定のリージョンに限り、リージョン間のパブリックロードバランサーを構成できます。リージョン間ロードバランサーの詳細については、以下のWebサイトを参照してください。

https://docs.microsoft.com/ja-jp/azure/load-balancer/cross-region-overview

6 ロードバランサーで使用する規則

　ロードバランサーで使用する主な規則には、「負荷分散規則」「インバウンドNAT規則」「アウトバウンド規則」の3つがあります。このうち、負荷分散規則とインバウンドNAT規則は、ロードバランサーへのインバウンド接続に使用される規則であり、ロードバランサーの使用目的に合わせて構成します。一方、アウトバウンド規則は、バックエンドプール内からインターネットへのアウトバウンド接続に使用される規則です。

●負荷分散規則

　負荷分散を行うために使用する規則です。例えば、「ロードバランサーのポート80番宛に送られる通信をバックエンドプール内で振り分ける」などの負荷分散規則を構成します。バックエンドポートは、ロードバランサーが受信するポート番号とは異なるポート番号でも構いません。

【負荷分散規則】

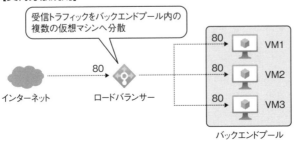

　また、負荷分散規則では、必要に応じて**セッション永続化**を構成することもできます。負荷分散アルゴリズムの箇所で説明したように、ロードバランサーは既定で5タプルハッシュによってトラフィックを均等に分散するように動作しますが、Webアプリによってはクライアントからのアクセスのたびに振り分け先が変わると不都合な場合があります。例えば、Cookieを使用するようなWebアプリでは、クライアント側で持つCookie情報とWebサーバー側で保持するデータの両方が必要になるため、アクセスのたびに振り分け先が変わるのは望ましくありません。そのような場合には、負荷分散規則でセッション永続化を構成することで、1つのクライアントからのアクセスが同じ仮想マシンで処理されるように振り分け先を固定化できます。

　セッション永続化の構成では、クライアントIPアドレスだけを用いるか、クライアントIPアドレスとプロトコル（TCPまたはUDP）の組み合わせを用いるかを選択できます。

【セッション永続化の動作イメージ】

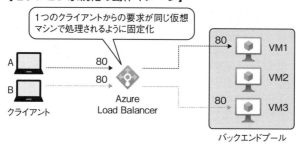

試験対策　セッション永続化の構成が必要となるシナリオを確認しておきましょう。

●インバウンドNAT規則

　ネットワークアドレス変換（NAT）を使用して、ロードバランサーで受信したトラフィックを特定の仮想マシンにルーティングするための規則です。負荷分散規則とは異なり、ロードバランサーの特定のポート番号宛の通信を指定したターゲット仮想マシンの特定のポート番号宛に変換します。つまり、1対1のポート変換を行う規則であり、特定の外部ポートを隠蔽するのに使用できます。例えば、仮想マシンでRDP（3389）のようなポート番号を外部に公開している場合、スキャンされて攻撃を受ける可能性が考えられます。インバウンドNAT規則を使用すれば、ロードバランサーのポート5001番宛に送られる通信を特定の仮想マシンのポート3389番宛にするなどのポート変換ができるため、セキュリティを向上できます。

【インバウンドNAT規則】

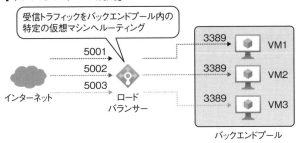

受信トラフィックをバックエンドプール内の
特定の仮想マシンへルーティング

5001
5002
5003

インターネット

ロード
バランサー

3389 VM1
3389 VM2
3389 VM3

バックエンドプール

試験対策 インバウンドNAT規則は、ロードバランサーで受信したトラフィックを特定の仮想マシンにルーティングするための規則です。また、1対1のポート変換を行うことにより、RDP（3389）のような外部ポートを隠蔽できます。

●アウトバウンド規則

Standard SKUのパブリックロードバランサーが選択されている場合のみ構成可能な、アウトバウンド接続のための規則です。ロードバランサーの構成に必須の規則ではありませんが、この規則を使用するとパブリックロードバランサーの送信元ネットワークアドレス変換（SNAT）を明示的に定義できます。バックエンドプール内の仮想マシンからインターネットへのアウトバウンド接続が必要な場合に、アウトバウンド規則を使用することにより、バックエンドプール内の仮想マシンがロードバランサーのパブリックIPアドレスを使用してインターネットに接続できるようになります。そのため、次のようなシナリオを実現したい場合に、アウトバウンド規則が役立ちます。

・IPマスカレード
・送信トラフィックの許可リストの単純化
・デプロイするパブリックIPリソース数の削減

8

【アウトバウンド規則】

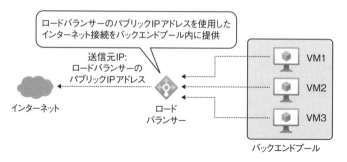

7　正常性プローブ

　ロードバランサーではバックエンドプール内に含まれる複数の仮想マシンに処理の振り分けを行いますが、ダウンしている相手に振り分けても意味がないため、それらが正常に動作しているかどうかを判断する死活監視の機能を持っています。これを行うのが、正常性プローブです。

　正常性プローブでは、プロトコルと間隔および異常しきい値を設定して、対象がアップしているかどうかを判断します。正常性プローブで使用するプロトコルには「TCP」「HTTP」「HTTPS」の3つがありますが、ロードバランサーのSKUによって選択可能なプロトコルは異なります。

【正常性プローブで選択可能なプロトコル】

	Basic SKU	Standard SKU
TCP	○	○
HTTP	○	○
HTTPS	×	○

　TCPを選択した場合には3ウェイハンドシェイクの通信のみで判断を行います。バックエンドプール内の特定の仮想マシンと3ウェイハンドシェイク接続ができればアップしていると判断し、応答がなければダウンしていると判断します。

　一方、HTTPまたはHTTPSを選択した場合には、HTTPまたはHTTPSリクエストをバックエンドプール内に送信し、その応答結果で判断を行います。そのため、リクエストするWebページファイル（.htmlなど）のパスの指定も必要です。特定の仮想マシンがHTTP応答コード200を返すと、正常性プローブは対象がアップしていると判断します。200以外のHTTP応答コードを返したり応答がなかった場合には、ダウンしていると判断します。

【正常性プローブで使用されるプロトコルの動作の違い】

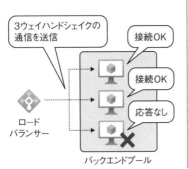

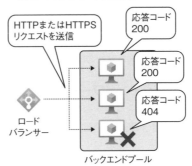

このような動作によって、ダウンしていると判断された仮想マシンは負荷分散の振り分け対象から外されます。ただし、バックエンドプールから自動的に削除されることはありません。つまり、ダウンしていると判断された後でも正常性プローブの死活監視は行われるため、再起動などによる一時的なダウンであった場合には復帰後に振り分け対象として再び使用されます。

試験対策

HTTPまたはHTTPSの場合は、指定したWebページのリクエストをバックエンドプール内の仮想マシンに送信し、その応答結果によって判断を行います。

8 ロードバランサーの作成

Azureポータルからロードバランサーを作成するには、サービス一覧から［ネットワーキング］のカテゴリ内にある［ロードバランサー］をクリックし、表示される画面で［ロードバランサー］が選択されていることを確認して［作成］をクリックします。

その後、ロードバランサーを作成するために必要なパラメーターを各タブで設定します。ここでは、負荷分散を目的とした基本的なロードバランサーを作成するための手順について説明します。

● ［基本］タブ

ロードバランサーの名前や地域のほか、SKUや種類を選択します。Basic SKUではSLAが提供されないため、運用ワークロードで使用する場合にはStandard SKUの使用が推奨されます。

●［フロントエンドIP構成］タブ

　　ロードバランサーへのアクセスに使用されるフロントエンドIPアドレスを構成します。パブリックロードバランサーとして使用する場合は、パブリックIPアドレスの作成または割り当ても必要です。なお、事前に作成されたパブリックIPアドレスをロードバランサーに割り当てる場合には、パブリックIPアドレスのSKUとロードバランサーのSKUが一致している必要があります。

●［バックエンドプール］タブ

　　仮想ネットワークの選択や、振り分け先となる仮想マシンまたは仮想マシンスケールセットを指定します。なお、バックエンドプールに追加する仮想マシンおよび仮想マシンスケールセットは、ロードバランサーと同じリージョンに存在している必要があります。また、その仮想マシンおよび仮想マシンスケールセットのインスタンスでパブリックIPアドレスが構成されている場合には、リソースで使用するパブリックIPアドレスのSKUとロードバランサーのSKUが一致している必要もあります。

【バックエンドプールの追加】

●［インバウンド規則］タブ

　　ロードバランサーの使用目的に合わせて、使用する規則を構成します。負荷分散を行う場合には［負荷分散規則の追加］をクリックし、規則名やポート、バックエンドポートなどを指定します。また、フロントエンドIPアドレスやバックエンドプールについてはこれまでの手順で指定したものを選択しますが、正常性プローブについては、ここで［新規作成］をクリックしてプロトコルや間隔などのパラメーターを指定する必要があります。さらに、必要に応じてセッション永続化の構成などを行います。

【負荷分散規則の追加】

【正常性プローブの新規作成】

8

参考
負荷分散ではなく、1対1のポート変換を行う場合は［インバウンドNAT規則の追加］をクリックし、フロントエンドIPアドレスの選択やサービス、ターゲット仮想マシンやポートマッピングを設定します。

●［送信規則］タブ

必要に応じて、［アウトバウンド規則の追加］をクリックし、送信元ネットワー

クアドレス変換（SNAT）のためのアウトバウンド規則を構成します。アウトバウンド規則の構成は、Standard SKUのパブリックロードバランサーが選択されている場合のみ構成できます。

9 ロードバランサーへのアクセス

　ロードバランサーの作成後は、ロードバランサーのIPアドレスを確認します。例えば、パブリックロードバランサーを作成した場合は、ロードバランサーの管理画面の［概要］画面で、パブリックロードバランサーに割り当てられたパブリックIPアドレスを確認できます。

【ロードバランサーの［概要］】

　IPアドレスを確認したら、ロードバランサーのIPアドレスにアクセスして、負荷分散の結果を確認します。例えば、バックエンドプールにNginxのWebサーバーを構成した複数の仮想マシンが含まれ、負荷分散規則によってロードバランサーへのWebアクセス（TCPポート80番）を分散するように構成したとします。この場合、外部クライアントのブラウザーからパブリックロードバランサーのIPアドレス宛にアクセスを行うと、Webサーバーのページ情報が表示されます。表示されるWebページは、バックエンドプール内のいずれかの仮想マシンによるものです。

【ロードバランサーへのアクセス結果の例】

Welcome to nginx!

If you see this page, the nginx web server is successfully installed and
working. Further configuration is required.

For online documentation and support please refer to nginx.org.
Commercial support is available at nginx.com.

Thank you for using nginx.

8-4 Azure Application Gateway

Microsoft Azureでは、Azure Application Gatewayを使用して負荷分散を実現することもできます。
本節では、Azure Application GatewayとAzure Load Balancerとの違い、使用できる機能、実装手順を説明します。

1 Azure Application Gatewayの概要

　前節ではレイヤー4のロードバランサーであるAzure Load Balancerについて取り上げました。一方、ここで説明するAzure Application Gatewayはレイヤー7のロードバランサーとして使用できるサービスです。簡単に言ってしまえばWebサーバー専用の負荷分散サービスであり、要求されたURLのパスやホストヘッダーなどのHTTPリクエストの追加属性に基づいて振り分け先を決定して負荷分散を行います。1つのバックエンドプールだけでなく、例えば、リクエストされたURLのパスが「〜/images」である場合と「〜/video」である場合とで異なるバックエンドプール（Webサーバー群）に負荷分散されるように構成することもできます。

【Azure Application Gatewayの動作イメージ】

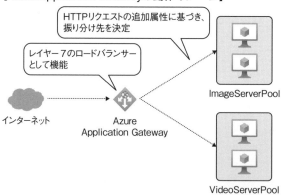

2　Azure Application Gatewayの主な機能

　Azure Application Gatewayは、Webサーバーに特化した負荷分散サービスとして使用できます。そのため、汎用的な負荷分散サービスであるAzure Load Balancerとは異なり、特有の様々な機能が提供されています。Azure Application Gatewayが持つ主な機能には、次のようなものがあります。

●Webアプリケーションファイアウォール（WAF）

　インターネットに公開するWebアプリケーションは、既知の脆弱性を利用した攻撃を受ける可能性が考えられます。例えば、SQLインジェクション攻撃やクロスサイトスクリプティング攻撃などが挙げられます。アプリケーションコードでこのような攻撃を防ぐことは困難な場合があり、厳格な保守やパッチの適用などが必要になることもあります。そのようなシナリオでも上記の攻撃から保護できるように、WAFのSKU（サービスレベル）のAzure Application Gatewayでは、Webアプリケーションファイアウォールの機能が使用できます。Webアプリケーションファイアウォールを使用することで、個々のWebアプリケーションを個別にセキュリティで保護するよりもセキュリティの管理をはるかに簡単かつ迅速に実現でき、侵入の脅威からより確実に保護できます。

【Webアプリケーションファイアウォール】

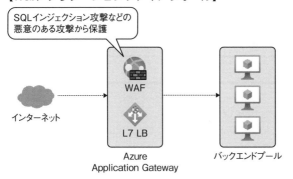

試験対策

　Webアプリケーションファイアウォールの機能を使用するには、WAFのSKU（サービスレベル）のAzure Application Gatewayが必要です。

●Secure Sockets Layer（SSL/TLS）ターミネーション

　Azure Application Gatewayは、ゲートウェイでのSSLターミネーションをサポートしています。この機能はSSLオフロードとも呼ばれ、SSL/TLS証明書をバックエンドプール内の個々のサーバーにインストールしなくても、Azure Application GatewayにSSL/TLS証明書をインストールするだけで外部との通信にHTTPSが使用できるようになります。外部とAzure Application Gatewayの間のトラフィックにはHTTPSが使用され、Azure Application Gatewayとバックエンドプール内サーバーの間のトラフィックにはHTTPが使用されるため、個々のWebサーバーではSSL/TLS証明書のインストールや管理が不要となり、負荷の大きい暗号化と復号のオーバーヘッドからも開放されます。

【SSLターミネーション】

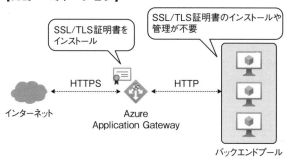

 試験対策　Azure Application Gatewayは、ゲートウェイのSSLターミネーションをサポートしています。この機能はSSLオフロードとも呼ばれます。

●URLベースのルーティング

　URLベースのルーティングを使用すると、HTTPリクエストのURLパスに基づいてバックエンドの特定のサーバープールにトラフィックをルーティングします。この機能により、リクエストされるコンテンツの種類に応じて振り分け先を変更したり、言語ごとに異なるサーバープールで処理したいシナリオなどに対応できます。この機能は、パスベースの規則の構成によって使用されます。
　例えば、画像のリクエストに対応するImageServerPoolと、ビデオのリクエストに対応するVideoServerPoolを構成し、URLパスに基づいて、送信されたHTTPリクエストが「http://www.example.com/images/*」の場合はImageServerPoolに、HTTPリクエストが「http://www.example.com/video/*」の場合はVideoServerPoolにルーティングすることなどが可能です。

【URLベースのルーティング】

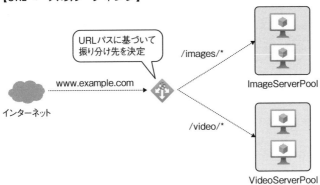

試験対策
URLベースルーティングでは、HTTPリクエストのURLパスに基づいてルーティングを行います。この機能はパスベースの規則の構成によって使用されます。

●複数サイトのホスティング

　Azure Application Gatewayでは、同じアプリケーションゲートウェイ上の複数のWebアプリケーションに対して、ドメイン名またはホスト名に基づくルーティングを構成できます。複数のWebサイトおよびWebアプリケーションを1つのアプリケーションゲートウェイに追加することによって、効率的なトポロジを構成できます。この機能は、マルチサイトリスナーの構成によって使用されます。

　例えば、example.comとtest.comというドメイン名を所有し、各ドメインに対応するサーバープールを構成している場合、HTTPリクエストのドメイン名に基づいて、送信されたHTTPリクエストが「http://www.example.com/*」の場合はExamplePoolに、HTTPリクエストが「http://www.test.com/*」の場合はTestPoolにルーティングすることなどが可能です。

8

【複数サイトのホスティング】

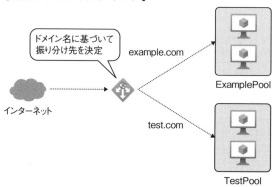

試験対策　複数サイトのホスティングでは、ドメイン名またはホスト名に基づくルーティングを行います。この機能は、マルチサイトリスナーの構成で使用されます。

●自動スケール

　自動スケールに対応したV2のSKUでは、Azure Application Gatewayデプロイは、トラフィック負荷パターンの変化に基づいて、自動的にスケールアウトまたはスケールインできます。この機能を有効化する際には最小インスタンス数と最大インスタンス数の範囲を指定しますが、その範囲内で自動スケールが行われます。

3 Azure Application Gatewayの主なコンポーネント

　Azure Application Gatewayには様々なコンポーネントがあります。Azure Load Balancerと同じようなコンポーネントも含まれていますが、Azure Application Gateway特有のコンポーネントもあります。

【Azure Application Gatewayの主なコンポーネント】

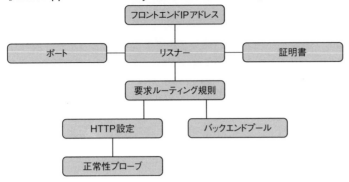

●フロントエンドIPアドレス

アプリケーションゲートウェイに関連付けるIPアドレスです。アプリケーショ
ンゲートウェイでは、パブリックIPアドレスまたはプライベートIPアドレス、あ
るいは、その両方を持つように構成できます。

●リスナー

アプリケーションゲートウェイに入ってくる接続要求をチェックする論理エン
ティティです。要求に関連付けられているプロトコル、ポート、ホスト名、IPア
ドレスがリスナーの構成で関連付けられている各要素と一致した場合に、その要
求を受け取ります。アプリケーションゲートウェイを使用するには少なくとも1つ
のリスナーを追加する必要があり、必要に応じて1つのアプリケーションゲート
ウェイに複数のリスナーをアタッチすることもできます。クライアントから送信
された要求がリスナーに検出されると、規則に構成されているバックエンドプー
ルのメンバーにその要求がルーティングされます。リスナーでは、次のプロトコ
ルがサポートされます。なお、HTTPSリスナーとして構成する場合には、証明書
の指定も必要です。

・HTTP
・HTTPS
・HTTP/2
・WebSocket

また、リスナーには次の2つの種類があります。

・Basic
　アプリケーションゲートウェイのIPアドレスに対して単一のドメイン名をマッ
　ピングします。アプリケーションゲートウェイの背後に1つのサイトをホスト

8

する基本的な構成では、この種類のリスナーを使用します。

・マルチサイト
1つのアプリケーションゲートウェイ上の複数のWebアプリケーションに対して、ドメイン名またはホスト名に基づいてルーティングを構成する場合には、この種類のリスナーを使用します。

●要求ルーティング規則（ルール）

アプリケーションゲートウェイは、指定された規則を使用してリスナーのトラフィックの転送方法を決定します。この規則は要求ルーティング規則と呼ばれ、リスナー、バックエンドプール、およびバックエンドHTTPの各設定と関連付けされます。リスナーが要求を受け取ると、要求ルーティング規則により要求がバックエンドに転送されるか、ほかの場所にリダイレクトされます。要求がバックエンドに転送される場合は、規則によって転送先となるバックエンドサーバープールが決定されます。リスナーは、1つの規則に1つだけアタッチできます。

要求ルーティング規則には、次の2種類があります。

・Basic
アプリケーションゲートウェイの基本的な構成で使用されます。規則に関連付けられたリスナー上のすべての要求が、関連付けられたHTTP設定を使用して、関連付けられたバックエンドプールに転送されます。

・パスベース
関連付けられたリスナー上の要求を、要求に含まれるURLのパスに基づいて特定のバックエンドプールにルーティングしたい場合に使用されます。URLのパスがパスベース規則内のパスパターンと一致した場合に、規則に従って要求がルーティングされます。

●HTTP設定

HTTP設定には、バックエンドプロトコルやバックエンドポートなどの指定が含まれます。そのため、アプリケーションゲートウェイとバックエンドサーバーの間でトラフィックが暗号化されるかどうかは、HTTP設定で使用されているポートやプロトコルによって決定されます。また、HTTP設定では、Cookieを使用するWebアプリケーションでセッション情報を維持するための**Cookieベースのアフィニティ**の使用や、正常性監視をより細かく行うためのカスタムプローブとの関連付けも構成できます。

試験対策 Azure Load Balancerではセッション永続化の設定によって処理する仮想マシンの固定化を行いますが、Azure Application GatewayではHTTP設定に含まれるCookieベースのアフィニティの設定によってセッション情報を維持するかどうかを決定します。

●バックエンドプール

　負荷分散先となるグループの定義です。バックエンドプールには、要求を処理するWebサーバーの仮想マシンや仮想マシンスケールセット、オンプレミスのWebサーバーやAzure App Servicesを含めることができます。また、マルチサイトリスナーやパスベースの規則を使用してHTTPリクエストの内容に基づいてルーティングできるように、複数のバックエンドプールを構成できます。

●正常性プローブ

　バックエンドプール内の死活監視を行うコンポーネントです。例えば、バックエンドプール内に複数の仮想マシンが含まれている場合、それらの仮想マシンがアップしているかどうかをチェックするために正常性プローブが使用されます。既定では、アプリケーションゲートウェイはバックエンドプールにあるすべてのリソースの状態を監視して、異常とみなしたリソースは要求の転送先から除外します。ただし、異常とみなしたリソースも継続的に監視されるため、一時的なダウンによって要求の転送先から除外されたリソースが正常性プローブに応答するようになると、再び転送先として使用されます。

参考 アプリケーションゲートウェイでは、既定の正常性プローブと呼ばれる設定が自動的に構成されますが、必要に応じてカスタムプローブを構成することも可能です。正常性プローブの詳細については、以下のWebサイトを参照してください。
https://docs.microsoft.com/ja-jp/azure/application-gateway/application-gateway-probe-overview

8

4 アプリケーションゲートウェイの作成

　Azureポータルからロードバランサーを作成するには、サービス一覧から［ネットワーキング］のカテゴリ内にある［アプリケーションゲートウェイ］をクリックし、表示される画面で［Application Gateway］が選択されていることを確認して［作成］をクリッ

クします。

その後、アプリケーションゲートウェイを作成するために必要なパラメーターを各タブで設定します。ここでは基本的なアプリケーションゲートウェイを作成するための手順について説明します。

● [基本] タブ

アプリケーションゲートウェイの名前や地域のほか、レベルの選択や自動スケールなどの設定を行います。選択するレベルによって必要な設定は異なり、[WAF]のレベルを選択した場合にはWebアプリケーションファイアウォールの機能に関する設定も行います。

【アプリケーションゲートウェイの作成 - [基本] タブ】

また、アプリケーションゲートウェイをデプロイする仮想ネットワークおよびサブネットも選択します。アプリケーションゲートウェイをデプロイするには、専用のサブネットが必要です。また、1つのサブネットに複数のアプリケーションゲートウェイを配置することは可能です。ただし、アプリケーションゲートウェイは「GatewaySubnet」や「AzureBastionSubnet」などのようなAzureの予約語を使用するサブネットには配置できないことに注意してください。

試験対策

アプリケーションゲートウェイをデプロイするには専用のサブネットが必要ですが、「GatewaySubnet」などのようなAzureの予約語を使用するサブネットには配置できません。

予約語とは、特定の用途やリソースのために定義されている単語です。Azure のサブネット名に関する予約語には、「GatewaySubnet」や「AzureBastion Subnet」「AzureFirewallSubnet」などがあります。

アプリケーションゲートウェイのレベルの詳細については、以下のWebサイトを参照してください。

https://docs.microsoft.com/ja-jp/azure/application-gateway/application-gateway-autoscaling-zone-redundant

● ［フロントエンドの数］タブ

　アプリケーションゲートウェイへのアクセスに使用されるフロントエンドIPアドレスを構成します。インターネットからのアクセスを負荷分散するために使用する場合には、パブリックIPアドレスの作成または割り当ても必要です。なお、パブリックIPアドレスのSKUはアプリケーションゲートウェイのレベルに適したものを使用する必要があり、アプリケーションゲートウェイのレベルでStandard V2またはWAF V2を選択した場合には、パブリックIPアドレスのSKUもStandard である必要があります。

● ［バックエンド］タブ

　［バックエンドプールの追加］をクリックし、要求の転送先となる仮想マシンや仮想マシンスケールセットなどを指定します。バックエンドプールの名前の設定後、［ターゲットの種類］のリストからターゲットを指定するための情報を選択し、要求の転送先をターゲットとして指定します。

【バックエンドプールの追加】

● [構成] タブ

　[ルーティング規則の追加] をクリックして、特定のフロントエンドIPアドレスから指定されたバックエンドターゲットにトラフィックを送信するためのルーティング規則を構成します。ルーティング規則の追加時には、任意のルール名を設定し、[リスナー] タブでリスナーに関する情報として、リスナーの名前やリッスンするプロトコルおよびポートなどを指定します。

【ルーティング規則の追加 - [リスナー] タブ】

　また、[バックエンドターゲット] タブでは、トラフィックの転送先となるバックエンドプールの選択や、ルーティング規則の動作を定義するHTTP設定を指定します。バックエンドプールにはこれまでの手順で作成したものを選択できますが、HTTP設定はここで [新規追加] をクリックして作成する必要があり、ルーティングを行うためのバックエンドプロトコルやバックエンドポートなどを指定して作成します。また、必要に応じてCookieベースのアフィニティなどについても構成します。

【ルーティング規則の追加 - [バックエンドターゲット] タブ】

5 アプリケーションゲートウェイへのアクセス

アプリケーションゲートウェイの作成後は、アプリケーションゲートウェイのIPアドレスを確認します。例えば、パブリックのフロントエンドIPアドレスを持つアプリケーションゲートウェイを作成した場合は、アプリケーションゲートウェイの管理画面の［概要］画面で、割り当てられたパブリックIPアドレスを確認できます。

【アプリケーションゲートウェイの［概要］】

IPアドレスを確認したら、アプリケーションゲートウェイのIPアドレスにアクセスして、負荷分散の結果を確認します。例えば、バックエンドプールにNginxのWebサーバーを構成した複数の仮想マシンが含まれ、ルーティング規則によってアプリケーションゲートウェイへのWebアクセス（ポート80番）を分散するように構成した場合、外部クライアントのブラウザーからアプリケーションゲートウェイのIPアドレス宛にアクセスを行うとWebサーバーのページ情報が表示されます。表示されるWebページは、バックエンドプール内のいずれかの仮想マシンによるものです。

【アプリケーションゲートウェイへのアクセス結果の例】

8

431

演習問題

1 あなたが使用するMicrosoft Azure環境には1つのサブスクリプションがあります。この環境内には、VM1という仮想マシンがあり、VM1に関連付けられたネットワークインターフェイスはVNet1のSubnet1に接続されています。あなたは、VM1が使用するルート情報を確認する必要があります。Azureポータルから確認する場合、どのリソースの管理画面を参照する必要がありますか。

    A.　仮想マシン
    B.　仮想ネットワーク
    C.　サブネット
    D.　ネットワークインターフェイス

2 あなたが使用するMicrosoft Azure環境には1つのサブスクリプションがあり、あなたはこの環境内のネットワーク管理者です。環境内にはVNet1という仮想ネットワークがあり、VNet1にはいくつかのサブネットが構成されています。あなたは、このVNet1内のサブネット間の通信がネットワーク仮想アプライアンス（NVA）経由でルーティングされるように構成する必要があります。この要件を実現するために使用または変更するべきものとして最も適切なものはどれですか。

    A.　仮想ネットワークピアリング
    B.　システムルート
    C.　サービスエンドポイント
    D.　ユーザー定義ルート

3 あなたが使用するMicrosoft Azure環境には1つのサブスクリプションがあり、あなたはこの環境内のネットワーク管理者です。環境内には、VM1という仮想マシンがあり、VM1に関連付けられたネットワークインターフェイスはVNet1のSubnet1に接続されています。あなたは、仮想ネットワーク内のトラフィックのフローを制御するために新しいルートテーブルを作成しました。あなたは、作成したルートテーブルがVM1で使用できるように構成する必要があります。ルートテーブルの関連付け先として適切なものはどれですか。

    A.   仮想マシン
    B.   仮想ネットワーク
    C.   サブネット
    D.   ネットワークインターフェイス

4 あなたが使用するMicrosoft Azure環境には1つのサブスクリプションがあり、環境内にはAzure SQL Databaseが構成されています。Azure SQL Databaseは同じリージョン内の仮想ネットワーク上の仮想マシンからのみアクセスされるため、このアクセスがAzureのバックボーンネットワーク上で最適化されたルートを介して行われるように構成し、インターネットを介したアクセスはブロックしたいと考えています。行うべき設定として適切なものはどれですか。

    A.   仮想ネットワークピアリング
    B.   サービスエンドポイント
    C.   仮想ネットワークゲートウェイ
    D.   ロードバランサー

5 Private Linkのプライベートエンドポイントに関する説明として、誤っているものはどれですか。

    A.   ほかのリージョンで実行されるサービスへのプライベート接続ができる
    B.   マップしたリソースにアクセスするためのパブリックIPアドレスを持つ
    C.   ピアリングされたほかの仮想ネットワークやオンプレミスネットワークからも使用できる
    D.   仮想ネットワークとサービスの間のトラフィックはAzureのバックボーンネットワークを経由して行われる

8

6 あなたが使用するMicrosoft Azure環境には1つのサブスクリプションがあります。あなたは環境内で構成する様々なサービスについて負荷分散を行う予定であり、そのために各負荷分散サービスの特徴を理解しておく必要があります。次のサービスのうち、レイヤー4(トランスポート層)のロードバランサーとして使用できる負荷分散サービスはどれですか。

    A.　Azure Application Gateway

    B.　Azure Load Balancer

    C.　仮想ネットワークゲートウェイ

    D.　Azure Bastion

7 あなたが使用するMicrosoft Azure環境には1つのサブスクリプションがあり、この環境内にはいくつかのアプリケーションサーバーの仮想マシンと、いくつかのデータベースサーバーの仮想マシンがあります。これらのすべての仮想マシンは同じ仮想ネットワークに接続されているものとします。あなたは、アプリケーションサーバーからデータベースサーバーへのアクセスについて負荷分散ができるようにAzure Load Balancerを構成します。使用するロードバランサーの種類として適切なものはどれですか。

    A.　ExpressRoute

    B.　パブリック

    C.　内部

    D.　ハイブリッド

8 あなたが使用するMicrosoft Azure環境には1つのサブスクリプションがあり、環境内にはWebサーバーの役割を構成したいくつかの仮想マシンがあります。あなたは、パブリックのAzure Load Balancerを作成し、負荷分散規則によってWebサーバーへのアクセスを負荷分散できるように構成します。ただし、WebアプリではCookie情報を使用するため、アクセスのたびに負荷分散先が変わってしまうと問題が起きてしまいます。あるクライアントからのアクセスが同じ仮想マシンで処理されるように固定化するために、設定すべきものはどれですか。

    A.　セッション永続化

    B.　インバウンドNAT規則

    C.　バックエンドプール

    D.　正常性プローブ

9 あなたが使用するMicrosoft Azure環境には1つのサブスクリプションがあり、環境内にはWindows Serverを実行する3台の仮想マシン（VM1、VM2、VM3）があります。これらの仮想マシンにはインターネットからリモートデスクトップ接続を行う必要がありますが、パブリックのAzure Load Balancerを使用し、次の要件を満たすように構成したいと考えています。

・外部ポートを隠蔽するために、ロードバランサーとターゲット仮想マシンで1対1のポート変換を行う
・各仮想マシンにはパブリックIPアドレスを割り当てない

このシナリオを実現するために構成する必要がある規則の種類として適切なものはどれですか。

  A. 負荷分散規則
  B. 正常性プローブ
  C. インバウンドNAT規則
  D. アウトバウンド規則

10 Azure Application Gatewayの特徴や提供される機能に関する説明として、適切なものはどれですか（3つ選択）。

  A. レイヤー7のロードバランサーとして使用できる
  B. 任意のTCPまたはUDPプロトコルを指定して負荷分散できる
  C. 負荷分散規則とインバウンドNAT規則を使用してインバウンド通信を制御する
  D. WebアプリケーションファイアウォールやSSLターミネーションが構成できる
  E. HTTPリクエストのURLパスやホストヘッダーで負荷分散できる

8

11 あなたが使用するMicrosoft Azure環境には1つのサブスクリプションがあ
ります。環境内にはWebサーバーの役割を構成したいくつかの仮想マシン
があります。あなたは、これらのWebサーバーへのアクセスについて負荷分
散できるようにAzure Application Gatewayを使用します。ただし、HTTP
リクエストのドメイン名に基づいて適切なサーバープールにルーティング
されるように構成する必要があります。この要件を満たすために、Azure
Application Gatewayを構成する際に必要となる操作はどれですか。

    A.　マルチサイトの種類のリスナーを選択する
    B.　Webアプリケーションファイアウォールを有効化する
    C.　パスベースの規則を構成する
    D.　カスタムプローブを設定する

12 あなたが使用するMicrosoft Azure環境には1つのサブスクリプションがあ
ります。環境内にはWebサーバーの役割を構成したいくつかの仮想マシン
があります。あなたは、これらのWebサーバーへのアクセスについて負荷分
散できるようにAppGW1という名前のアプリケーションゲートウェイを作
成しますが、その前にAppGW1を配置するサブネットを特定しておく必要
があります。AppGW1を配置できるサブネットとして適切なものはどれで
すか。

    A.　どのリソースも接続されていない「GatewaySubnet」という名前のサ
       ブネット
    B.　Webサーバーの仮想マシンが接続された「SubnetA」という名前のサ
       ブネット
    C.　Bastionリソースが接続された「AzureBastionSubnet」という名前のサ
       ブネット
    D.　どのリソースも接続されていない「GWSubnet」という名前のサブ
       ネット

解答

1 D

仮想マシンが使用するルート情報を確認するには、ネットワークインターフェイスの管理画面にある［有効なルート］のメニューを使用します。
仮想マシンや仮想ネットワークの管理画面からは、ルート情報を確認することはできません。また、サブネットの管理画面からは関連付けられたルートテーブルの確認や変更を行うことはできますが、ルート情報の内容を確認することはできません。

2 D

ユーザー定義ルートを使用することにより、仮想ネットワーク内のサブネット間の通信がネットワーク仮想アプライアンス（NVA）経由でルーティングされるように構成できます。
仮想ネットワークピアリングは、異なる仮想ネットワーク間で通信を行うための設定です。システムルートには既定で使用されるルート情報が含まれており、その中ではサブネット間の通信が直接的に行われるよう定義されていますが、ユーザーがシステムルートを変更することはできません。
サービスエンドポイントは、サブネット間のトラフィックを制御するものではなく、ストレージやSQL Databaseなどへの直接的なアクセスを実現するための設定です。

3 C

作成したルートテーブルを使用するには、仮想ネットワークのサブネットへの関連付けが必要です。サブネットへの関連付けにより、そのサブネットに接続するネットワークインターフェイスおよび仮想マシンが、関連付けられたルートテーブルのルート情報を参照するようになります。
仮想マシンや仮想ネットワーク、ネットワークインターフェイスに対してルートテーブルの関連付けを行うことはできません。

8

4 B

サービスエンドポイントを使用することで、重要なAzureサービスリソースへのアクセスを特定の仮想ネットワークのみに限定し、インターネットを介したアクセスはブロックできます。
仮想ネットワークピアリングは、異なる仮想ネットワーク間で通信を行うための設定です。仮想ネットワークゲートウェイは、VPNによるサイト間

接続などを行うためのサービスです。ロードバランサーは、複数の仮想マシンで負荷分散を行うためのサービスです。

5 B

Private Linkのプライベートエンドポイントでは、マップしたリソースにアクセスするためのプライベートIPアドレスを持つことにより、仮想ネットワークからリソースへの直接アクセスを提供します。

6 B

Azure Load Balancerは、レイヤー4のロードバランサーとして使用できる、最もポピュラーな負荷分散サービスです。ほかの負荷分散サービスには、レイヤー7のロードバランサーとして使用できるAzure Application Gatewayがあります。

仮想ネットワークゲートウェイは、VPNによるサイト間接続などを行うためのサービスです。Azure Bastionは、仮想マシンへのリモート接続を提供するサービスです。これらは負荷分散サービスではありません。

7 C

Azure Load Balancerの種類には、パブリックと内部の2種類があります。仮想ネットワーク内あるいはその仮想ネットワークに接続されたほかのネットワークからの通信について負荷分散したい場合には、内部ロードバランサーを使用します。一方、パブリックロードバランサーはパブリックIPアドレスを持ち、インターネットからの通信を負荷分散するために使用します。

ExpressRouteとハイブリッドは、Azure Load Balancerの種類ではありません。

8 A

負荷分散規則でセッション永続化を構成することで、1つのクライアントからのアクセスが同じ仮想マシンで処理されるように振り分け先を固定化できます。これにより、Cookie情報を使用するWebアプリなどのように、アクセスのたびに振り分け先が変わると不都合となるシナリオに対応できます。

インバウンドNAT規則は、ロードバランサーで受信したトラフィックを特定の仮想マシンにルーティングするために使用する規則であり、負荷分散のために使用するものではありません。また、バックエンドプールは負荷分散先となる仮想マシンのグループであり、正常性プローブはバックエン

ドプール内の死活監視を行うコンポーネントです。

9 C

インバウンドNAT規則では、ロードバランサーの特定のポート番号宛の通信を、ターゲット仮想マシンの特定のポート番号宛に変換します。例えば、ロードバランサーのポート5001番宛に送られる通信をVM1のポート3389番宛とするようにポート変換できるため、外部ポートを隠蔽してセキュリティを向上できます。また、個々の仮想マシンにパブリックIPアドレスを割り当てる必要もなくなります。

負荷分散規則は、負荷分散に使用する規則です。正常性プローブはバックエンドプール内の死活監視を行うコンポーネントであり、規則ではありません。アウトバウンド規則は、ロードバランサーのパブリックIPアドレスを使用したインターネット接続を、バックエンドプール内の仮想マシンに提供する場合に使用する規則です。

10 A、D、E

Azure Application Gatewayはレイヤー7のロードバランサーであり、Webサーバーの負荷分散に特化した負荷分散サービスとして使用できます。HTTPリクエストのURLパスやホストヘッダーなどの追加属性に基づいた負荷分散が可能で、WebアプリケーションファイアウォールやSSLターミネーションなどの高度な機能が含まれています。

任意のTCPまたはUDPプロトコルを指定し、負荷分散規則とインバウンドNAT規則を使用してインバウンド通信を制御するのはAzure Load Balancerの特徴です。

11 A

ドメイン名またはホスト名に基づいてルーティングを構成する場合には、マルチサイトの種類のリスナーを選択する必要があります。この操作により、HTTPリクエストのドメイン名に基づいて適切なサーバープールにルーティングされるように構成できます。一方、HTTPリクエストのURLパスに基づいてバックエンドの特定のサーバープールにトラフィックをルーティングしたい場合には、パスベースの規則を構成する必要があります。

Webアプリケーションファイアウォールは、SQLインジェクション攻撃などの悪意のある攻撃から保護する機能であり、WAFのSKUでの構成時に有効になります。カスタムプローブは、死活監視のための正常性プローブのURLや間隔などを変更したい場合に使用するコンポーネントです。

8

12　D

アプリケーションゲートウェイをデプロイするには、専用のサブネットが必要です。また、アプリケーションゲートウェイは「GatewaySubnet」や「AzureBastionSubnet」などのAzureの予約語が使用されたサブネットには配置できません。選択肢のうち、アプリケーションゲートウェイが配置可能なサブネットは、どのリソースも接続されていない「GWSubnet」という名前のサブネットのみです。

第9章

App Serviceとコンテナー

9-1 App Service

Microsoft Azureには、Webアプリケーションを展開するためのサービスとしてApp Service があります。
本節では、App Serviceの概要や、App ServiceプランとApp Serviceの関係、App Serviceの 構成や管理方法について説明します。

1 App Serviceの概要

　App Service（Azure App Service）は、Webアプリケーション（Webアプリ）、 REST API、およびモバイルバックエンドなどをホストするためのHTTPベースのサービスです。つまり、Webアプリなどを展開するためのアプリケーションサーバーとして使用できるサービスであり、WindowsベースまたはLinuxベースのWebアプリの実行環境を手軽に構築できます。また、アプリで利用する言語も幅広いものから選択できるようになっており、.NET、.NET Core、Java、Ruby、Node.js、PHP、Pythonが利用可能です。

【アプリで利用可能な言語】

| .NET | Node.js | PHP | Java | Python | HTML |

　App ServiceはPaaSのサービスであり、OSや言語フレームワークなどのプラットフォームの管理はマイクロソフトによって行われます。そのため、プラットフォームの管理をユーザー自身で行う必要がなく、Webアプリの実行環境において、Azureが提供するセキュリティや負荷分散、自動スケーリングなどの機能を利用できます。
　また、Webアプリの管理に役立つ機能も備えています。例えば、作成したWebアプリをバージョンアップしてデプロイする際に、デプロイスロットという機能を使用できます。これによって、現在のバージョンが動作するスロットとは別のステージング用のスロットを使用できるため、バージョンアップの内容確認やその動作を検証してからスワップ（実行環境の切り替え）できます。

2 App Serviceプラン

　App Serviceを使用してWebアプリを動かすには、コンピューティング環境が必要になります。App Serviceプランとは、簡単に言えば「Webアプリを動かすための仮想マシンの設定」です。App ServiceはPaaSのサービスであるため、仮想マシンの管理そのものはAzureによって行われ、私たちがそれを意識する必要はありません。ただし、「どんなコンピューティング環境上で動かすか」という指定は必要であり、それをApp Serviceプランとして設定します。つまり、App Serviceを使用する際の手順としては、先にApp Serviceプランを作成し、次にそのApp Serviceプラン上で動かすApp Serviceを作成するという順序になります。

　1つのApp Serviceプランの上で、複数のWebアプリを実行することが可能です。App Serviceでは、そこで実行するWebアプリの数ではなく、コンピューティング環境であるApp Serviceプランの単位でコストが発生します。そのため、パフォーマンス的な問題がなければ複数のWebアプリを1つのApp Serviceプラン上で実行しても構いません。例えば、「.NETを使用するApp1」と「Javaを使用するApp2」を1つのApp Serviceプラン上で実行することも可能です。

【App ServiceプランとApp Serviceの関係】

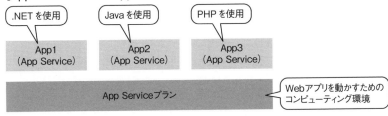

試験対策　App Serviceは、実行するWebアプリの数ではなく、App Serviceプランの単位でコストが発生します。

3 App Serviceプランの価格レベル

　App Serviceプランの作成時は、通常の仮想マシンを作成するときと同じようにその性能を決定する必要があります。App Serviceプランの性能とコストは、作成時のパラ

メーターである「サイズとSKU」の選択によって決定されます。サイズとSKUには様々な選択肢が用意されていますが、それらには価格レベルと呼ばれる6つの分類があり、価格レベルによって性能や機能が大きく異なります。

【App Serviceプランの価格レベル】

	Free	Shared	Basic	Standard	Premium	Isolated
最大アプリ数	10	100	無制限	無制限	無制限	無制限
ディスク領域	1GB	1GB	10GB	50GB	250GB	1TB
自動スケール	×	×	×	○	○	○
デプロイスロット	0	0	0	5	20	20
最大インスタンス数	1	1	3	10	30	100

●Free、Shared、Basic

開発やテスト、高度な機能を必要としないワークロード向けの価格レベルです。この価格レベルは機能や性能がかなり限定されているため、自動スケールなどの機能は持ちません。

●Standard、Premium

一般的なアプリを運用するための価格レベルです。本番環境向けのレベルであるため、自動スケールやデプロイスロットなどの機能も含まれています。Premiumでは、コンピューティング環境としてより高速なプロセッサやSSDストレージを利用可能で、さらに、最大20のデプロイスロットが使用できます。

●Isolated

高速なネットワーク環境で実行したいミッションクリティカルなワークロード向けの価格レベルです。ほかの価格レベルとは異なり、仮想ネットワークにも接続可能な自社専用のコンピューティング環境でWebアプリを実行することができます。また、最大100インスタンスまでの範囲で自動スケールが可能です。

参考

各価格レベルの機能の違いや料金の詳細については、以下のWebサイトを参照してください。
https://azure.microsoft.com/ja-jp/pricing/details/app-service/windows/

4 App Serviceプランの作成

AzureポータルからApp Serviceプランを作成するには、サービス一覧から[Web]のカテゴリ内にある[App Serviceプラン]をクリックし、[作成]をクリックします。App Serviceプランの作成時にはリソースグループや名前のほか、主に次のパラメーターを指定する必要があります。

●オペレーティングシステム

Webアプリを実行するコンピューティング環境内で使用されるOSを選択します。[Windows]を選択した場合にはIISベースのコンピューティング環境、[Linux]を選択した場合にはApacheベースのコンピューティング環境が使用されます。

●地域

App Serviceプランを作成するリージョンの選択です。

●SKUとサイズ

使用する価格レベルを選択します。選択する価格レベルによって、コストや性能、使用できる機能が決定されます。

【App Serviceプランの作成】

9

App Serviceプランは事前に作成しておくほか、App Serviceの作成時に併せて作成することも可能です。また、SKUとサイズは、後から変更できます。

5 App Serviceの作成

App Serviceプランの作成後、App Serviceを作成します。App Serviceの作成により、Webアプリなどを展開するためのアプリケーションサーバーが使用できるようになります。

Azureポータルから App Serviceを作成するには、サービス一覧から［Web］のカテゴリ内にある［App Service］をクリックし、［作成］をクリックします。App Serviceの作成時にはサブスクリプションやリソースグループのほか、主に次のパラメーターを指定します。

●名前

グローバルで一意の名前を指定する必要があります。指定した名前の後ろには「.azurewebsites.net」というドメイン名が既定で追加され、このFQDNはApp Service作成後のURLの一部としても使用されます。

●公開

App Serviceでは、各言語で記述されたソースコードを直接実行するだけでなく、Dockerコンテナーをホストすることもできます。コードを直接実行する場合は［コード］を選択し、Webアプリで使用する言語を［ランタイムスタック］のパラメーターで選択します。Dockerコンテナーとして公開したい場合は［Dockerコンテナー］を選択し、表示される［Docker］タブでイメージソースなどを選択します。

［Dockerコンテナー］を選択した場合、Web App for Containersの機能を使用してコンテナーベースのApp Serviceとして使用できます。この方法には、任意の言語のWebアプリを実行できるという利点があります。

●地域

App Serviceを作成するリージョンの選択です。App ServiceプランとApp Serviceのリージョンは同じである必要があります。そのため、事前に作成したApp Serviceプランを使用する場合は、App Serviceプランと同じリージョンを選択します。

App ServiceプランとApp Serviceのリージョンは同じである必要があります。

●App Serviceプラン

　App Serviceのコンピューティング環境であるApp Serviceプランを指定します。事前に作成したApp Serviceプランを選択するほか、新しいApp Serviceプランを作成することもできます。

【App Serviceの作成 - [基本] タブ】

　App Serviceの作成が完了すると、Webアプリを動かすためのアプリケーションサーバーが使用できるようになります。具体的には、アプリケーションサーバーのURLが発行され、アクセスできるようになります。ただし、App Serviceの作成直後はWebアプリなどのコンテンツが入っていないため、URLにアクセスすると次のようなサンプルページが表示されます。このサンプルページは、App Serviceの管理画面の［概要］メニューから［参照］または［URL］をクリックすることで確認できます。

【App Serviceのサンプルページ】

9

447

App Serviceの作成時は、そのほかにも必要に応じて構成する設定がいくつかあります。例えば、GitHubにコードをプッシュしたらWebアプリが自動的に更新されるようなCI/CDを行うための設定や、Application Insightsによるアプリケーション監視の設定があります。

6　App Serviceの管理

　App Serviceの作成後は、Webアプリのコンテンツのアップロードなどを行う必要があります。また、自動スケールやデプロイスロット、カスタムドメインなどが使用可能なApp Serviceプランを使用している場合は、App Serviceの管理に利用する機能を選択し、構成を行います。

●デプロイセンター

　App Serviceの作成直後は、アプリケーションサーバーにはサンプルページだけが入った状態です。そのため、[デプロイセンター]のメニューを使用し、App Serviceで実行するWebアプリのコンテンツをアップロードする必要があります。例えば、CI/CDによる継続的なデプロイを行うためにGitHubやBitbucketと連携させる場合には、それらにアクセスするための資格情報などを構成します。そのほかに、FTP/Sによるアップロードのための構成を行うこともできます。

●デプロイスロット

　Standard以上の価格レベルのApp Serviceプランであれば、デプロイスロットを使用できます。デプロイスロットは簡単に言うと、Webアプリの新バージョンの開発および確認とその公開をスムーズに行うための機能です。

　Webアプリを作成してバージョンアップしていく際に、いきなり運用環境にデプロイするのはトラブルの元となることが多く、実際に動作させるまでに時間がかかってしまう場合があります。そのような問題を回避するため、現在のバージョンを動かしているスロットである「運用スロット」とは別に、ステージング用のスロットを追加できます。そして、追加したスロットで新バージョンのWebアプリを準備し、準備が完了したら**スワップ**という操作によってスロットの中身を入れ替えることで、ユーザーはダウンタイムなしで新バージョンのWebアプリを利用できるようになります。また、スワップ後に何か新しい問題が見つかった場合は、再度スワップを行うことで以前のWebアプリに戻すこともできます。

【スワップの動作イメージ】

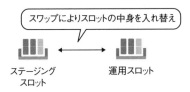

スワップによりスロットの中身を入れ替え

ステージング　　　　　　運用スロット
スロット

　既定では1つのスロット（運用スロット）だけが存在しています。スロットを追加するとそのスロットを管理するためのリンクが表示されるため、運用スロットには影響を与えずに、追加スロットにWebアプリのコンテンツをアップロードするなどの個別の管理ができるようになります。スワップの実行時にはソースとターゲットの各スロットを指定します。

【スワップの実行画面】

試験対策　デプロイスロットはStandard以上のApp Serviceプランで使用できる機能で、Webアプリの新バージョンの開発および確認とその公開をスムーズに行うために活用できます。

9

試験対策　スワップ後に何か新しい問題が見つかった場合には、再度スワップを行うことで以前のWebアプリに戻すことができます。

●カスタムドメイン

　既定のApp ServiceのFQDNは「<App Service名>.azurewebsites.net」となり、割り当てられるURLにもこのFQDNが使用されます。独自ドメインでアクセスできるようにしたい場合には、App Serviceの作成後に［カスタムドメイン］のメニューを使用して設定します。ただし、カスタムドメインを設定するには、Azure ADと同じようにドメインの所有権の検証が必要です。事前にドメインレジストラからドメインを購入している場合には、［カスタムドメインの追加］をクリックし、そのドメイン名を入力して［検証］をクリック後に表示されるレコード情報を外部DNSサーバーに登録する必要があります。

【カスタムドメインの追加】

試験対策　App Serviceでカスタムドメインを設定するには、ドメインの所有権の検証が必要です。

参考　まだドメインを購入していない場合は、カスタムドメインの設定画面内の［App Serviceドメインの購入］をクリックし、独自のドメインを購入して使用することも可能です。

●スケールアップおよびスケールダウン

　仮想マシンと同様に、必要に応じてApp Serviceプランのサイズ（価格レベル）を変更できます。例えば、上位のサイズで提供される性能や機能が必要になった場合は、［スケールアップ］のメニューから上位のサイズに変更します。下位のサ

イズへの変更もできますが、既存のサイズと変更後のサイズの組み合わせによっては使用可能な機能が縮小されるため、その場合は事前に機能の無効化なども必要です。

●スケールアウトおよびスケールイン

仮想マシンスケールセットと同様に、必要に応じて内部的なインスタンス数を変更できます。例えば、Webアプリにおいてより多くの負荷を処理するためにインスタンス数を増やしたり、コストを抑えるためにインスタンス数を減らすことができます。インスタンス数の変更を行うには、[スケールアウト]のメニューを使用します。

参考　Standard以上の価格レベルのApp Serviceプランを使用している場合は、負荷の増減に合わせて自動的にインスタンス数を変更する[カスタム自動スケーリング]が選択可能です。

●バックアップ

App Serviceにはバックアップ機能があり、Standard以上の価格レベルのApp Serviceプランであれば使用可能です。Webアプリが壊れてしまった場合や、誤って変更してしまった場合の回復手段としてバックアップ機能を活用できます。復元に関しては上書きによる復元もできますが、同じApp Serviceの別スロットへの復元や、別のApp Serviceへの復元も可能です。したがって、既存の環境に影響を与えない形で復元して内容を確認できます。

App Serviceのバックアップは、仮想マシンのバックアップとは異なる固有のバックアップ機能です。仮想マシンのバックアップはRecovery Servicesコンテナーに格納されますが、App Serviceのバックアップはストレージアカウント内のBLOBコンテナーに格納されます。そのため、App Serviceのバックアップを行うにはストレージアカウントを作成しておく必要があります。

【バックアップの構成】

試験対策　App Serviceのバックアップは、ストレージアカウントのBLOBコンテナーに格納されます。

Microsoft Azureには、Dockerコンテナーの動作環境を提供する2つのサービスがあります。本節では、コンテナーの概念や、2つのコンテナーサービスの違いなどについて説明します。

1 コンテナーの概要

　近年のソフトウェア開発テクノロジでは、コンテナー化と呼ばれるアプローチの導入がますます進んでいます。コンテナーとは、アプリケーションのコードと、アプリの実行に必要な構成関連ファイル、ライブラリ、依存関係をまとめたものです。コンテナーという用語自体は「船や列車などでの貨物の輸送に使用される箱」に由来しており、コンピューターの世界では「アプリとそのアプリの実行環境に必要なものを1つにまとめたもの」を指す用語となっています。アプリの実行に必要なものをすべてひとまとめにして持ち運ぶことが可能で、さらに、仮想マシンよりも軽量に扱えるため、OSプラットフォーム間やクラウド間での移植性が高いのが特徴です。

【コンテナー】

アプリと、そのアプリを実行するために
必要なものをパッケージ化したもの

　コンテナーは、「OSの仮想化」を実現するものであるとも言えます。Hyper-VやAzureなどで使用される仮想マシンが実現しているのは「ハードウェアの仮想化」であり、1つのハードウェア上に複数のOSおよびその実行環境を分離して配置するものでした。それぞれの仮想マシンでOSやライブラリ、アプリケーションを保有して実行することになるため、消費するリソースも多く、起動などにも時間がかかります。また、OSそのものの管理も必要になるため、更新プログラムの適用などのメンテナンスも発生します。一方、コンテナーは、OSのユーザーモード部分のみを実行し、アプリとその実行に必要なものだけを含めることにより、仮想マシンでアプリケーションを実行するよりも少ないリソースで軽量に動作します。また、OSそのものの管理も不要であるため、メンテナンスの負担も少なくて済みます。

　コンテナーの使用は、物理マシンや仮想マシンの使用と比較して次のようなメリットがあります。

9

・アプリケーションコードを開発および共有する際の柔軟性と速度の向上
・アプリケーションテストの簡素化
・アプリケーションのデプロイの合理化と迅速化

2　2つのコンテナーサービス

　コンテナーの分野においては、Dockerが業界標準として広く使用されています。Dockerは、コンテナーを用いてアプリケーションのデプロイを自動化するためのオープンソースプロジェクトです。コンテナーにはアプリの実行に必要なものをまとめて格納できるので、移植性が高く、クラウドとオンプレミスのどちらでも同じように実行できます。またDockerは、Docker関連の開発を中心的に進めている企業の名称でもあります。
　Azureでは、Dockerコンテナーを実行するための環境を提供するサービスが2つあります。この2つはどちらもDockerコンテナーの実行環境を提供しますが、シンプルな実行環境だけを提供するのか、コンテナーオーケストレーション（統合的な管理）を行うことができる高度な実行環境を提供するのかという違いがあります。

●Azure Container Instances（ACI）

　Dockerコンテナーを実行するためのシンプルな環境を提供するサービスです。特別な知識などがなくても、WindowsまたはLinuxのコンテナーを簡単に作成して使用できます。

●Azure Kubernetes Service（AKS）

　Kubernetesによるコンテナーオーケストレーションを行うことができる、高度なDockerコンテナー実行環境を提供するサービスです。負荷分散や障害対策などの機能を含むコンテナークラスターを構築し、複数のコンテナーを一元的に管理することができます。

試験対策　　2つのコンテナーサービスの違いを確認しておきましょう。

3　Azure Container Instances（ACI）

　ACIは、Dockerコンテナーを実行するためのシンプルな環境を提供するサービスです。

コンテナーオーケストレーションのための機能は含まれていませんが、専門的な知識が不要で、素早く手軽にDockerコンテナーの実行環境を作成できます。

【Azure Container Instances（ACI）】

とにかく簡単にコンテナーを動かすことを
コンセプトとしたサービス

ACIには、次の特徴があります。

●高速な起動

　PaaSのサービスであるため、仮想マシンをプロビジョニングして管理する必要がなく、数秒程度でコンテナーを開始できます。

●アクセス範囲を選択可能

　ACIではコンテナーインスタンスの作成時に、パブリックとして使用するか、Azure内部のみ（プライベート）で使用するかを選択できます。パブリックとして使用する場合には、パブリックIPアドレスと完全修飾ドメイン名（FQDN）が割り当てられ、インターネットに公開されます。FQDNは<DNS名ラベル>.<リージョン名>.azurecontainer.ioとなります。内部で使用する場合は、仮想ネットワークとサブネットを選択して作成し、仮想ネットワーク上のほかのリソースやオンプレミスネットワーク上のリソースと通信できます。

参考　オンプレミスネットワーク上のリソースと通信するには、VPN GatewayやExpressRouteの構成も必要です。

●柔軟なサイズ指定が可能

　コンテナーの性能は、コンテナーが実行されるコンピューティング環境であるインスタンスのサイズに依存します。ACIでは、CPUのコア数とメモリを指定することによって最適な稼働率を確保することができます。コストは、使用したリソース量に基づいて秒単位で課金されるため、実際のニーズに応じてきめ細やかに調整できます。

●データ保持のためにAzure Filesを利用可能

　コンテナーの基本的の考え方は「使い捨て」であり、一般的にコンテナー内にはデータを含めません。ただし、アプリによっては、コンテナー内にデータを持

9

ちたい場合もあります。ACIでは、Azure Filesで作成されたAzureファイル共有をマウントすることで、コンテナーを停止した後でもそのようなデータを保持できます。

●WindowsコンテナーとLinuxコンテナーのサポート

WindowsコンテナーとLinuxコンテナーの両方をサポートしています。どちらを使用するかは、コンテナーインスタンスの作成時に指定するイメージによって決定されます。

4 コンテナーインスタンスの作成と確認

Azureポータルからコンテナーインスタンスを作成するには、サービス一覧から［コンテナー］のカテゴリ内にある［コンテナーインスタンス］をクリックし、［作成］をクリックします。その後、コンテナーインスタンスを作成するために必要なパラメーターを各タブで設定します。設定が必要となる主なパラメーターには、次のようなものがあります。

●イメージのソース

コンテナーイメージのソースの選択です。Azure Container Registry、Docker Hub、または別のコンテナーレジストリにコンテナーイメージをすでにアップロードしている場合は、ここで対応するオプションや使用するイメージを指定します。アップロード済みのコンテナーイメージがない場合は、［クイックスタートイメージ］にいくつかサンプルのコンテナーイメージが用意されているので、その中から使用するものを選択します。

参考

Azure Container Registryは、オープンソースのDocker Registry 2.0をベースとしたプライベートレジストリサービスです。ユーザー自身が作成したコンテナーイメージを保存し、それを管理することができます。詳細については以下のWebサイトを参照してください。
https://docs.microsoft.com/ja-jp/azure/container-registry/container-registry-intro

●サイズ

主にCPUのコア数とメモリを指定し、コンテナーインスタンスの性能を決定します。指定できる値は、リージョン、OSの種類、ネットワークのオプションによって異なります。

【コンテナーインスタンスの作成 - [基本] タブ】

●ネットワークの種類

コンテナーインスタンスをネットワークに接続する場合は、[パブリック] または は [プライベート] のいずれかを選択します。[パブリック] を選択した場合は、コンテナーインスタンスのパブリックIPアドレスが作成されます。必要に応じて [DNS名ラベル] を設定すれば、FQDNでアクセスできるよう構成可能です。Azureの内部で他の仮想マシンなどと通信する場合は [プライベート] を選択し、仮想ネットワークとサブネットを選択して作成します。

●作成されたコンテナーインスタンスの確認

コンテナーインスタンスの作成後は、管理画面の [概要] メニューでコンテナーの状態やIPアドレスなどが確認できます。例えば、パブリックネットワークに接続するコンテナーインスタンスを作成した場合には、アクセスするためのパブリックIPアドレスやFQDNが画面上に表示されます。

[状態] が [実行中] であれば、コンテナーインスタンスのIPアドレスまたはFQDNからアクセスできます。例えば、クイックスタートイメージの [mcr. microsoft.com/azuredocs/aci-helloworld] を選択して作成されたコンテナーインスタンスにブラウザーからアクセスすると、以下のような画面が表示されます。

9

457

【コンテナーインスタンスへのアクセス】

5 Azure Kubernetes Service（AKS）

　本節の前半で解説したACIのコンセプトは、とにかく簡単にコンテナーベースのアプリケーションを動かすというものでした。そのため、単体のコンテナーを実行してシンプルに管理することはできますが、それをビジネスで使用することを考えた場合には十分な機能を持っているとは言えません。コンテナーベースのアプリケーションをビジネスで使用するようなシナリオでは、仮想マシンと同じように「多重化」、「負荷分散」、「障害対策」などの非機能要件を求められる場合があります。AKSは、そのようなシナリオに対応し、コンテナーオーケストレーションが可能なDockerコンテナー実行環境を提供するサービスです。AKSを使用すれば、負荷分散や障害対策などの機能を含むコンテナークラスターを構築し、複数のコンテナーを一元的に管理できます。

【Azure Kubernetes Service（AKS）】

コンテナーオーケストレーションが可能な実行環境を提供するコンテナーサービス

　Kubernetes自体は、コンテナーの運用管理と自動化のためのオープンソースのプラットフォームです。元々はGoogleによって作成されたものですが、オープンソース化され、現在は広く使用されています。Azure上でこのKubernetesを使用できるようにしたものがAKSです。クラウドでホストされるマネージドなKubernetesクラスターが使用できるため、Azureによって正常性監視やメンテナンスなどの重要なタスクが処理され、ユーザーはクラスター内のエージェントノードの管理と保守のみを行います。

6 AKSで使用される主な用語

AKSはKubernetesをAzure上で使用できるようにしたものであるため、Kubernetes特有の様々な用語が使用されます。ここでは、そのうちの主な用語について解説します。

●ノード

コンテナー化されたアプリケーションを実行する仮想マシンです。例えば、1つのKubernetesクラスター内に3つのノードを用意し、各ノードでコンテナーを動かすことができます。

●ノードプール

同じ構成のノード（仮想マシン）のグループです。Kubernetesクラスターでは、少なくとも1つ以上のノードが実行されます。

●ポッド

ノード内で実行されるアプリケーションの1つのインスタンスを指します。1つのポッドに1つのコンテナーだけを入れて実行することも、1つのポッドに関連する複数のコンテナーを含めることもできます。

●デプロイメントおよびマニフェストファイル

デプロイメントとは、ポッドやレプリカセット単位でのデプロイのあり方を定義したものです。レプリカセットは、同じ機能を持つ複数のポッドをまとめて起動し、維持するために使用されるものです。また、ポッドをデプロイするには、マニフェストファイルが必要です。マニフェストファイルとは、使用するコンテナーイメージや実行するポッドの数などを指定したテキストファイルであり、YAML形式で記述する必要があります。例えば、「Nginxのコンテナーを含むポッドのレプリカを3つ作成し、さらにロードバランサーを使用して負荷分散する」といった内容をマニフェストファイルに書いて使用できます。

9

【AKSで使用される各用語のイメージ】

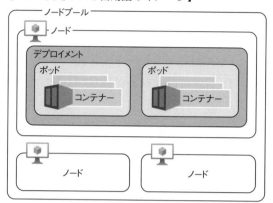

7　Kubernetesクラスターのアーキテクチャ

Kubernetesクラスターのコンポーネントを大きく分けると、Azureによって管理されるコンポーネントと、ユーザーによる管理が必要なコンポーネントの2つがあります。

【Kubernetesクラスターのアーキテクチャ】

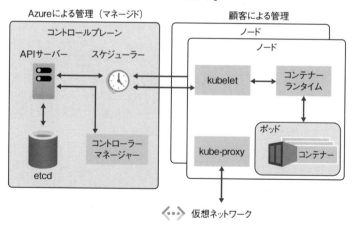

●コントロールプレーン

Azureが管理するマネージドリソースとして、無料で提供されるコンポーネントです。AKSクラスターを作成すると、コントロールプレーンも同時に作成および構成されます。コントロールプレーンによって、主要なKubernetesサービスと、

アプリケーションワークロードのオーケストレーションが提供されます。

コントロールプレーンには、次のKubernetesコンポーネントが含まれます。

【コントロールプレーンに含まれるコンポーネント】

コンポーネント	説明
APIサーバー	kubectlやKubernetesダッシュボードなど、管理ツールに対する操作を提供するコンポーネント。Kubernetes APIに基づく
etcd	Kubernetesクラスターと構成の状態を維持するため使用されるKubernetes内のキー値ストア。高可用性を備える
スケジューラー	アプリケーションの作成／スケーリング時に、ワークロードを実行するノードを判断するコンポーネント
コントローラーマネージャー	ポッドのレプリケーションやノード調整などを行う多数のコントローラーを監視するコンポーネント

●ノード

ノードはアプリケーションワークロードを実行するためのコンポーネントであり、実体はAzure仮想マシンです。Kubernetesクラスターには少なくとも1つ以上のノードが必要であり、同じ構成のノードをグループ化したものがノードプールです。複数のノードの構成時には仮想マシンスケールセットやロードバランサーなども併せて構成できます。そのため、仮想マシンの作成と同じように、ノードの構成時にはサイズの選択やノード数の指定などを行います。また、AKSのコストは、コントロールプレーンではなく、クラスター内のノードに対して発生します。そのため、ノードのサイズやノード数が大きいほどコストも高くなります。

ノードには、次のコンポーネントが含まれます。

【ノードに含まれるコンポーネント】

コンポーネント	説明
kubelet	各ノード内で実行されるエージェント。コントロールプレーンからのオーケストレーション要求を処理して、該当コンテナーの起動スケジュールを管理する。
kube-proxy	各ノード上で仮想ネットワークを処理するコンポーネント。ネットワークトラフィックをルーティングし、サービスとポッドのIPアドレスを管理する。
コンテナーランタイム	コンテナー化されたアプリケーションを実行し、仮想ネットワークやストレージなどの外部のリソースと通信できるようにするためのコンポーネント。Linuxノードプールの場合、Kubernetesバージョン1.19以降ではcontainerdが使用される。Windowsノードプールの場合、Kubernetesバージョン1.20以降では既定でDockerが使用される（containerdはプレビューとして使用可）。

9

8 Kubernetesクラスターの作成

Azureポータルからkubernetesクラスターを作成するには、サービス一覧から［コンテナー］のカテゴリ内にある［Kubernetesサービス］をクリックします。そして、表示される画面で、［作成］、［Kubernetesクラスターの作成］の順にクリックします。その後、Kubernetesクラスターを作成するために必要なパラメーターを各タブで設定します。設定が必要となるパラメーターには、次のようなものがあります。

●プリセット構成

使用するシナリオに基づいてKubernetesクラスターを簡単にカスタマイズできるように、プリセットの構成が用意されています。選択されたプリセットに基づいて［ノードサイズ］や［スケーリング方法］などが自動的に決定されますが、必要に応じて個別に変更することも可能です。

参考

各プリセットの内容の詳細については、以下のWebサイトを参照してください。
https://docs.microsoft.com/ja-jp/azure/aks/quotas-skus-regions#cluster-configuration-presets-in-the-azure-portal

【Kubernetesクラスターの作成 - ［基本］タブ】

●Kubernetesバージョン

このクラスターで使用するKubernetesのバージョンを選択します。クラスターの作成後にバージョンをアップグレードすることもできます。

●ノードプール

　必須のプライマリノードプールに加えて、様々なワークロードを処理するためのノードプールを必要に応じて追加できます。例えば、コンピューティングまたは記憶域の要件が異なる複数のアプリケーションをサポートするときは、追加のノードプールを構成します。

●仮想マシンスケールセットを有効にする

　有効にすると、クラスターノードに仮想マシンスケールセットを使用するクラスターが作成されます。可用性ゾーンを構成する場合や複数のノードプールを持つ場合など、いくつかのシナリオではこのオプションの有効化は必須です。

【Kubernetesクラスターの作成 - ［ノードプール］タブ】

●ネットワーク構成

　AKSでは、次の2つのネットワークモデルのいずれかを使用するクラスターをデプロイできます。

　・kubenet
　　基本のネットワークモデルであり、Kubernetesクラスターを作成する際の既定の構成です。Kubernetesクラスター用の仮想ネットワークがAzureプラットフォームによって自動的に作成および構成されます。ルーティング可能なIPアドレスを受け取るのはノードのみであり、ポッドはNATを使用してKubernetesクラスター外のリソースと通信します。そのため、ポッドで使用するためにネットワーク空間で確保する必要があるIPアドレスの数を抑えられます。

　・Azure CNI
　　Kubernetesクラスターが接続される仮想ネットワークおよびサブネットを明

9

示的に指定できます。すべてのポッドがサブネットからIPアドレスを取得するため、接続されているネットワークからプライベートIPアドレスを介してポッドに直接アクセスできます。ただし、その分より多くのIPアドレス空間が必要になるため、ネットワーク空間全体で一意のIPアドレスが割り当てられるように事前の計画が重要です。

>
> 各ネットワークモデルの動作や比較の詳細については、以下のWebサイトを参照してください。
> https://docs.microsoft.com/ja-jp/azure/aks/concepts-network#azure-virtual-networks

9 Kubernetesクラスターの確認と管理

Kubernetesクラスターの作成後は、管理画面の［概要］メニューでKubernetesクラスターの状態や［開始］や［停止］などの操作ができることを確認できます。また、［ノードプール］や［クラスター構成］のメニューをクリックすると、Kubernetesクラスターの作成時に指定した情報などを確認できます。

【Kubernetesクラスターの［概要］】

ただし、Azureポータルで操作できる内容は限定的であり、Kubernetesクラスターに対してYAML形式のマニフェストファイルを読み込ませたり、ポッドを追加するような管理操作はAzureポータルからはできません。そのような管理操作を行うには、Kubernetes用のコマンドラインツールである**kubectl**を使用してクラスターと直接対話する必要があります。具体的には、Azure Cloud ShellまたはAzure CLIを使用してAzureに接続し、次のようなコマンドを使用してKubernetesクラスターを管理します。なお、ローカルコンピューターから管理を行うためにはkubectlをインストールする必要がありますが、Azure Cloud Shellにはkubectlが既定でインストールされています。

【kubectlをインストールする】

```
az aks install-cli
```

【Kubernetesクラスターへの接続に必要な資格情報を取得する】

```
az aks get-credentials --resource-group 〈リソースグループ名〉 --name
〈Kubernetesクラスター名〉
```

【ノードの一覧を表示する】

```
kubectl get nodes
```

【YAMLマニフェストファイルを元にデプロイを実行する】

```
kubectl apply -f 〈YAMLファイル名〉
```

【ポッドの一覧を表示する】

```
kubectl get pod
```

【サービスの一覧を表示する（アクセスするIPアドレスの確認）】

```
kubectl get service
```

試験対策
kubectlは、Kubernetesの管理に使用するコマンドラインツールです。kubectl そのもののインストールや、YAMLマニフェストファイルを元にデプロイを実行する際のコマンド操作を確認しておきましょう。

参考
kubectlコマンドのリファレンスは、以下のWebサイトを参照してください。
https://kubernetes.io/docs/reference/generated/kubectl/kubectl-commands

9

演習問題

1 App Serviceプランに関する説明として、誤っているものはどれですか。

    A.   Webアプリを動かすためのコンピューティング環境を提供するものである

    B.   作成時にWindowsまたはLinuxのいずれかのOSを選択できる

    C.   価格レベルによって、コンピューティング環境の性能や機能が異なる

    D.   1つのApp Serviceプランの上で、1つのWebアプリのみを実行することができる

2 App Serviceで提供される機能のうち、開発した新バージョンのWebアプリの確認や公開をスムーズに行うための機能はどれですか。

    A.   カスタムドメイン

    B.   デプロイスロット

    C.   自動スケール

    D.   スケールアップ

3 App Serviceのバックアップを行うために、事前に作成しておく必要があるのものはどれですか。

    A.   キーコンテナー

    B.   Recovery Servicesコンテナー

    C.   ストレージアカウント

    D.   カスタムドメイン

4 あなたが使用するMicrosoft Azure環境には1つのサブスクリプションがあり、次の表に示すApp Serviceプランがあります。

App Serviceプラン名	リージョン	リソースグループ	価格レベル
Plan1	東日本	RG1	Standard
Plan2	西日本	RG1	Basic
Plan3	米国西部	RG2	Premium

あなたは、App1というApp ServiceのWebアプリを東日本リージョンに作成します。App1を作成時に選択可能なApp Serviceプランまたはその組み合わせとして適切なものはどれですか。

A. Plan1のみ

B. Plan1とPlan2

C. Plan1とPlan3

D. すべてのApp Serviceプランが選択可能

5 Azure Container Instances(ACI)に関する説明として、誤っているものはどれですか。

A. コンテナーオーケストレーションが可能なDockerコンテナー実行環境を提供する

B. PaaSサービスであり、数秒程度でコンテナーを開始できる

C. インスタンスのサイズで、CPUのコア数とメモリを指定できる

D. WindowsコンテナーとLinuxコンテナーの両方をサポートしている

6 あなたが使用するMicrosoft Azure環境には1つのサブスクリプションがあります。あなたは、これからAzure Container Instances(ACI)でコンテナーインスタンスを作成し、Azureポータルでコンテナーインスタンスの管理画面のインターフェイスを確認しようとしています。ただし、現時点ではコンテナーイメージの作成やアップロードをしていないため、マイクロソフトによって提供されているサンプルのコンテナーイメージを使用します。この場合、イメージのソースとして最も適切な選択肢はどれですか。

A. Azure Container Registry

B. 共有イメージギャラリー

C. クイックスタートイメージ

D. Docker Hubまたはその他のレジストリ

9

7 Kubernetesクラスターおよび Azure Kubernetes Service(AKS)で使用される用語に関する説明として、誤っているものはどれですか。

    A.　ノードとは、コンテナー化されたアプリケーションを実行する仮想マシンである

    B.　1つのポッドには1つのコンテナーだけを入れて実行することも、複数のコンテナーを含めることもできる

    C.　ポッドをデプロイするために、マニフェストファイルを使用する

    D.　Kubernetesクラスターでは少なくとも2つ以上のノードが実行される

8 Azure Kubernetes Service(AKS)の使用において、使用するコンテナーイメージや実行するポッドの数などを指定するためのマニフェストファイルで使用されるファイル形式として適切なものはどれですか。

    A.　CSV

    B.　YAML

    C.　XML

    D.　HTML

9 あなたが使用するMicrosoft Azure環境には1つのサブスクリプションがあります。あなたは、Azure Kubernetes Service(AKS)で3つのノードを含むKubernetesクラスターを作成しました。あなたはKubernetesクラスターに接続し、マニフェストファイルを使用してデプロイを行う予定です。ノードの確認やデプロイの実行に使用する、Kubernetesの管理用のコマンドとして適切なものはどれですか。

    A.　aksmgmt

    B.　Connect-Kubernetes

    C.　kubectl

    D.　k8sadmin

解答

1 D

1つのApp Serviceプランの上で、複数のWebアプリを実行することが可能です。そのため、必ずしもWebアプリごとに個別のApp Serviceプランを用意する必要はありません。ただし、1つのApp Serviceプランの上で多くのWebアプリを実行した結果、コンピューティング環境のリソースが不足するような場合は、別のApp Serviceプランを作成して使用します。

2 B

デプロイスロットを使用すると、Webアプリの新バージョンの開発および確認とその公開をスムーズに行うことができます。例えば、運用スロットとは別に、ステージング用のスロットを追加できます。そして、追加したスロットで新バージョンのWebアプリを準備し、準備が完了したらスワップという操作によって2つのスロットの中身を入れ替えることができます。カスタムドメインは、既定のFQDNではなく、独自ドメインでアクセスできるようにするための機能です。自動スケールは、負荷の増減に合わせて自動的にインスタンス数を変更する機能です。スケールアップは、App Serviceプランのサイズを変更する操作であり、機能ではありません。

3 C

App Serviceのバックアップは、ストレージアカウントのBLOBコンテナーへのバックアップとなります。そのため、App Serviceのバックアップを行うには、事前にストレージアカウントを作成しておく必要があります。キーコンテナーは、ディスクの暗号化に使用するキーやシークレット情報などを格納するために使用されます。Recovery Servicesコンテナーは、仮想マシンなどのバックアップデータの格納先です。カスタムドメインは、既定のFQDNではなく、独自ドメインでアクセスできるようにする機能です。

4 A

事前に作成したApp Serviceプランを使用するには、App Serviceの作成時にApp Serviceプランと同じリージョンを選択する必要があります。そのため、このシナリオで選択可能なApp ServiceプランはPlan1だけです。

9

5 A

ACIは、Dockerコンテナーを実行するためのシンプルな環境を提供するサービスであり、高速かつ簡単にコンテナーを動かすことができます。コンテナーオーケストレーションが可能なDockerコンテナー実行環境を提供するサービスは、AKSです。

6 C

イメージのソースで［クイックスタートイメージ］を選択すると、マイクロソフトによって提供されているサンプルのコンテナーイメージを使用できます。［Docker Hubまたはその他のレジストリ］を選択した場合でもコンテナーレジストリやイメージ名などを記述すればサンプルのイメージを取得できますが、［クイックスタートイメージ］のほうが簡単にサンプルイメージを選択できるため、このシナリオでは［クイックスタートイメージ］が最適解です。

Azure Container Registryは、自身が作成したコンテナーイメージを保存して管理するためのプライベートレジストリサービスであり、サンプルのコンテナーイメージは含まれていません。共有イメージギャラリーは、コンテナーイメージのためのものではなく、仮想マシンイメージをほかのユーザーなどと共有するためのサービスです。

7 D

Kubernetesクラスターには少なくとも1つ以上のノードが必要です。ただし、可用性を高めるために一般的には複数のノードを構成し、仮想マシンスケールセットやロードバランサーなども併せて構成して使用します。

8 B

Kubernetesでは、使用するコンテナーイメージや実行するポッドの数などを指定してデプロイを実行するためにYAML形式のマニフェストファイルを使用します。例えば、「Nginxのコンテナーを含むポッドのレプリカを3つ作成し、さらにロードバランサーを使用して負荷分散する」といった内容をYAML形式のマニフェストファイルに書いて使用できます。

CSV、XML、HTMLは、Kubernetesのマニフェストファイルで使用されるファイル形式ではありません。

9 C

kubectlは、Kubernetesの管理に使用するコマンドおよびコマンドラインツールです。例えば、YAMLマニフェストファイルを元にデプロイを実行するには、「kubectl apply -f <YAMLファイル名>」を実行します。

aksmgmt、Connect-Kubernetes、k8sadminというコマンドはありません。

9

第10章

データ保護

10-1　Azure Backup

Microsoft Azureには、仮想マシンの保護などに使用できるバックアップサービスがあります。

本節では、Azure Backupの概要や使用シナリオ、保護の方法などについて説明します。

1　Azure Backupの概要

　Azure仮想マシンのディスクであるVHDファイルは、Azureストレージアカウント内に格納されます。そして、Azureストレージアカウントでは冗長性を担保するために最低でもローカル冗長ストレージ（LRS）が構成されており、3つにミラーリングされています。そのため、Azureデータセンター内でのディスク障害によって仮想マシンのディスクが失われてしまうという可能性は低いと言えます。しかし、ディスク障害以外にも、仮想マシンのディスクおよびデータを回復したい状況はいくつか考えられます。例えば、ユーザーが誤って仮想マシン内のデータを削除してしまったり、仮想マシン内で実行されるプログラムのバグなどによってデータを上書きしてしまったり、マルウェアに感染してファイルが壊れてしまったりといった場合です。このような場合における回復のためには、事前のバックアップが重要となります。

　Azureには、シンプルで信頼性の高いクラウドベースのバックアップソリューションとして、Azure Backupと呼ばれるサービスが用意されています。Azure Backupは効率的な増分バックアップを行い、バックアップデータは暗号化された上で信頼性の高いRecovery Servicesコンテナーと呼ばれる場所に保存されます。Recovery Servicesコンテナーは既定でgeo冗長（GRS）で構成されるため、その場合にはリモートサイトも含めて計6重のバックアップデータのコピーを維持できます。

　Azure Backupを使用した仮想マシンの保護には、次の3つのシナリオがあります。

【Azure Backupの3つのシナリオ】

ファイル、フォルダー、システム状態の保護

仮想マシンの保護

ワークロードの保護

ファイルおよびフォルダー、システム状態

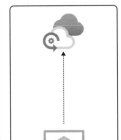

仮想マシン

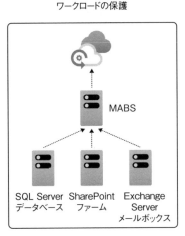

MABS

SQL Server データベース　SharePoint ファーム　Exchange Server メールボックス

●ファイルおよびフォルダー、システム状態の保護

Windows OSを実行するコンピューターに、Azure Backupのエージェントプログラムである MARS（Microsoft Azure Recovery Services）エージェントを導入し、ファイルとフォルダー、システム状態の保護を行うというシナリオです。MARSエージェントは、Azure Backupエージェントとも呼ばれます。このエージェントはWindows OSを実行する任意のコンピューターにインストールすることができるので、Azure仮想マシン上のファイルやフォルダーを保護するために使用するほか、オンプレミスやほかのクラウド上で実行されるWindowsコンピューターでも使用できます。

試験対策　MARSエージェントは、ファイルとフォルダーなどの保護を行うためのエージェントであり、Azure Backupエージェントとも呼ばれます。

●仮想マシンの保護

Azure上で実行されるWindowsまたはLinuxの仮想マシンを保護するシナリオです。厳密には、仮想マシンのディスクであるVHDファイルをバックアップします。Azureポータルなどを使用し、容易にAzure仮想マシンを保護できます。なお、回復については仮想マシン全体だけでなく、ファイル単位での回復もサポートされています。

10

●ワークロードの保護

　ネットワークにSystem Center Data Protection Manager（DPM）をベースとしたMicrosoft Azure Backup Server（MABS）を導入することで、ネットワーク上のWindowsコンピューターが実行する様々なワークロードデータを保護するシナリオです。ワークロードデータとは、いわゆるアプリケーションデータを表し、具体的にはExchange ServerのメールボックスやSharePointファーム、SQL Serverデータベース、Hyper-V仮想マシンなどが含まれます。

MABSまたはDPMを使用して保護できる様々なサーバーおよびワークロードの一覧や、各ワークロードの保護を行うための要件や注意点などについては以下のWebサイトを参照してください。
https://docs.microsoft.com/ja-jp/azure/backup/backup-mabs-protection-matrix

本書では仮想マシンの保護シナリオを中心に説明していますが、Azure BackupはAzureファイル共有などのバックアップのために使用することもできます。バックアップできるデータの一覧については、以下のWebサイトを参照してください。
https://docs.microsoft.com/ja-jp/azure/backup/backup-overview#what-can-i-back-up

2　Recovery Servicesコンテナー

　Recovery Servicesコンテナーは、バックアップデータの格納先となるリソースです。Azure Backupを使用するためには最初にRecovery Servicesコンテナーを作成する必要があり、作成したRecovery Servicesコンテナー内でバックアップの構成を行います。仮想マシンやワークロードの保護のためにAzure Backupを構成してバックアップを実行すると、そのバックアップデータはRecovery Servicesコンテナー内に格納されます。

●Recovery Servicesコンテナーの作成

　AzureポータルからRecovery Servicesコンテナーを作成するには、サービス一覧から［管理＋ガバナンス］のカテゴリ内にある［Recovery Servicesコンテナー］をクリックし、表示される画面で［作成］をクリックします。
　Recovery Servicesコンテナーを作成する際に必要なパラメーターは多くありませんが、リージョンの選択には注意しなければなりません。Recovery Servicesコ

ンテナーはリージョンごとに作成する必要があり、バックアップするリソースと
同じリージョンを選択する必要があります。つまり、東日本リージョンの仮想マ
シンをバックアップしたい場合には、Recovery Servicesコンテナーも東日本リー
ジョンに作成しなければなりません。

【Recovery Servicesコンテナーの作成】

試験対策　Azure Backupを使用するには、最初にRecovery Servicesコンテナーを作成する
必要があります。また、仮想マシンのバックアップを行う場合には、仮想マ
シンと同じリージョンにRecovery Servicesコンテナーを作成する必要がありま
す。

3　仮想マシンのバックアップの動作

　バックアップの実行時の動作としては、最初にスナップショットが作成され、その内
容がバックアップデータとしてRecovery Servicesコンテナーに転送されます。スナップ
ショットとは、特定の時点の仮想マシンの状態をそのまま保存したファイルであり、バッ
クアップ実行時に作成されるスナップショットは「インスタント回復スナップショット」
と呼ばれます。Recovery Servicesコンテナーに格納されたバックアップデータからリカ
バリーするのは時間がかかりますが、スナップショットを作成することにより、バック
アップ実行後にすぐに回復したい場合でも素早く対応できます。

10

【仮想マシンのバックアップ実行時の動作】

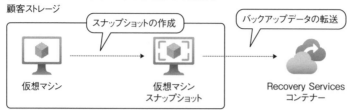

ただし、Windows仮想マシンとLinux仮想マシンのどちらでもスナップショット自体は作成されますが、バックアップ時のプロセスと整合性の種類が異なることに注意する必要があります。

実行中のWindows仮想マシンをバックアップする場合は、Azure BackupはWindowsボリュームシャドウコピーサービス（VSS）と連携し、仮想マシンのアプリ整合性スナップショットを取得します。つまり、Windows仮想マシンについては、実行中の仮想マシンの外からディスクファイルをコピーしても整合性が壊れないようにVSSが使用されます。そのため、仮想マシン内でSQL ServerやExchange Serverなどが動作していたとしても、その整合性を失うことなく、バックアップが実行できるようになっています。

一方、Linux仮想マシンではVSSを使用することができないため、Linux仮想マシンに対しては既定でファイルシステム整合性スナップショットが取得されます。つまり、実行中のLinux仮想マシンをバックアップしたときに、既定ではアプリの整合性は確保されず、動作するアプリが壊れてしまう可能性があります。Linux仮想マシンでアプリ整合性スナップショットを取得するには、サービスの停止やスクリプトなどを使用して静止点を作る必要があります。

　マイクロソフトでは、Linux仮想マシンでのスナップショット作成時にアプリの整合性を持たせることができるように、スクリプトフレームワークを用意しています。
https://docs.microsoft.com/ja-jp/azure/backup/backup-azure-linux-app-consistent

---

4　仮想マシンのバックアップの構成

Azure上で実行される仮想マシンは、WindowsでもLinuxでも同じ方法で仮想マシン全体を保護することができます。仮想マシンのバックアップを行うには、作成したRecovery Servicesコンテナーの管理画面の［バックアップ］のメニューを使用します。

Recovery Servicesコンテナーの［バックアップ］のメニューでは、最初にワークロー

ドの実行場所と、バックアップする内容を選択する必要があります。仮想マシンをバックアップする場合には、ワークロードの実行場所で［Azure］を選択し、バックアップする内容で［仮想マシン］を選択して、［バックアップ］をクリックします。

【仮想マシンのバックアップ】

　次に、バックアップの実行時刻の設定や対象の仮想マシンの選択のために、バックアップの構成を行う必要があります。［バックアップの構成］画面では、最初にバックアップポリシーを構成します。バックアップポリシーとは、バックアップ実行時刻や保持期間などの構成情報のことです。既定では組み込みのバックアップポリシーであるDefaultPolicyが選択されますが、必要に応じて［新しいポリシーを作成する］をクリックして新しいバックアップポリシーを使用することも可能です。例えば、DefaultPolicyでは［毎日のバックアップポイントの保持期間］は30日に設定されていますが、新しく作成するポリシーでは最大で9,999日の保持期間を設定できます。

【バックアップポリシーの作成】

10

　バックアップポリシーの構成後は、バックアップを行う仮想マシンを選択します。

［バックアップの構成］画面の下部にある［追加］をクリックすると仮想マシンの一覧が表示されるので、バックアップする仮想マシンのチェックボックスをオンにして［OK］をクリックします。なお、この仮想マシンの一覧に表示されるのは、Recovery Servicesコンテナーと同じリージョンの仮想マシンです。

【仮想マシンの選択】

　バックアップを構成して［バックアップの有効化］をクリックすると、バックアップの構成情報が保存され、指定したスケジュールなどに従ってバックアップが実行されるようになります。ただし、バックアップを有効化すると、バックアップの停止やバックアップデータの完全な削除が行われない限り、Recovery Servicesコンテナーを削除できなくなります。

　なお、Recovery Servicesコンテナーでは既定で論理削除が有効になっているため、バックアップデータの削除操作後14日間は論理削除状態としてデータが残り続けます。

試験対策

バックアップポリシーでは、［毎日のバックアップポイントの保持期間］を最大で9,999日に設定できます。

試験対策

バックアップの有効化後にRecovery Servicesコンテナーを削除するには、バックアップの停止とバックアップデータの完全な削除が必要です。

5 仮想マシンの保護以外のシナリオ

本書では仮想マシンの保護シナリオを中心に説明していますが、Azure Backupはほかにも様々な保護のために使用できます。Recovery Servicesコンテナーの管理画面の［バックアップ］のメニューで選択するワークロードの実行場所やバックアップする内容に応じて、必要となる構成手順は異なります。

●ファイルおよびフォルダー、システム状態の保護の場合

ワークロードの実行場所で［オンプレミス］を選択し、バックアップする内容で［ファイルとフォルダー］を選択します。この場合は、MARSエージェントやコンテナー資格情報ファイルのダウンロードリンクなどと共に手順が表示されます。このシナリオでは、対象のコンピューターにMARSエージェントをインストールする必要があるためです。なお、MARSエージェントのインストール後に、コンテナー資格情報ファイルの指定も必要になります。コンテナー資格情報ファイルは、MARSエージェントとRecovery Servicesコンテナーを結び付けるために必要なファイルです。

【ファイルとフォルダーの保護のバックアップ構成】

MARSエージェントは、Windows Serverの標準バックアップ機能である「Windows Serverバックアップ」と同一の管理コンソールを使用するため、Windows Serverの管理経験者であれば比較的、簡単に使用できます。

10

●ワークロードの保護の場合

ワークロードの実行場所で［オンプレミス］を選択し、バックアップする内容

で［Microsoft SQL Server］や［Microsoft Exchange］などのワークロードを選択します。この場合は、MABSのセットアッププログラムのダウンロードリンクや必要な手順が表示されます。このシナリオでは、ネットワーク上にMABSを導入する必要があるためです。

6 バックアップアイテムとジョブの確認

バックアップの有効化後は、［バックアップアイテム］のメニューからバックアップの結果の確認や復元などの管理ができるようになります。仮想マシンのバックアップを行った場合は、［バックアップアイテム］画面で［Azure Virtual Machine］をクリックすると前回のバックアップの状態などの概要情報が表示され、さらにその内容をクリックすると［バックアップ項目］の詳細画面が表示されます。［バックアップ項目］の画面では、今すぐ手動でバックアップを開始したり、バックアップが完了している場合には仮想マシンの復元やファイルの回復が可能です。

【バックアップ項目】

●ジョブの確認

仮想マシンのバックアップは、ブロックレベルの増分バックアップとして実行されます。つまり、ブロックレベルの変更点だけを追跡してバックアップが行われるため、毎回のバックアップデータ量や必要な時間が少なくて済むように設計されています。しかし、初回のバックアップ実行時はフルバックアップとなるので一定の時間を要するほか、2回目以降のバックアップでも状況によっては多くの時間を要する場合があります。ジョブの詳細を確認したい場合には、［バックアッ

プ項目］画面の［すべてのジョブの表示］をクリックすると、バックアップジョブの情報が表示され、バックアップの構成やバックアップの実行履歴などの確認ができます。

参考　バックアップのジョブは、Recovery Servicesコンテナーの管理画面の［バックアップジョブ］のメニューからも確認できます。

7 仮想マシンの復元とファイルの回復

　仮想マシンのバックアップが実行された後で、ユーザーが誤って仮想マシンのデータ削除などを行ってしまった場合には、バックアップデータから復元できます。バックアップの実行は仮想マシン単位ですが、バックアップデータからは仮想マシンやそのディスクごと復元するだけでなく、特定のフォルダーやファイル単位で回復することもできます。また、場合によっては、直近のバックアップ時点ではなく、さらに遡って復元したい場合なども考えられます。バックアップポリシーの設定で一定の保持期間を構成し、さらに複数回のバックアップが実行されている場合には、保持されているいくつかの世代から選択して復元および回復を行うことが可能です。

●仮想マシンの復元

　仮想マシンレベルの復元を行う場合には、［バックアップ項目］の画面で［VMの復元］をクリックし、最初に［復元ポイント］を選択します。［復元ポイント］には、保持期間の設定とこれまでのバックアップの実行によって、選択可能な日時の情報が一覧で表示されます。

10

【VMの復元】

　復元ポイントの選択後は、復元を実行するための復元オプションを指定して復元を実行します。復元オプションは、次の表に示す3つの選択肢があります。

【仮想マシンの復元オプション】

復元オプション	説明
新しい仮想マシンを作成する	新しい仮想マシンを作成してそこに復元ポイントの内容を反映する方式。仮想マシンの名前や接続する仮想ネットワークなどを指定して新しい仮想マシンを作成するため、すでにバックアップ元の仮想マシンが削除されてしまっている場合や、バックアップ元の仮想マシンに影響を与えずに復元結果を確認したい場合に適している。
ディスクを復元する	ディスク単位で復元する方式。復元したディスクは、既存の仮想マシンまたは別途作成する新しい仮想マシンに接続可能。[新しい仮想マシンを作成する] オプションでは基本的な構成しかできないため、それ以外のカスタム構成が必要な仮想マシンを作成する場合に適している。
既存の仮想マシンのディスクを置換する	ディスクを復元し、バックアップ元の仮想マシンのディスクを置き換える方式。バックアップ元の仮想マシンが存在する必要があり、すでに削除されている場合には使用不可。

試験対策

　仮想マシンレベルの復元では、バックアップ元の仮想マシンへの復元だけでなく、新しい仮想マシンやほかの仮想マシンへの復元も可能です。

このほかの復元オプションとして、セカンダリリージョンへの復元もあります。セカンダリリージョンへの復元の詳細については、以下のWebサイトを参照してください。

https://docs.microsoft.com/ja-jp/azure/backup/backup-create-rs-vault#set-cross-region-restore

●ファイルとフォルダーの回復

特定のフォルダーやファイル単位で回復したい場合には、［バックアップ項目］の画面で［ファイルの回復］をクリックします。すると、ファイルの回復を行うためのステップが画面上に表示されます。

【ファイルの回復】

［ファイルの回復］画面では、最初に回復ポイントを選択する必要があります。ただし、それ以降のステップは、仮想マシンの復元時とは大きく異なります。ファイルの回復では、選択した回復ポイントに含まれるディスクをマウントするためのスクリプトを生成し、そのディスクをマウントして必要なファイルやフォルダーをコピーすることで回復します。そのためのスクリプトの生成とダウンロードは、画面内の［実行可能ファイルのダウンロード］をクリックすることで行われます。そして、画面内には［スクリプトを実行するためのパスワード］が表示されるので、ダウンロードしたスクリプトを実行してそのパスワードを入力すると、ディスクがマウントされます。

なお、このスクリプトを実行するコンピューターは、インターネットに接続され、なおかつバックアップ元の仮想マシンと同じOSまたは互換性のあるOSを実行している必要があります。例えば、Windows Server 2016の仮想マシンのバックアップ

10

から特定のファイルを回復する場合には、インターネットに接続されたWindows Server 2016またはWindows 10のコンピューターでスクリプトを実行します。

【マウントされたドライブ】

試験対策

ファイルレベルの回復のために生成したスクリプトは、インターネットに接続され、なおかつバックアップ元の仮想マシンと同じOSまたは互換性のあるOSが動作するコンピューターで実行します。

参考

スクリプトを実行するためのOSの要件を含む、ファイルレベルの回復に関する要件の詳細については以下のWebサイトを参照してください。

https://docs.microsoft.com/ja-jp/azure/backup/backup-azure-restore-files-from-vm

Azure Site Recovery

Microsoft Azureには、Azure Site Recoveryと呼ばれるレプリケーションサービスがあります。
本節では、Azure Backupとの違いも含めて、Azure Site Recoveryの概要や保護の方法について説明します。

1 Azure Site Recoveryの概要

　Azure Site Recoveryとは、一言で言うとレプリケーションサービスです。組織では、ビジネス継続とディザスターリカバリーのための戦略を用意し、メンテナンスや障害によるシステムの停止に備え、アプリ、ワークロード、データなどを保護する必要があります。Azure Site Recoveryはこれを実現するためのサービスです。
　Azure Site Recoveryには次のレプリケーションシナリオがあります。

・あるリージョンのAzure仮想マシンを別のリージョンへ
・オンプレミスで実行されるVMware仮想マシン、Hyper-V仮想マシン、物理サーバーをAzureへ
・オンプレミスで実行されるVMware仮想マシン、System Center Virtual Machine Manager（SCVMM）で管理されているHyper-V仮想マシン、および物理サーバーをセカンダリサイトへ
・AWSで実行されるWindowsインスタンスをAzureへ

　これらのうち、「あるリージョンのAzure仮想マシンを別のリージョンへ」というシナリオが最も一般的な使用シナリオです。Azure Site Recoveryを使用すると、プライマリリージョン内のAzure仮想マシンをセカンダリリージョンへ継続的にレプリケーションできます。災害などにより、あるリージョン全体に影響が及ぶ障害が発生した場合には、セカンダリリージョンに仮想マシンをフェールオーバーし、業務およびワークロードを速やかに再開できます。また、フェールオーバー後にプライマリリージョンが再び正常に動作するようになった場合には、プライマリリージョンにフェールバックすることもできます。

【Azure Site Recoveryのイメージ】

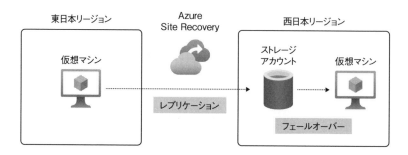

　Azure Site Recoveryでは、実行中のAzure仮想マシンをあるリージョンから別のリージョンにレプリケーションできます。Azure仮想マシン上で行われた変更箇所はAzure Site Recoveryによって検出され、随時レプリケーションが行われます。

　ただし、レプリケーションされるのはAzure仮想マシンのディスクのみです。セカンダリリージョンにもAzure仮想マシンを作成するとそのコストが発生するため、Azure Site Recovery構成時点のセカンダリリージョンにはレプリケーションされたディスクだけが存在し、Azure仮想マシン自体は存在しない状態になります。そして、実際にフェールオーバーが行われると、セカンダリリージョンのディスクを基にAzure仮想マシンが組み立てられて実行されます。このような動作により、フェールオーバーを行われるまで（プライマリリージョンの正常稼働時）は、必要以上のコストがかからないように設計されています。

2　Azure BackupとAzure Site Recoveryの違い

　Azure Backupでも、あるリージョンにバックアップしたデータを別のリージョンにコピーすること自体は可能であり、あるリージョンでの障害発生時に、バックアップデータからセカンダリリージョンへの復元を実行して業務の再開を図ることはできます。しかし、バックアップデータからの復元には時間がかかります。つまり、Azure BackupはRTO（目標復旧時間：Recovery Time Objective）が長いと言えます。また、Azure Backupでは、Azure仮想マシンのバックアップを1日に1回しか実行できません。つまり、障害発生のタイミングによってはそのロスが大きくなることから、Azure BackupはRPO（目標復旧時点：Recovery Point Objective）も長いと言えます。

　Azure Site Recoveryでは、フェールオーバーにより、セカンダリリージョンにレプリケーションされたデータから仮想マシンを作成して速やかに再開できます。また、およそ5分ごとにクラッシュ整合性復旧ポイントが自動的に作成されるため、障害の直前の状態まで復旧することができます。したがって、Azure Site RecoveryはRTOとRPOが短く、Azure Backupよりもビジネス継続性とディザスターリカバリの観点で適し

ています。

【Azure BackupとAzure Site Recovery】

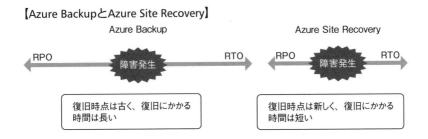

Azure Site Recoveryを構成するには、Azure Backupと同様に最初にRecovery
Servicesコンテナーを作成する必要があります。Recovery Servicesコンテナーの作成後、
レプリケーションの有効化を行います。

3 Azure Site Recoveryの構成準備

●Recovery Servicesコンテナーの作成

AzureポータルからRecovery Servicesコンテナーを作成するには、サービス一
覧から［管理＋ガバナンス］のカテゴリ内にある［Recovery Servicesコンテナー］
をクリックし、表示される画面で［作成］をクリックします。

本節の冒頭で解説したAzure仮想マシンのレプリケーションシナリオでは、リー
ジョン間でレプリケーションを行い、プライマリリージョンでの障害発生時には
別のリージョンへのフェールオーバーを行います。そのため、Azure仮想マシンが
存在しているリージョンとは異なるリージョンにRecovery Servicesコンテナーを
作成する必要があります。また、そのRecovery Servicesコンテナーを格納するリ
ソースグループも、Azure仮想マシンとは異なるリージョンのものを選択または作
成する必要があります。したがって、レプリケーションを有効化する前に、レプ
リケーション先となるリージョンにリソースグループおよびRecovery Servicesコ
ンテナーを作成します。

10

【Recovery Servicesコンテナーの作成】

　作成したリソースグループには、必要に応じて仮想ネットワークや可用性セット、パブリックIPアドレスなどのリソースを作成しておきます。仮想ネットワークなどの一部のリソースはレプリケーションの有効化時に自動作成することもできますが、自動作成されるリソース名には「-asr」などのサフィックスが付加され、変更できません。また、パブリックIPアドレスやネットワークセキュリティグループなどのリソースは、そもそも自動作成が行われません。そのため、パブリックIPアドレスなどのリソースが必要な場合や、ユーザー自身が定義した名前の仮想ネットワークに接続したい場合には、レプリケーションを有効化する前に、それらのリソースを作成しておきます。

試験対策　Azure仮想マシンのレプリケーションシナリオのためにAzure Site Recoveryを使用する場合は、Azure仮想マシンが存在しているリージョンとは異なるリージョンにRecovery Servicesコンテナーを作成する必要があります。

4　レプリケーションの有効化

　作成したRecovery Servicesコンテナーの管理画面で、[Site Recovery]の設定メニューをクリックし、[レプリケーションを有効にする]をクリックします。すると、レプリケーションを有効化するためのウィザードが表示されるため、構成に必要な情報を各タブで設定します。

【Recovery Servicesコンテナーの［Site Recovery］】

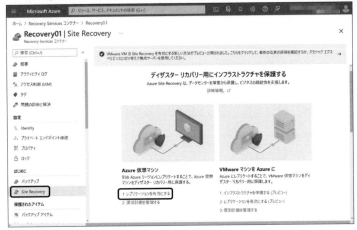

● ［ソース］タブ

ソースとなる仮想マシンの場所やリソースグループなどを選択します。

● ［仮想マシン］タブ

レプリケーションを有効化する仮想マシンを選択します。この画面には、［ソース］タブで選択されたソースとなるリージョンおよびリソースグループに基づいて、選択可能な仮想マシンが表示されます。

レプリケーションを有効化する際には、ソースとなる仮想マシンは実行中でなければなりません。これは、選択した仮想マシンに拡張機能をインストールする必要があるためです。

● ［レプリケーションの設定］タブ

レプリケーション先のリージョンとして［ターゲットの場所］の選択などを行い、最後に［レプリケーションの有効化］をクリックします。また、必要に応じて、Azure Site Recoveryによってターゲットに作成されるリソースグループや仮想ネットワークなどのカスタマイズや、レプリケーションポリシーのカスタマイズを行うことができます。これらを構成するには、画面内の［カスタマイズ］をクリックします。

10

【ターゲットの場所の選択とリソースグループなどのカスタマイズ】

【レプリケーションポリシーのカスタマイズ】

　これまで説明したように、Azure Site RecoveryによってレプリケーションされるのはAzure仮想マシンのディスクのみです。したがって、リソースグループや仮想ネットワークなどは別途作成する必要があります。また、可用性セットを使用する仮想マシンに対しては、可用性セットの構成なども必要となります。レプリケーションを有効化時に選択された仮想マシンに応じて、仮想ネットワークや可用性セットなどの一部のリソースを特定のサフィックスが付加された名前で新規作成するように動作します。ただし、あらかじめユーザー自身で事前作成した仮想ネットワーク1などに接続するようにしたい場合には、[リソースグループ、ネットワーク、ストレージ、可用性]の[カスタマイズ]から変更します。

　[レプリケーションポリシー]の[カスタマイズ]では、[復旧ポイントの保持期間]や[アプリ整合性スナップショットの頻度]などを変更できます。Azure Site Recoveryでは、最新のレプリケーションデータだけではなく、ある程度の期間のレプリケーションデータを保持できるようになっています。既定のレプリケーションポリシーでは24時間前まで遡れるよう構成されていますが、それ以前の時点へのフェールオーバーが必要となる可能性がある場合には[復旧ポイントの保

持期間］を変更できます。また、［アプリ整合性スナップショットの頻度］につい
ても、必要に応じて変更可能です。アプリ整合性スナップショットとは、メモリ
内のデータと処理中のすべてのトランザクションについてもキャプチャされるス
ナップショットです。SQL Serverなどを実行する仮想マシンでは、アプリ整合性
スナップショットでのフェールオーバーが推奨されます。この設定に関わらず、
Azure Site Recoveryではおよそ5分ごとにクラッシュ整合性復旧ポイントが自動
的に作成されるため、ほとんどのアプリやファイルサーバーを実行する仮想マシ
ンであればクラッシュ整合性スナップショットから問題なく復旧できます。

【レプリケーション設定の構成】

　また、この画面では［マルチVM整合性］を有効にしてレプリケーショングルー
プを構成することもできます。同じレプリケーショングループ内のすべての仮想
マシンはまとめてレプリケーションされ、フェールオーバー時にクラッシュ整合
性とアプリ整合性の復旧ポイントを共有できます。そのため、複数の仮想マシン
間で整合性が必要な場合には、この設定を使用します。なお、マルチVM整合性を
有効にした場合は、レプリケーショングループ内の単一の仮想マシンをフェール
オーバーすることはできなくなり、復旧計画を使用したフェールオーバーが必要
になります。復旧計画については、本節の後半で説明します。

試験対策　マルチVM整合性を有効にすると、レプリケーショングループを構成できます。
ただし、マルチVM整合性を有効にした場合には、レプリケーショングループ
内の単一の仮想マシンをフェールオーバーすることはできなくなり、復旧計
画を使用したフェールオーバーが必要です。

10

●レプリケーションの有効化後の確認

　これまで説明した各タブを構成し、最終的に［レプリケーションの有効化］を
クリックしてしばらくすると、レプリケーションが有効化されて初回同期が開始

されます。Recovery Servicesコンテナーの管理画面で［レプリケートされたアイテム］をクリックすると、レプリケーションの状態などの概要情報を確認でき、その情報をクリックするとさらに詳細情報を確認できます。

【レプリケートされたアイテム - ［概要］】

 レプリケーションの有効化やその確認は、Recovery Servicesコンテナーの管理画面から行うほか、仮想マシンの管理画面の［ディザスターリカバリー］の設定メニューから行うことも可能です。

5 Azure Site Recoveryのフェールオーバー

　レプリケーションの有効化および初回同期が完了すると、その後はAzure Site Recoveryによって継続的にレプリケーションが行われます。そして、仮想マシンやそのリージョンに何らかのトラブルが発生したときには、フェールオーバーが実行できるようになります。

　Azure Site Recoveryには、次の2種類のフェールオーバーがあります。

●テストフェールオーバー

　セカンダリリージョンでの動作確認用の選択肢です。選択した復旧ポイントから仮想マシンを作成して起動し、フェールオーバーが適切に機能するかどうか、その仮想マシンへ適切に接続できるかどうかなどの確認に役立ちます。テスト

フェールオーバーを実行すると、セカンダリリージョンに動作確認用の［<仮想マシン名>-test］という名前の仮想マシンが一時的に作成および実行されますが、レプリケーションはそのまま継続されます。

　なお、テストフェールオーバーの実行時には、接続する仮想ネットワークを選択できますが、これは通常のフェールオーバー用の実稼働ネットワークとは異なる仮想ネットワーク（テスト用仮想ネットワークなど）を選択することが推奨されます。実稼働ネットワークとは異なる仮想ネットワークに接続した場合には、データベースなどと接続できないといった要因でアプリとしては動作しないことが考えられますが、仮想マシンへの接続テストなどの確認は可能です。

【テストフェールオーバー】

●フェールオーバー

　実際にトラブルが起きたときのための選択肢です。［レプリケートされたアイテム］のターゲット設定（仮想ネットワークなど）の内容に従って、選択した復旧ポイントから仮想マシンを作成して起動します。仮想マシンは、セカンダリリージョンでの実稼働ネットワークに接続された状態で起動されるため、ソースとなる仮想マシンで行われていた業務を引き継ぐことが可能です。

10

【フェールオーバー】

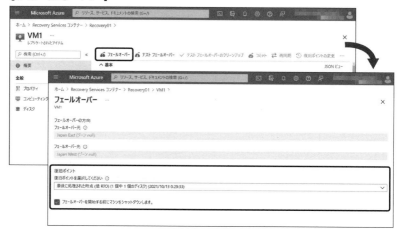

　フェールオーバーを行うと、セカンダリリージョンに仮想マシンが作成および実行されます。フェールオーバーの実行後は、仮想マシンが実行中であることやターゲット設定の内容に従って構成されていることの確認、仮想マシンやアプリの動作確認などを行います。また、フェールオーバーされた仮想マシンに問題がなければ、[レプリケートされたアイテム]の[概要]画面で[コミット]を選択してフェールオーバーを完了させます。[コミット]はフェールオーバーの完了確認を意味する操作です。

【コミット】

6　その他のフェールオーバー関連の操作および機能

　これまで説明したように、プライマリリージョンで障害などが起きた際には、フェー

ルオーバーを実行することでセカンダリリージョンから速やかに仮想マシンを再開できます。基本的なフェールオーバーについてはすでに説明しましたが、そのほかにもいくつか操作や機能があり、状況に応じて活用できます。

●再保護

レプリケーションの有効化により、プライマリリージョンからセカンダリリージョンに対してレプリケーションが行われます。しかし、フェールオーバーおよびコミット操作をした時点では、セカンダリリージョンで起動された仮想マシンは、ほかのリージョンへのレプリケーションが行われていない状態になります。

再保護とは、レプリケーションの方向を反転させることです。つまり、セカンダリリージョンで起動された仮想マシンをプライマリリージョンにレプリケーションするように、これまでのレプリケーションの方向を反転させます。再保護を行うと、それ以降にセカンダリリージョンで障害が起きたとしても、プライマリリージョンにフェールオーバーができるようになります。

●フェールバック

プライマリリージョンで障害が発生した場合、セカンダリリージョンへのフェールオーバーを行います。ただし、その障害が一時的なものであった場合、すぐに解決されることもあります。そのような状況で、再びプライマリリージョンでの仮想マシン実行に戻したい場合には、フェールバックを行います。

Azureポータルには[フェールバック]という名前のメニューはないため、[フェールオーバー]のメニューを使用します。つまり、セカンダリリージョンからプライマリリージョンへのフェールオーバー操作によって、結果的にフェールバックを実現できます。ただし、すでにセカンダリリージョンへのフェールオーバーが実行済みで、コミットと再保護まで完了している状態でないと、プライマリリージョンへのフェールオーバーはできないことに注意してください。

●復旧計画（Recovery Plan）

1つの仮想マシンの基本的なフェールオーバーについては、前述のように［レプリケートされたアイテム］の画面から実行できます。しかし、実際の多くのケースでは、1つのアプリの実行のために複数の仮想マシンを使用していることがあるので、複数の仮想マシンでのフェールオーバーが必要になります。そのような場合には、フェールオーバーを実行する順序や、フェールオーバー後に仮想マシンを開始する順序なども考慮する必要が出てきます。また、「フェールオーバーする前」や「仮想マシンを開始した後」などのタイミングで、特定の管理用スクリプトを実行したい場合なども考えられます。

復旧計画とは、複数の仮想マシンのフェールオーバーを確実に行うための機能です。復旧計画は、ある意味でワークフローとして使用できるようになっており、フェールオーバーとその関連タスクを登録しておくことができます。例えば、「フェールオーバー実行時に、最初にすべての仮想マシンをシャットダウンする」

10

「指定した順番で仮想マシンをフェールオーバーする」「フェールオーバー後の仮想マシンを指定した順番で開始する」などの制御が可能です。また、各ステップの事前または事後に必要とするアクションを追加できます。このように、復旧計画は、関連を持つ複数の仮想マシンのフェールオーバーを行う際に、確実にその一連のステップが行われるように支援してくれます。

【復旧計画のカスタマイズ】

演習問題

1 Azure Backupを使用する際に、最初に作成する必要があるAzureリソースはどれですか。

    A.　OSイメージ
    B.　Recovery Servicesコンテナー
    C.　管理グループ
    D.　キーコンテナー

2 Azure Backupを使用し、オンプレミスで使用しているWindows OSを実行するコンピューターのファイルとフォルダーをバックアップしたいと考えています。このシナリオでAzure Backupを使用する上で必要となる手順はどれですか(3つ選択)。

    A.　コンテナー資格情報ファイルのダウンロード
    B.　復旧計画を作成する
    C.　MARSエージェントのダウンロードおよびインストール
    D.　Recovery Servicesコンテナーの作成
    E.　バックアップポリシーの作成

3 Azure Backupを使用して、Azure仮想マシンのバックアップを行います。新しいバックアップポリシーを作成して毎日バックアップを実行しますが、できるだけ古いバックアップデータでの復元ができるように保持期間を構成したいと考えています。このシナリオにおいて、毎日のバックアップポイントの保持期間として設定すべき値はどれですか。

    A.　100
    B.　999
    C.　1000
    D.　9999

10

4 あなたが使用するMicrosoft Azure環境には1つのサブスクリプションがあ
ります。あなたはAzure Backupを使用して、VM1という名前の仮想マシン
のバックアップを実行しました。その後、誤ってVM1内の特定のフォルダー
を削除してしまいました。あなたは、この削除されたフォルダーをバック
アップデータから回復する必要があります。削除されたフォルダーの回復を
行うための最も適切な操作はどれですか。

- A. ［VMの復元］を使用して、新しい仮想マシンを作成する
- B. ［VMの復元］を使用して、既存の仮想マシンのディスクを置換する
- C. ［ファイルの回復］を使用して、回復ポイントに含まれるディスクを
  マウントする
- D. ［バックアップアイテム］に表示されるフォルダーの一覧から選択し
  て回復する

5 Azure Site Recoveryに関する説明として誤っているものはどれですか。

- A. ビジネス継続性とディザスターリカバリーのためのサービスである
- B. 仮想マシンとそのすべての関連リソースをレプリケーションできる
- C. Azure BackupよりもRPOとRTOが短い
- D. プライマリリージョンでの障害発生時は、セカンダリリージョンで
  速やかにワークロードを再開できる

6 あなたが使用するMicrosoft Azure環境には1つのサブスクリプションがあ
り、東日本リージョンで実行されるVM1という名前の仮想マシンがありま
す。あなたは、これからAzure Site Recoveryを使用し、VM1に対してレプ
リケーションを有効化します。レプリケーションを有効化する前に必要とな
る手順として適切なものはどれですか。

- A. Recovery Servicesコンテナーを東日本リージョンに作成する
- B. Recovery Servicesコンテナーを西日本リージョンに作成する
- C. 復旧計画を東日本リージョンに作成する
- D. 復旧計画を西日本リージョンに作成する

7 あなたが使用するMicrosoft Azure環境には1つのサブスクリプションがあります。サブスクリプション内にはSQL1とSQL2という名前の2つの仮想マシンがあり、この2つの仮想マシン上ではSQL Serverが実行されています。あなたはAzure Site Recoveryを使用し、この2つの仮想マシンに対してレプリケーションを有効にしますが、仮想マシン間での整合性を持たせる必要があります。この要件を満たすために行うべき操作として適切なものはどれですか。

    A.   レプリケーションポリシーをカスタマイズする
    B.   テストフェールオーバーを実行する
    C.   2つの仮想マシンで可用性セットを構成する
    D.   ターゲット設定をカスタマイズする

8 あなたが使用するMicrosoft Azure環境には1つのサブスクリプションがあります。あなたは、Azure Site Recoveryを使用して東日本リージョンのVM1という名前の仮想マシンのレプリケーションを有効化しました。セカンダリリージョンは西日本を使用します。その後、フェールオーバーおよびコミットを実行して、西日本リージョンでVM1を起動しました。あなたは、これ以降、西日本リージョンから東日本リージョンにVM1のレプリケーションが行われるように構成する必要があります。行うべき操作として適切なものはどれですか。

    A.   レプリケーションポリシーを変更する
    B.   フェールバックを行う
    C.   復旧計画を作成する
    D.   再保護を行う

10

解答

1 B

Azure Backupの使用シナリオには様々なものがありますが、どのようなシナリオであっても最初にRecovery Servicesコンテナーを作成する必要があります。

OSイメージは、仮想マシンにインストールするOSのイメージであり、仮想マシンの作成時に使用するものです。管理グループは、複数のサブスクリプションをグループ化し、Azure Policyをまとめて適用する目的などに使用するものです。キーコンテナーは、Key Vaultのサービスによって、ストレージ暗号化に使用するキーや証明書などの情報を管理するために作成するリソースです。

2 A、C、D

オンプレミスで使用するWindows OSコンピューターのファイルとフォルダーのバックアップのためにAzure Backupを使用する場合には、最初にRecovery Servicesコンテナーを作成します。さらに、このシナリオでは、MARSエージェントとコンテナー資格情報ファイルのダウンロードも必要です。コンテナー資格情報ファイルは、MARSエージェントのインストール後に指定する必要があります。

復旧計画は、Azure Site Recoveryにおいて、複数の仮想マシンのフェールオーバーを確実に行うための機能です。バックアップポリシーは、仮想マシンの保護を行うシナリオでのバックアップの実行時刻などの構成情報です。

3 D

毎日のバックアップポイントの保持期間は、最大で9,999日に設定できます。このシナリオでは、できるだけ古いバックアップデータでの復元ができるように保持期間を構成する必要があるため、最大の保持日数に設定するのが適切です。

4 C

誤って仮想マシン内のフォルダーやファイルを削除してしまった場合は、[ファイルの回復]を使用し、回復ポイントに含まれるディスクをマウントして回復する操作が最も適切です。

[VMの復元]は仮想マシンまたはそのディスクを復元するためのメニューであり、特定のフォルダーやファイルの回復のために使用するのは時間も

コストもかかり最適とは言えません。また、既存のディスクを置換する場合は、仮想マシンに含まれるほかのデータに影響してしまう可能性も考えられます。仮想マシンのバックアップでは、［バックアップアイテム］には仮想マシンの情報のみが表示され、ファイルやフォルダーの一覧などは表示されません。

5 B

Azure仮想マシンに対してAzure Site Recoveryを使用する場合、レプリケーションされるのは仮想マシンのディスクのみです。ネットワークインターフェイスや仮想ネットワークなどの関連リソースはレプリケーションされないため、セカンダリリージョンに別途作成する必要があります。実際にフェールオーバーが行われると、レプリケーションされたディスクと指定された関連リソースを基に仮想マシンが組み立てられ、実行されます。

6 B

Azure Site Recoveryを使用するには、最初にRecovery Servicesコンテナーを作成する必要があります。ただし、Azure仮想マシンのレプリケーションシナリオでは、Azure仮想マシンが存在しているリージョンとは異なるリージョンにRecovery Servicesコンテナーを作成する必要があります。
復旧計画は、レプリケーションを有効化した後で必要に応じて作成するオプションです。また、リージョンを選択して作成するものではありません。

7 A

Azure Site Recoveryでレプリケーションを行う際に複数の仮想マシン間で整合性が必要な場合には、レプリケーションポリシーをカスタマイズしてマルチVM整合性を有効にします。マルチVM整合性を有効にしてレプリケーショングループを構成することにより、同じレプリケーショングループ内のすべての仮想マシンはまとめてレプリケーションされ、フェールオーバー時にクラッシュ整合性とアプリ整合性の復旧ポイントを共有できます。
テストフェールオーバーの実行は、フェールオーバーが適切に機能するかどうかや仮想マシンの動作を確認するための操作です。可用性セットは、仮想マシンの可用性オプションの1つであり、Azure Site Recoveryでの仮想マシン間の整合性を持たせるものではありません。ターゲット設定のカスタマイズは、セカンダリリージョンで使用するリソースグループや仮想ネットワークなどを指定するために行います。

10

8 D

フェールオーバーおよびコミット後にレプリケーションの方向を反転させるには、再保護を行います。再保護により、セカンダリリージョンで起動された仮想マシンをプライマリリージョンにレプリケーションするように構成できます。

レプリケーションポリシーは復旧ポイントの保持期間などの構成情報の定義であり、レプリケーションの方向を反転するための設定は含まれていません。フェールバックは、再度フェールオーバーを実行することにより、プライマリリージョンでの仮想マシン実行に戻すための操作です。復旧計画は、複数の仮想マシンのフェールオーバーを確実に行うために作成するものです。

第11章

監視

11-1 Azure Monitor

Microsoft Azureには、サービスやリソースなどの監視を行うためにAzure Monitorという
サービスがあります。
本節では、Azure Monitorの概要や、メトリックとログの確認方法、Azure Monitorが持つ
機能などについて説明します。

1 Azure Monitorの概要

　オンプレミスの環境でシステムを運用する場合、そのシステムを構成する様々なコン
ポーネントに異常が起きていないかなどを監視する必要があります。それはクラウドで
も同様で、Azureでは監視をまとめて行うためのサービスとしてAzure Monitorが提供
されています。

【Azure Monitorの概要】

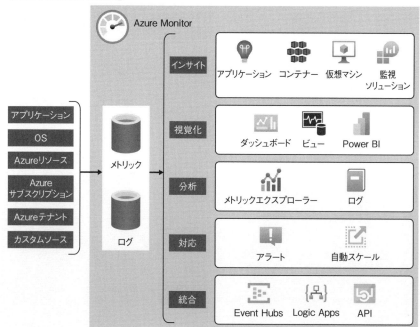

Azure Monitorの大きな特徴として、Azureサービス全体が監視できる点が挙げられます。このような特徴は一般に「エンドツーエンドで監視ができる」と表現されることが多く、テナント、サブスクリプション、リソース、仮想マシンなどで実行されるOS、そのOS内で実行されるアプリケーションなどを監視できます。Azure Monitorを使用すると、これらの監視対象から収集したデータをわかりやすく視覚化したり、クエリを利用して分析したり、その内容に応じてアラートを出したりできます。

2 Azure Monitorが収集するデータ

Azure Monitorは様々なソースからデータを収集できます。収集するデータの範囲は、アプリケーションと関連するOSやサービス、プラットフォームの各層です。収集する監視データの種類を次の表に示します。

【Azure Monitorが収集する監視データ】

データの種類	説明
アプリケーション監視データ	プラットフォームを問わず、記述したコードのパフォーマンスと機能に関するデータ
ゲストOS監視データ	アプリケーションが実行されるオペレーティングシステムに関するデータ。
Azureリソース監視データ	Azureリソースの操作に関するデータ
Azureサブスクリプション監視データ	Azureサブスクリプションの操作および管理に関するデータと、Azure自体の正常性および操作に関するデータ
Azureテナント監視データ	Azure Active Directoryなど、テナントレベルのAzureサービスの操作に関するデータ

Azureリソースを作成するとすぐにAzure Monitorが有効化され、Azureポータルで表示や分析が可能なメトリックとアクティビティログの監視データの収集が開始されます。例えば、サブスクリプションに仮想マシンやWebアプリなどのリソースを作成すると、Azure Monitorは即座にデータの収集を開始し、作成操作に関するアクティビティログが記録されます。また、リソースの種類に応じたメトリックのセットも作成され、リソースの正常性とパフォーマンスについての可視化が提供されます。

ただし、既定では収集されない監視データもあり、それらを収集するためには追加の構成が必要になります。例えば、Azure仮想マシンのゲストOSの監視データを収集するには、そのためのエージェントまたは拡張機能を仮想マシンにインストールする必要があります。ゲストOSの監視データを収集するエージェントには**Azure Monitorエージェント（AMA）**、拡張機能には**Windows Azure Diagnostics（WAD）**や**Linux Azure Diagnostics（LAD）**があります。これらをインストールすることにより、ゲストOS上のログやパフォーマンスデータが収集されます。なお、拡張機能を使用した場

11

合、その診断データはストレージアカウントに格納されます。

試験対策　ゲストOSの監視用のエージェントにはAzure Monitorエージェント（AMA）があり、拡張機能にはWindows Azure Diagnostics（WAD）やLinux Azure Diagnostics（LAD）があります。WADやLADを使用した場合、その診断データはストレージアカウントに格納されます。

参考　Azure Monitorエージェントの詳細については、以下のWebサイトを参照してください。
https://docs.microsoft.com/ja-jp/azure/azure-monitor/agents/agents-overview

参考　ページビューやアプリケーションの要求、例外など、アプリケーションの監視データの詳細情報を収集して分析したい場合には、Application Insightsを使ったアプリケーションの監視を有効化する必要があります。Application Insightsの詳細については、以下のWebサイトを参照してください。
https://docs.microsoft.com/ja-jp/azure/azure-monitor/app/app-insights-overview

3　メトリックとログ

　Azure Monitorが収集したすべてのデータは、2つの基本的な型である**メトリック**と**ログ**のいずれかに該当します。

●メトリック

　特定の時点におけるシステムの何らかの側面を表す数値であり、簡単に言えばパフォーマンスデータです。様々なアルゴリズムを使用した集計、ほかのメトリックとの比較、時間経過による傾向の分析などに役立ちます。例えば、仮想マシンのCPUの平均使用率の情報や、ストレージアカウントで使用されている容量の情報などをメトリックから把握できます。メトリックは数値データであるため、様々な形式のグラフで表示することが可能です。

●ログ

　システム内で発生した操作や変化の記録（イベント）です。ログには、種類ご

とに異なるプロパティセットを持つレコードに編成された様々な種類のデータが含まれます。例えば、Azureでリソースが作成または変更されると、アクティビティログとしてその記録が行われます。そのほかにも、OSから収集されるシステムログなどの情報も含まれ、テキストまたは数値データとして記録されます。

【メトリックとログ】

メトリック

ログ

・特定の時点におけるシステムの
　何らかの側面を表す数値データ
・仮想マシンのCPU平均使用率や
　ストレージアカウントの容量の情報など

・システム内で発生した操作や変化の記録
　となるテキストまたは数値データ
・Azureのアクティビティログや
　OSから収集されるシステムログなど

4 メトリックの参照

　Azure Monitorには、メトリックを参照するための機能として「メトリックスエクスプローラー」があります。メトリックスエクスプローラーを使用すると、メトリックデータベース内のデータを対話的に分析し、一定期間にわたる複数のメトリックの値をグラフ化できます。

　メトリックスエクスプローラーはAzureポータルのコンポーネントの1つであるため、Azureポータルからアクセスして使用できます。メトリックエクスプローラーを使用するには、[モニター] の画面から [メトリック] のメニューをクリックし、最初に範囲（スコープ）を選択します。[範囲の選択] 画面には、お使いのAzure環境内に存在するサブスクリプションやリソースグループ、仮想マシンなどのリソースの情報が表示されます。範囲の選択後、表示される一覧から任意のメトリックをクリックすると、そのメトリックデータが画面上に表示されます。

11

【範囲の選択】

【仮想マシンのメトリック】

　一部のリソースについては［メトリック名前空間］を選択する必要もあります。メトリック名前空間とは、特定のメトリックを簡単に見つけられるようにするためのカテゴリのようなものです。例えば、ストレージアカウントには、BLOB、ファイル、テーブル、キューの各メトリックを格納するための個別のメトリック名前空間があります。

1つのグラフでクエリできるデータは30日間までですが、Azureのほとんどのメトリックは93日間のデータが保有されています。ただし、一部の種類のメトリックには固有の保有期間が設定されています。メトリックの保有期間に関する詳細については、以下のWebサイトを参照してください。

https://docs.microsoft.com/ja-jp/azure/azure-monitor/essentials/data-platform-metrics#retention-of-metrics

5 アクティビティログの参照

　Azure Monitorでは様々な監視対象のリソースからログを収集して整理することができますが、そのようなログの代表的なものとしてアクティビティログがあります。アクティビティログは、サブスクリプションレベルのイベントの分析情報を提供するログであり、リソースが変更されたときや仮想マシンが起動されたときなどの情報が含まれます。Azureリソースの監査情報として自動的にアクティビティログが生成されるようになっており、「誰が、いつ、何に対して、どんな操作を行ったか？」というイベントが記録されます。

　アクティビティログの参照方法は、[モニター] の画面から [アクティビティログ] をクリックするだけです。ただし、所有するサブスクリプション内のすべてのリソースの操作に関するアクティビティログが表示されると見にくいため、必要に応じて様々なフィルターを使用して表示内容を絞り込むことができます。例えば、[サブスクリプション]、[リソースグループ]、特定の [リソース]、[イベント開始者] などのフィルターが用意されているため、目的に合わせて選択して使用するとよいでしょう。

【モニター - [アクティビティログ]】

　また、表示されたアクティビティログの一覧から特定のログをクリックすると、JSON形式での詳細情報や変更履歴を確認できます。例えば、ある仮想マシンのサイズを変更した場合には、変更が行われたという事実だけでなく、変更前と変更後のサイズを確認できます。

　なお、アクティビティログの保持期間は90日間なので、ログが生成されて90日間は情報が保持されますが、その日数を超えたものは削除されます。この保持期間は固定されており、変更できません。ただし、より長い保持期間や詳細な分析を必要とする場合は、データをCSV形式でダウンロードしたり、診断設定を使用してLog AnalyticsワークスペースやAzureストレージアカウントに送信したりできます。Log Analyticsワークスペースへの送信方法については、11-2節で説明します。

6 アラート

　Azure Monitorの機能の1つに、アラートという機能があります。アラートを使用すれば、Azure Monitorによって収集されるログやメトリックに関する条件指定を行い、その条件に一致する状況が発生したときに特定のアクションを自動的に実行できます。そのため「特定のアクティビティログが発生したときに管理者にメールで通知を行いたい」、「メトリックが一定のしきい値を超えたときに特定のスクリプトを実行したい」といったニーズに対応できます。

　アラートの機能を使用するには、アラートルールを作成する必要があります。アラートルールとは、その名のとおりアラートを使用するための構成情報です。また、作成するアラートルールは、［スコープ］、［条件］、［アクション］、［アラートルールの詳細］の主に4つの情報から構成されます。

●スコープ

　［スコープ］では、アラートを出す対象の範囲を指定します。Azureに存在するサブスクリプションやリソースグループ、あるいは任意のAzureリソースを指定できます。

●条件

　［条件］では、アラートを出す条件を指定します。具体的には、「Percentage CPUというメトリックの使用率の平均が70％を超えたら」や「仮想マシンが割り当て解除（停止）されたら」、「ネットワークセキュリティグループが作成されたら」といった条件指定を行います。これらの条件は、シグナルの一覧から目的のものを選択して指定します。シグナルはリソースから出力される信号を表し、スコープで選択したリソースに応じて使用可能なシグナルは異なります。例えば、スコープで特定の仮想マシンを選択した場合には、「Percentage CPU」などのメトリックシグナルや「仮想マシンの割り当て解除」などのアクティビティログシグナル

を選択できます。

【シグナルの選択】

　1つのアラートルールの条件で複数のメトリックシグナル（最大5つまで）を指定することは可能ですが、その場合にアラートルールがトリガーされるにはすべての条件が満たされる必要があります。また、1つのアラートルールの条件で指定できるアクティビティログシグナルは1つだけであり、2つ以上のアクティビティログシグナルを同時に指定することはできません。なお、メトリックシグナルとアクティビティログシグナルの同時指定はできません。

試験対策

1つのアラートルールの条件内に複数のメトリックシグナルが指定されている場合は、すべての条件が満たされた場合にアラートルールがトリガーされます。また、1つのアラートルールの条件で指定できるアクティビティログシグナルは1つだけです。なお、メトリックシグナルとアクティビティログシグナルの同時指定はできません。

●アクション

　［アクション］では、条件に一致したときに自動実行する内容をアクショングループという単位で指定します。アクショングループには、通知を送信したり、Automation Runbookなどを呼び出すための構成情報が含まれます。例えば、Automation RunbookではPowerShellまたはPythonスクリプトを使用できるため、アラートの発生時に特定のスクリプトを実行することでその対処を行いたい場合などに役立ちます。

　アクショングループは既定では作成されていないため、最初は［アクショングループの作成］をクリックして作成する必要があります。その後、表示される画面に従って必要な情報を指定し、アクショングループを作成します。例えば、特定のメールアドレスへの通知を構成したい場合には、［通知］タブで［電子メール

11

/SMSメッセージ/プッシュ/音声］の通知の種類を選択し、通知の送信先となるメールアドレスを指定します。また、Automation Runbookを呼び出して特定の処理を自動実行したい場合には、［アクション］タブで［Automation Runbook］のアクションの種類を選択し、Automation Runbookを実行するための構成を行います。

【アクショングループの作成 - ［通知］タブ】

　1つのアクショングループで、複数の電子メールアドレス宛に同時に通知が送信されるよう構成することもできます。例えば、5つのアラートルールがあり、それぞれがトリガーされたときに3つの電子メールアドレス宛に通知を行いたい場合、アクショングループは1つだけ作成しておけば十分です。ただし、アラートルールの内容によって通知先を変えたい場合には、アクショングループも複数作成する必要があります。

　また、通知にはレート制限があり、一定時間内の通知が多すぎる場合はレート制限によって通知が一時的に停止されます。Azure Monitorの通知には、次の表のレート制限が構成されています。

【レート制限】

種類	レート制限
電子メール	1時間で100件以下
SMS	5分間で1件以下
音声	5分間で1件以下

1つのアクショングループで、複数の電子メールアドレス宛に通知が送信されるような構成も可能です。ただし、アラートルールの内容によって通知先を変えたい場合には、アクショングループを複数作成する必要があります。

通知にはレート制限があり、一定時間内のアラートの通知の数が自動的に抑制されます。種類ごとのレート制限の値を確認しておきましょう。

●アラートルールの詳細

　アラートルールの作成の最後の手順として、［詳細］ではアラートルールの名前や説明、作成先のリソースグループなどの構成を行います。また、メトリックシグナルを含んでいる場合は ［重大度］（画面によっては ［重要度］ と表示されます）の選択も行う必要があります。重大度は、Azureポータルでのアラートの一覧画面に表示される情報の一部ですが、多数のアラートが出ているときに優先的に着手すべきアラートを判断するために使用されます。重大度は「0」から「4」までの5段階から選択でき、「0」が最も重大度が高いことを表します。

アクティビティログシグナルを含むアラートルールの詳細では、重大度の選択はありません。アクティビティログシグナルを含む場合は、常に重大度が「4」に設定され、アラートは詳細情報レベルとして扱われます。

7 アラートの確認

　アラートルールの構成後は、設定に従ってアラートが出力されます。特に、アラートルールを新規に作成した場合には、スコープや条件の指定が誤っていないかどうかなどを確認するためにも、想定した状況を発生させて動作確認を行うとよいでしょう。アクショングループの構成も行っている場合には、ただ単にAzureポータルにアラートが出るかどうかだけでなく、通知やスクリプトも含めて正しく動作することを確認することが重要です。

　Azureポータルでは、［モニター］ 画面の ［アラート］ のメニューをクリックすると、発生したアラートが表示されます。アラートは重要度ごとに分類されており、各重要度をクリックすると該当するアラートの一覧が表示されます。さらに、一覧から任意のア

11

ラートをクリックすると、そのアラートの詳細情報が表示されます。

【Azureポータルでのアラートの確認】

【アラートの詳細】

11-2 Log Analytics

Microsoft Azureには、監視データの収集と分析に役立つLog Analyticsというサービスがあります。
本節では、Log Analyticsの概要やワークスペース、データの収集方法やクエリの使用方法について説明します。

1 Log Analyticsの概要

　Log Analyticsは、高度な監視と分析のために使用可能なサービスです。Azureポータルのツールの1つであり、ログデータに対するクエリの編集と実行に使用できます。例えば、一連のレコードを返すクエリを作成し、それらのレコードを並べ替えて表示したり、フィルターを使った絞り込みや分析などを行うことができます。

　2018年8月以前までは、Log Analyticsは独立したサービスとして提供されていました。しかし、「Azureリソースとハイブリッド環境を監視する単一の統合エクスペリエンスを提供する」という目的で、現在はAzure Monitorに統合されています。これにより、Log Analyticsは「Azure Monitorログ」という新しい名称でも呼ばれるようになり、Azure Monitorが持つログデータの検索やフィルターにも使用されています。

　Log Analyticsの特徴として、クラウド環境だけでなくオンプレミス環境の監視もできるという点が挙げられます。Azure Monitorで収集可能な監視データについては11-1節で説明したように、AzureリソースやAzure仮想マシンのOSなど、Azure上に存在するものに限定されます。それに対してLog Analyticsでは、例えばオンプレミス環境で実行される物理マシンやHyper-V仮想マシンなども監視対象に含めることができるので、クラウド環境とオンプレミス環境の両方のリソースに対する監視データの収集と分析に役立ちます。

試験対策　Log AnalyticsはAzure Monitorの一部として統合されたため、新しい名称である「Azure Monitorログ」と呼ばれることがあります。

11

> 本書の執筆時点では、Azureポータル上や各種ドキュメント内で「Log Analytics」という従来の用語が引き続き使用されていますが、これらは将来的に変更される可能性があります。Log AnalyticsとAzure Monitorのサービスの統合や用語の変更の詳細については、以下のWebサイトを参照してください。
> https://docs.microsoft.com/ja-jp/azure/azure-monitor/terminology

2　Log Analyticsワークスペース

　Log Analyticsを使用するには、最初に「Log Analyticsワークスペース」を作成する必要があります。ワークスペースとは、Log Analyticsによって分析するデータの保存場所となるリソースです。Log Analyticsを使用して分析を行うには、分析対象となるデータを1つの場所に集める必要があるため、ワークスペースを作成します。

　AzureポータルからLog Analyticsワークスペースを作成するには、サービス一覧から［モニター］のカテゴリ内にある［Log Analyticsワークスペース］をクリックし、表示される画面で［作成］をクリックします。Log Analyticsワークスペースの作成時に必要なパラメーターは少なく、［名前］や［地域］などの必要な情報を指定して作成するだけです。

【Log Analyticsワークスペースの作成】

　なお、Log Analyticsは有料のサービスであり、Log Analyticsワークスペースに保存したデータ量に基づいて課金が行われます。ワークスペースを作成すると既定で［従量課金制（Pay-as-you-go）］という価格レベルが設定されますが、一定量を超えるデータが収集されるまでは料金が発生しません。ワークスペースの作成後にデータソースを接

続してデータの収集を開始すると、収集したデータ量に応じて請求が行われます。

試験対策　Log Analyticsを使用するには、最初にLog Analyticsワークスペースを作成する必要があります。

参考　Log Analyticsの価格の詳細については、以下のWebサイトを参照してください。
https://azure.microsoft.com/ja-jp/pricing/details/monitor/

3 Log Analyticsのデータソース

　ワークスペースの作成後は、そのワークスペースに様々なデータソースを接続することで、分析対象のデータを収集できるようになります。まず、アクティビティログなどのように、Azureによって生成されるデータをワークスペースに送信できます。また、Azureの各サービスによって生成されるデータも収集できます。例えば、Azure Storageやネットワークセキュリティグループ、Azure Load Balancerなど、各サービスは固有のログやメトリックデータを生成しますが、これらもワークスペースに送信できます。さらに、Log Analyticsエージェントを使用することで、OSによって生成されるデータもワークスペースに送信できます。

【ワークスペースとデータソース】

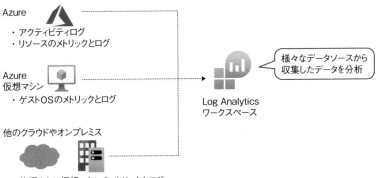

Log Analyticsエージェントは、監視対象のマシンのOSとワークロードから監視データを収集してワークスペースに送信するためのエージェントです。Log AnalyticsエージェントにはWindows用とLinux用があり、監視対象マシンのOSに合わせてインストールして使用します。Windows用のLog Analyticsエージェントは「Microsoft Monitoringエージェント（MMA）」、Linux用のLog Analyticsエージェントは「OMSエージェント」と呼ばれることもあります。

Windows版ではWindowsパフォーマンスカウンターに加えてイベントログやIISログなど、Linux版ではSyslogとLinuxパフォーマンスカウンターなどを収集できます。これはエージェントによって実現している機能であるため、Azure仮想マシンだけでなく、ほかのクラウド上の仮想マシンや、オンプレミス環境内の物理マシンや仮想マシンにエージェントを入れ、情報を収集することもできます。

試験対策 Log Analyticsエージェントにより、OSによって生成されるデータをLog Analyticsワークスペースに送信できます。Windows版のエージェントは「Microsoft Monitoringエージェント（MMA）」、Linux版のエージェントは「OMSエージェント」とも呼ばれます。

参考 OMSは「Operations Management Suite」の略で、Log Analyticsの以前の名称です。

参考 Log Analyticsエージェントの後継として、Azure Monitorエージェントも公開されています。ただし、本書執筆時点では、Azure Monitorエージェントは従来のLog Analyticsエージェントと完全に同等ではなく、いくつかの違いや制限事項があります。各種エージェントの違いや制限事項については、以下のWebサイトを参照してください。
https://docs.microsoft.com/ja-jp/azure/azure-monitor/agents/agents-overview

4 データソースとの接続

Log Analyticsを使用してデータを分析するにはLog Analyticsワークスペースにデータを収集する必要があり、そのためにはデータソースとLog Analyticsワークスペースと

の接続が必要です。ここでは、各シナリオにおけるデータソースとの接続方法について説明します。

●Azureのアクティビティログ

アクティビティログをLog Analyticsワークスペースに送信するには、**診断設定**を構成します。Azureポータルからアクティビティログのための診断設定を構成するには、Azure Monitorの管理画面である［モニター］から［アクティビティログ］をクリックし、［診断設定］、［診断設定を追加する］の順にクリックします。

【アクティビティログの［診断設定］】

表示された画面で、［診断設定の名前］に任意の名前を入力し、収集するアクティビティログのカテゴリを選択します。そして、［宛先の詳細］で［Log Analyticsワークスペースへの送信］を選択して、送信先となるLog Analyticsワークスペースを選択して［保存］をクリックすることで診断設定が構成され、アクティビティログがLog Analyticsワークスペースへ送信されるようになります。

【アクティビティログの［診断設定］の構成】

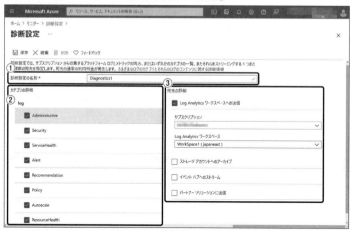

 診断設定では、サードパーティのSIEMやほかのログ分析ソリューションで使用するために、Azure Event Hubsに送信することもできます。その方法を含めた診断設定の詳細については、以下のWebサイトを参照してください。
https://docs.microsoft.com/ja-jp/azure/azure-monitor/essentials/diagnostic-settings

●Azureリソース

　Azure StorageやAzure Load Balancerなど、Azureの各サービスによって生成されるデータをLog Analyticsワークスペースに送信するには、各リソースの管理画面で診断設定を構成します。例えば、Azure Storageによって生成される監視データをLog Analyticsワークスペースに送信したい場合は、ストレージアカウントの管理画面の［診断設定］のメニューを使用します。

【ストレージアカウントの［診断設定］】

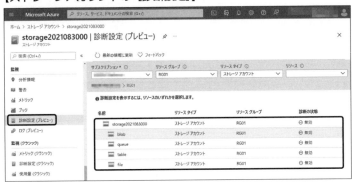

　その後の操作は、アクティビティログをLog Analyticsワークスペースに送信するときと、ほとんど同じです。表示された画面内で［診断設定を追加する］をクリックして、［診断設定の名前］に任意の名前を入力し、収集するログおよびメトリックを選択します。一覧に表示されるログおよびメトリックは、選択しているサービスによって異なります。そして、［宛先の詳細］で［Log Analyticsワークスペースへの送信］を選択して、送信先となるLog Analyticsワークスペースを選択して［保存］をクリックすることで診断設定が構成され、選択されたログおよびメトリックがLog Analyticsワークスペースへ送信されるようになります。

●Azure仮想マシン

　Azure仮想マシンのOSとワークロードの監視データをLog Analyticsワークスペースへ送信したい場合、Log Analyticsエージェントを監視対象のマシンにインストールする必要があります。Azure仮想マシンへのLog Analyticsエージェントのインストールにはいくつかの方法がありますが、Log Analyticsワークスペースの管理画面を使用するのが最も簡単です。Log Analyticsワークスペースの管理画面の［仮想マシン］のメニューで任意の仮想マシンをクリックして［接続］をクリックすると、選択したAzure仮想マシンにLog Analyticsエージェントがインストールされ、Log Analyticsワークスペースとの接続が完了します。

11

【Azure仮想マシンとLog Analyticsワークスペースの接続】

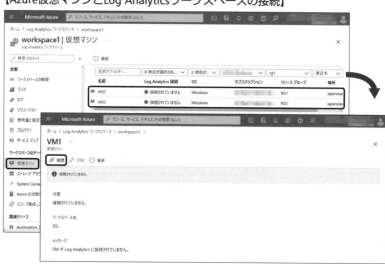

　なお、この操作ではAzure仮想マシンにLog Analyticsエージェントがインストールされるため、事前にその仮想マシンを起動しておく必要があることに注意してください。

上記で説明した方法のほか、ARMテンプレートやPowerShellを使用して複数の仮想マシンとの接続を効率的に行うこともできます。これらの方法の詳細については、以下のWebサイトを参照してください。

https://docs.microsoft.com/ja-jp/azure/azure-monitor/agents/log-analytics-agent#installation-options

●オンプレミス環境やほかのクラウドのマシン

　オンプレミス環境やAzure以外のクラウド上で実行されるマシンのOSとワークロードの監視データをLog Analyticsワークスペースへ送信したい場合も、監視対象のマシンにLog Analyticsエージェントをインストールする必要があります。ただし、Azure仮想マシンのようにAzureポータルから直接インストールすることができないため、Log Analyticsエージェントのセットアッププログラムを使用して個別にインストールする必要があります。

　Log Analyticsエージェントのセットアッププログラムは、Log Analyticsワークスペースの管理画面の[エージェント管理]のメニューからダウンロードできます。なお、インストール時にはLog Analyticsワークスペースへの接続情報となる[ワークスペースID]と[キー（主キーまたは2次キー）]も必要になるため、これらの

情報も事前にコピーしておきます。

【Log Analyticsワークスペースの［エージェント管理］】

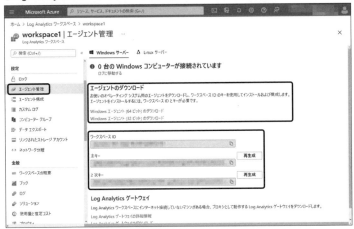

　使用するOS用のエージェントのセットアッププログラムをダウンロードできた
ら、それを監視対象のマシンにインストールします。例えば、Windows版を使用
する場合は、セットアッププログラムを実行するとウィザードが表示されるので、
それに従ってインストールを進めます。Log Analyticsワークスペースに接続する
には、セットアップウィザード内で［Azureログ分析（OMS）にエージェントを
接続する］をオンにして、事前に確認したワークスペースIDおよびキーを指定す
る必要があります。

【Log Analyticsエージェントのセットアップ】

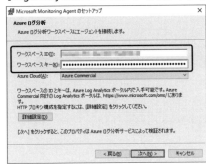

5 Log Analyticsエージェントの構成

　前述のように、Azure仮想マシンや、オンプレミス環境またはほかのクラウド上にあるマシンのOSとワークロードの監視データをLog Analyticsワークスペースに送信するには、Log Analyticsエージェントのセットアップが必要です。セットアップにより、Log Analyticsワークスペースとの接続は完了しますが、それとは別にLog Analyticsエージェントの構成を行う必要があります。

　Log Analyticsエージェントの構成とは、エージェントを使用して収集する監視データの選択です。Log Analyticsワークスペースの管理画面の［エージェント構成］をクリックすると、収集する具体的な監視データを指定できます。Windows版ではWindowsパフォーマンスカウンターや、イベントログやIISログなど、Linux版ではSyslogとLinuxパフォーマンスカウンターなどを収集できます。

試験対策　エージェントを使用して監視データを収集するには、エージェントのインストールとは別に、エージェント構成を行う必要があります。

参考　上記のような監視データ以外に、Apacheのログなどのテキストファイル形式のログをカスタムログとして収集することもできます。カスタムログの詳細や収集方法については、以下のWebサイトを参照してください。
https://docs.microsoft.com/ja-jp/azure/azure-monitor/agents/data-sources-custom-logs

【エージェント構成 - ［Windowsイベントログ］タブ】

6 監視データの検索

　Log Analyticsでは、収集されたすべての監視データをテーブル形式で管理しており、収集された監視データの種類ごとのテーブルが作成され、そのテーブル内のエントリとして監視データが格納されます。Log Analyticsの主なテーブルには次のようなものがあります。

【Log Analyticsの主なテーブル】

テーブル名	格納されるデータ
Event	Windowsのイベントログ
Syslog	LinuxのSyslog
Perf	WindowsおよびLinuxのパフォーマンスカウンター
AzureActivity	Azureのアクティビティログ
AzureMetrics	Azureリソースの監視データ

　なお、ワークスペースに格納される監視データの保有期間は、既定で30日に設定されていますが、必要に応じて、最大で730日までの範囲で保有期間を変更できます。データの保有期間の確認や変更は、Log Analyticsワークスペースの管理画面の［使用量と推定コスト］画面から行うことができます。

　テーブル名や各テーブルに含まれるエントリなどの詳細については、以下のWebサイトを参照してください。
　https://docs.microsoft.com/ja-jp/azure/azure-monitor/reference/

●監視データの検索方法

　Log Analyticsワークスペースの各テーブルに格納された監視データは、Azureポータルを使用して検索や分析できます。Azureポータルから監視データの検索などを行うには、Log Analyticsワークスペースの管理画面の［ログ］のメニューをクリックします。

　Log Analyticsでは、Kusto Query Language（KQL）と呼ばれるクエリ言語を使用して、各テーブルの監視データの検索、フィルタリング、分析などを行うことができます。KQLは、SQLよりもシンプルに使用できるクエリ言語です。例えば、次のようなクエリを書いて実行することにより、各テーブルから特定の条件に一致するデータを検索できます。

11

【Windowsイベントログのすべてのイベントを検索する】

```
Event
```

【Windowsイベントログから、文字列「error」を含むイベントだけを検索する】

```
Event | search "error"
```

【Windowsイベントログから、ログの種類がWindowsシステムログ（System）のイベントだけを検索する】

```
Event | where EventLog == "System"
```

【Windowsイベントログから、ログの種類がWindowsシステムログ（System）のイベントで、かつ1日以内に発生したものだけを検索する】

```
Event | where EventLog == "System" | where (TimeGenerated >
ago(1days))
```

　KQLには記述方法がいくつかあります。例えば、特定の文字列を含むものを検索したい場合、searchという演算子を使用して「search in (テーブル名) "検索文字列"」のように記述することも可能です。したがって、上記の実行例の「Windowsイベントログから、文字列「error」を含むイベントだけを検索する」については、次のように記述することもできます。

【Windowsイベントログから、文字列「error」を含むイベントだけを検索する】

```
search in (Event) "error"
```

【クエリの入力と実行】

試験対策

Log Analyticsでは、Kusto Query Language（KQL）と呼ばれるクエリ言語を使用して、各テーブルの監視データの検索などを行います。検索を行うクエリの記述方法を確認しておきましょう。

参考

KQLで使用可能な演算子や関数などのリファレンスについては、以下のWebサイトを参照してください。

https://docs.microsoft.com/ja-jp/azure/data-explorer/kql-quick-reference

11

11-3 Network Watcher

Microsoft Azureには、ネットワーク関連の監視やトラブルシューティングに役立つNetwork Watcherというサービスがあります。
本節では、Network Watcherの概要や、Network Watcherで使用できる各種機能について説明します。

1 Network Watcherの概要

　仮想マシンを仮想ネットワークに接続することでネットワーク通信を行うことができますが、ネットワーク通信に関するコンポーネントには様々なものがあります。例えば、NSGやルートテーブルの構成の誤りによって、特定のネットワーク通信が正しく行われない場合があります。また、環境によっては、ピアリングによる異なる仮想ネットワーク間の接続や、仮想ネットワークゲートウェイを用いたオンプレミスネットワークとの接続などの構成が必要になる場合もあり、そのような複雑なネットワーク環境でのトラブルシューティングはより困難になる可能性もあります。

　Network Watcherは、ネットワークの監視やトラブルシューティングのためのサービスであり、Azure仮想ネットワーク内のリソースの監視や診断、メトリックの表示、ログの有効化または無効化を行うためのツールおよび機能を提供します。仮想ネットワークとその仮想ネットワークに接続されているリソースの関係を可視化したり、仮想マシンから特定のエンドポイントへの通信ができない場合にその原因を特定したり、仮想ネットワークゲートウェイを用いたサイト間接続における構成の誤りを検出するなどのシナリオに役立ちます。

【Network Watcherの機能】

Network Watcherを使用するためのインスタンスおよびリソースグループは、仮想ネットワークの作成や更新時に自動的に作成されます。自動作成されるNetwork Watcherインスタンスには「NetworkWatcher_<リージョン名>」という名前が設定されます。

Network Watcherのインスタンスそのものにはコストは発生しませんが、収集するネットワークログのサイズや各種診断ツールのチェック回数などによってコストが発生する場合があります。Network Watcherの料金の詳細については、以下のWebサイトを参照してください。
https://azure.microsoft.com/ja-jp/pricing/details/network-watcher/

●Network Watcherエージェント仮想マシン拡張機能

Network Watcherでは、ほとんどの機能は拡張機能を必要としませんが、いくつか特定の機能を使用するには**Network Watcherエージェント仮想マシン拡張機能**が必要です。Network Watcherエージェント仮想マシン拡張機能によって、オンデマンドでの仮想マシンのネットワークトラフィックのキャプチャなど、高度な機能を使用できるようになります。具体的には、Network Watcherの次の機能を使用する場合、仮想マシンに拡張機能をインストールする必要があります。

・接続モニター
・パケットキャプチャ
・接続のトラブルシューティング

この拡張機能は、これらを使用するタイミングで仮想マシンにインストールしてもよいですが、事前にインストールしておくこともできます。インストールのために仮想マシンの中断や再起動が必要になることはありませんが、インストールには多少の時間がかかります。そのため、上記の機能を使用するつもりであれば、事前にインストールしておくとよいでしょう。仮想マシンの拡張機能については、第4章で説明しています。

2　Network Watcherの機能

Network Watcherには様々な機能が用意されていますが、これらは「監視」「ネットワーク診断ツール」「ログ」の3つに分類されます。ここでは、各分類の主な機能について説

11

明します。

●監視 - トポロジ

　シンプルなネットワーク構成であれば各リソース同士の関係性を把握しやすいのですが、仮想マシンの数が多い場合や複数の仮想ネットワーク間のピアリングを構成している場合などは、各リソースの管理画面からそれらの関係性を把握するのが難しくなります。さらに、サブネットにNSGやルートテーブルを関連付けて使用している場合、それらも含めた関係性を把握するのは困難です。

　トポロジの機能を使用すると、仮想ネットワーク内のすべてのリソースや、仮想ネットワーク内のリソースに関連付けられたリソース、およびリソース間の関係性を視覚的に表示できます。また、仮想ネットワークピアリングを構成している場合は、仮想ネットワーク同士のピアリング状況も含めて確認することができます。

【トポロジ】

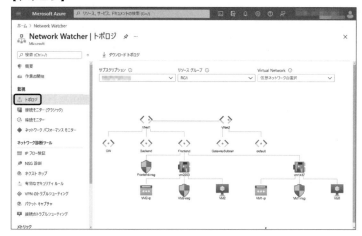

参考

特定のリソースの構成情報を確認したい場合には、表示された各リソースのアイコンをクリックすることでそのリソースの管理画面にアクセスできます。

●監視 - 接続モニター

　ネットワーク監視では、その接続性を長期的に監視する必要がある場合や、待機時間などのネットワークパフォーマンスの監視を必要とする場合があります。例えば、Webサーバーの仮想マシンとデータベースサーバーの仮想マシンのよう

に、システムを構成する複数の仮想マシン間のネットワークの接続性の確認や、それらが物理的に離れた場所にあった場合にはそのネットワークの待機時間の監視も必要になります。

接続モニターは、指定されたソースとターゲットについて、エンドツーエンドの統合的な接続監視機能を提供します。監視のソースには、仮想マシンまたはオンプレミスのコンピューターのいずれかを指定します。ターゲットとなるエンドポイントには、仮想マシンはもちろんのこと、オンプレミスのコンピューターやその他の任意のURLまたはIPアドレスを指定することもできます。そのため、例えば仮想マシンからExchange Onlineのエンドポイントなど、インターネット上の任意のエンドポイントとの接続監視が可能です。また、送信から応答までの時間であるラウンドトリップタイム（RTT）を測定することもできます。

【接続モニター - [はじめに] タブ】

接続モニターを作成すると、作成時の構成内容に従って一定の間隔で通信が監視されます。監視の結果は［接続モニター］の［概要］タブに表示され、成功や失敗の数、各接続モニターの状態（Status）などの概要情報が表示されます。エンドポイント名を含むリンクをクリックすると、そのエンドポイント間のトポロジやパフォーマンスメトリックなどの詳細情報が表示されます。

11

【接続モニター - ［概要］タブ】

【集計されたパフォーマンスメトリック】

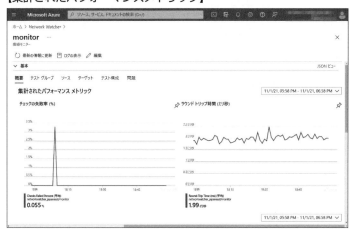

●ネットワーク診断ツール - IPフロー検証

　　仮想マシンから送受信されるパケットは、ネットワークインターフェイスまたはサブネットに関連付けられたNSGの特定の規則によって許可または拒否されます。NSGの設定後は、想定通りにパケットが許可または拒否されることを確認する検証が重要ですが、実際に通信を行って検証するにはほかのコンピューターの準備や操作が必要になります。

　　IPフロー検証の機能では、仮想マシンから送受信されるパケットのプロトコルや方向、任意のIPアドレス、ポート番号を指定して、NSGでの通信の可否をシミュ

レーションできます。あくまでもシミュレーションであるため、画面内で指定した2つのIPアドレス間で実際に通信が行われるわけではありません。指定した条件で仮に通信が行われた場合に、そのパケットがNSGの規則によって許可または拒否されるかどうかを確認するためのものです。

【IPフロー検証】

IPフロー検証の画面で条件指定後に表示される結果には、アクセス許可または拒否のいずれかが返されますが、その要因となるNSGのセキュリティ規則の名前も併せて返されます。そのため、NSGの設定後の検証だけでなく、NSGのトラブルシューティングにも役立ちます。

試験対策

IPフロー検証の機能は、NSGのトラブルシューティングに役立ちます。

●ネットワーク診断ツール - NSG診断

仮想マシンから送受信されるパケットは、複数のNSGによって制御される場合があります。例えば、仮想マシンのネットワークインターフェイスにNSG1が関連付けられ、さらに仮想マシンが接続するサブネットにNSG2が関連付けられている場合、特定の通信が許可または拒否されたときに要因となった規則を特定するのは骨が折れる作業です。

NSG診断は、IPフロー検証の詳細バージョンとして位置付けられる機能であり、想定した通信結果にならなかった場合のデバッグに役立つ詳細情報を提供します。

11

指定したソースとターゲットのペアに対して、走査対象のすべてのNSGと、各NSGで使用される規則、フローの最終的な許可または拒否の結果を返します。さらに、診断の結果に表示されたNSGのリンクをクリックすると、そのNSGで使用された規則の評価の順序や一致したかどうかなどの詳細情報を確認できます。

【NSG診断の結果】

●ネットワーク診断ツール - ネクストホップ

　ネットワーク仮想アプライアンス（NVA）を介して2つのサブネット間の通信が行われるようにする場合など、通信経路を変更したいときは、ルートテーブルを作成してサブネットへの関連付けを行い、既定とは別のルート情報を使用するよう構成する必要があります。しかし、不適切なルートが構成されていると、NVAを介さずに直接的な通信が行われてしまったり、通信そのものが失敗してしまう場合もあります。

　ネクストホップ機能を使用すると、ルートテーブルの動作を確認できます。ある仮想マシンから指定した宛先に対して通信が行われるときのネクストホップを確認できるため、ルートテーブルの設定後の確認やトラブルシューティングに役立ちます。結果画面には、ネクストホップの種類や参照されたルートテーブルIDなどの情報が表示されます。

【ネクストホップの結果】

試験対策　ネクストホップ機能は、ルートテーブルの検証やトラブルシューティングに役立ちます。

●ネットワーク診断ツール - VPNのトラブルシューティング

　仮想ネットワークゲートウェイを使用すると、オンプレミスネットワークとAzure仮想ネットワークを接続できます。ただし、それには仮想ネットワークゲートウェイに加えてローカルネットワークゲートウェイ、接続リソースなど、いくつかのリソースを適切に作成して構成する必要があります。各リソースの作成方法や構成などが誤っていると、正しくサイト間接続を行うことができません。

　VPNのトラブルシューティングは、仮想ネットワークゲートウェイやその接続でのトラブルシューティングを行うために、ゲートウェイおよび接続の正常性を診断し、その診断結果を返す機能です。この機能を使用するには、構成済みの仮想ネットワークゲートウェイを選択するほか、ストレージアカウントおよびコンテナーの選択も必要です。ストレージアカウントの選択が必要な理由は、詳細な診断結果をストレージアカウントに保存するためです。

11

【VPNのトラブルシューティングの結果】

　診断結果の概要は画面上に表示されますが、より詳細な診断結果を参照するにはAzureポータルやStorage Explorerなどを使用してストレージアカウントにアクセスする必要があります。

VPNのトラブルシューティングの診断結果の詳細は、ストレージアカウントに保存されます。

試験対策

ストレージアカウントに保存される診断結果ファイルの詳細については、以下のWebサイトを参照してください。
https://docs.microsoft.com/ja-jp/azure/network-watcher/network-watcher-troubleshoot-overview

参考

●ネットワーク診断ツール - パケットキャプチャ

　場合によっては、仮想マシンで送受信されるパケットをキャプチャして、パケットレベルでの分析が必要になることがあります。例えば、特定の設定を変更した前後でのネットワーク異常の診断や、ネットワークの統計情報の収集、クライアントサーバー間の通信のデバッグなどのシナリオが考えられます。

　パケットキャプチャは、Network Watcherによってリモートで開始することが可能な、仮想マシン拡張機能です。この機能を利用すると、仮想マシンへのリモー

トデスクトップ接続やログインを行うことなく、仮想マシンで送受信されるパケットをキャプチャできます。

【パケットキャプチャの追加】

　パケットキャプチャの構成時は、対象の仮想マシンやキャプチャデータの保存場所を指定します。これにより、構成内容に従ってキャプチャが開始され、停止操作を行うまでの間のキャプチャデータが指定された場所に保存されます。保存場所には、ストレージアカウントまたは仮想マシンのローカルファイル、あるいはその両方を選択することが可能です。

キャプチャファイルの内容を表示する機能はNetwork Watcherにはありませんが、パケットキャプチャファイルは汎用的な形式（.cap）になっているため、「Microsoft Network Monitor」や「Wireshark」などのツールを使用して参照可能です。

●ネットワーク診断ツール - 接続のトラブルシューティング

　仮想マシンから特定の宛先に通信を行う場合、ネットワークのシナリオによっては経路が複雑になり、様々なリソースによって通信が制御される場合があります。例えば、NSGやAzureファイアウォール、ユーザー定義ルートなどのAzureリソースだけでなく、DNS名前解決や仮想マシンが持つファイアウォール機能、あるいは仮想マシンのCPUやメモリ使用率などに起因して通信が意図通り行われない場合もあります。

　接続のトラブルシューティング機能は、いわゆる「ネットワーク通信ができない」

11

という一般的な状況下において、その問題の調査と原因の特定に役立ちます。つまり、通信トラブルの原因がわからないときにこの機能を使用すれば、接続に関する問題がプラットフォームによるものか、ユーザーの構成が問題であるかなどを切り分けることができます。

　［接続のトラブルシューティング］の結果画面には、［到達可能］または［到達不可能］のいずれかの結果に加えて、その結果に付随する情報が表示されます。例えば、［到達可能］の場合は平均待機時間や最小待機時間などの情報、［到達不可能］の場合は見つかった問題点などの情報が表示されます。

【接続のトラブルシューティングの結果】

●ログ - NSGフローログ

　NSGはファイアウォール機能を提供し、送受信されるパケットを規則に基づいて許可または拒否しますが、既定ではその動作は記録されていません。しかし、あるアプリケーションの動作に必要なパケットだけを許可するために、ログからトラフィックを特定したい場合もあります。また、組織によってはコンプライアンスのためにログを記録して保管したり、セキュリティ分析のためにそのログをほかのツールで使用したい場合もあります。

　NSGフローログは、NSGを使用したIPトラフィックに関する情報をログに記録する機能です。つまり、NSGを介するトラフィックで使用された規則や、IPアドレス、プロトコル、ポート番号、アクションなどの情報をログとして記録できます。なお、NSGフローログの機能を使用するには、Microsoft.Insightsのリソースプロバイダーが登録されている必要があります。そのため、事前にリソースプロバイダーの管理画面で［microsoft.insights］の状態が［Registered］になっていることを確認します。

　Microsoft.Insightsのリソースプロバイダーの登録後、Network Watcherの［NSG

フローログ］から［作成］をクリックし、対象のNSGや記録先のストレージアカウントなどの設定を行うことができます。なお、NSGフローログは、指定したストレージアカウント内に「PT1H.json」という名前のBLOBデータとして保存されます。そのため、NSGフローログの設定を行う前に、ストレージアカウントを作成しておく必要もあります。

【NSGフローログの作成】

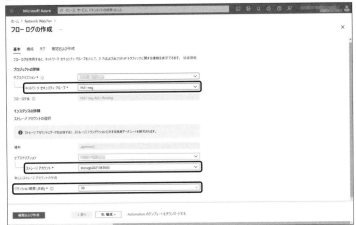

試験対策
NSGフローログの機能を使用するには、事前にMicrosoft.Insightsのリソースプロバイダーが登録されている必要があります。

試験対策
NSGフローログは、指定したストレージアカウントにBLOBとして保存されます。そのため、事前にストレージアカウントを作成しておく必要があります。

参考
フローログの形式や保存場所などの詳細情報については、以下のWebサイトを参照してください。
https://docs.microsoft.com/ja-jp/azure/network-watcher/network-watcher-nsg-flow-logging-overview

11

演習問題

1 Azureによって提供されるサービスのうち、Azureサービスの正常性やリソースの操作の記録、パフォーマンスの可視化などの監視を行うためのサービスはどれですか。

    A.　Azure Advisor

    B.　RBAC

    C.　Azure Policy

    D.　Azure Monitor

2 Azure Monitorで収集されるデータの種類のうち、「仮想マシンのCPUの平均使用率の情報」や「ストレージアカウントで使用されている容量の情報」のように特定の時点におけるシステムの何らかの側面を表す数値データとなるものはどれですか。

    A.　ログ

    B.　サブスクリプション

    C.　メトリック

    D.　クォータ

3 あなたが使用するMicrosoft Azure環境には1つのサブスクリプションがあります。あなたはAzure Monitorのアラートで条件指定を行い、アラートの発生時に特定のPowerShellスクリプトを自動的に実行してその対処を行いたいと考えています。この内容を実現するために、アクショングループの作成時における操作として最も適切なものはどれですか。

    A.　[通知]タブで、[電子メール]を選択する

    B.　[アクション]タブで、[Automation Runbook]を選択する

    C.　[アクション]タブで、[Azure Function]を選択する

    D.　[アクション]タブで、[PowerShellスクリプト]を選択する

4 Azure Monitorのアラートにおいて、一定時間内に多くのアラートが発生する場合に、その通知の数を自動的に抑制するための仕組みはどれですか。

    A.　クォータ
    B.　シグナル
    C.　重大度
    D.　レート制限

5 Log Analyticsを使用して監視データの収集や分析を行う場合に、最初に作成する必要があるものはどれですか。

    A.　ワークスペース
    B.　コンテナー
    C.　ストレージアカウント
    D.　テーブル

6 あなたが使用するMicrosoft Azure環境には1つのサブスクリプションがあり、サブスクリプション内にはLinuxを実行するVM1というAzure仮想マシンがあります。あなたは、Log Analyticsを使用してVM1を監視する予定です。ゲストOSの監視データをLog Analyticsワークスペースに送信するために、VM1にインストールすべきものとして適切なものはどれですか。

    A.　Windows Azure Diagnostics（WAD）
    B.　Linux Azure Diagnostics（LAD）
    C.　Log Analyticsエージェント
    D.　Application Insights

11

7 あなたが使用するMicrosoft Azure環境には1つのサブスクリプションがあ
ります。サブスクリプション内にはWindowsを実行する仮想マシンがあり、
Log Analyticsによる監視を行っています。あなたは、Log Analyticsワーク
スペースに格納された監視データからWindowsイベントログを分析しま
す。Windowsイベントログから文字列「error」を含むイベントだけを検索し
たい場合、これを実行するクエリとして適切なものはどれですか。

  A. Get-EventLog -LogName system | ?{$_.EntryType -eq "error"}

  B. search in (Event) "error"

  C. Select * from Event where EventType == "error"

  D. Event | where EventType == "error"

8 あなたが使用するMicrosoft Azure環境には1つのサブスクリプションがあ
り、サブスクリプション内にはVM1というAzure仮想マシンがあります。あ
なたは、VM1のネットワークインターフェイスに関連付けられたNSGのい
くつかの規則を変更しましたが、この変更によりVM1から特定のリモート
IPアドレス宛の通信ができなくなってしまいました。この問題をトラブル
シューティングするために役立つNetwork Watcherの機能はどれですか。

  A. IPフロー検証

  B. トポロジ

  C. ネクストホップ

  D. VPNのトラブルシューティング

9 あなたが使用するMicrosoft Azure環境には1つのサブスクリプションがあ
り、サブスクリプション内にはVM1というAzure仮想マシンがあります。あ
なたは、VM1が使用するNSGに対してNSGフローログを作成しますが、そ
の記録の保存場所を特定しておく必要があります。NSGフローログが保存さ
れる場所として適切なものはどれですか。

  A. Azure SQL Database

  B. VM1のローカルディスク

  C. ストレージアカウント

  D. OneDrive

10 Network Watcherを使用して仮想マシンのネットワークトラフィックを
キャプチャする場合に、仮想マシンにインストールする必要があるものはど
れですか。

- A. Windows Azure Diagnostics（WAD）
- B. Network Watcherエージェント仮想マシン拡張機能
- C. Log Analyticsエージェント
- D. Microsoft Network Monitor

11

解答

1 D

Azure MonitorによりAzureサービス全体を監視し、Azureサービスの正常性
やリソースの操作の記録、パフォーマンスの可視化などを行うことができ
ます。
Azure Advisorは、Azure環境およびそこに存在するリソースをスキャンして
アドバイスを提供する機能です。RBACは、リソースへのアクセス制御を行
うための機能です。Azure Policyは、リソース作成時における選択可能なパ
ラメーターの制限などを行うための機能です。

2 C

メトリックとは、特定の時点におけるシステムの何らかの側面を表す数値
であり、簡単に言えばパフォーマンスデータです。メトリックを収集して
様々な形式で可視化することで、時間経過による傾向の分析やほかのメト
リックとの比較などに役立ちます。
ログは、システム内で発生した操作や変化の記録であり、テキストまたは
数値データとしてAzure Monitorに収集されます。サブスクリプションは、
Azureを使用するための契約の単位です。クォータは、1つのサブスクリプ
ション内で作成できるリソースの数などの上限設定です。

3 B

アラートの発生時に特定のPowerShellまたはPythonスクリプトを自動的に
実行してその対処を行いたい場合は、アクショングループの作成時に［ア
クション］タブで［Automation Runbook］を選択します。
［通知］タブは、電子メールやSMSによる通知を行いたい場合に構成するタ
ブです。［アクション］タブの［Azure Function］は、関数アプリを実行す
るための選択肢です。［アクション］タブには、［PowerShellスクリプト］
という選択肢はありません。

4 D

Azure Monitorのアラート通知にはレート制限があり、一定時間内のアラー
トの通知の数が自動的に抑制されます。例えば、電子メールには1時間で
100件以下というレート制限が設定されています。
クォータは、1つのサブスクリプション内で作成できるリソースの数など
の上限設定です。シグナルは、リソースから出力される信号を表し、アラー

トの条件指定を行う際に選択するパラメーターです。重大度は、アラート
ルールによって発生するアラートの重大度を示すパラメーターであり、多
数のアラートが出ているときに優先的に着手すべきアラートを判断するた
めに使用するものです。

5 　A

ワークスペースとは、Log Analyticsによって分析するデータの保存場所と
なるリソースです。Log Analyticsを使用して分析を行うには、その分析対
象となるデータを1つの場所に集める必要があるため、最初にワークスペー
スを作成します。
Log Analyticsを使用するために、コンテナー、ストレージアカウント、テー
ブルを作成する必要はありません。

6 　C

Log Analyticsエージェントは、監視対象のマシンのOSとワークロードから
監視データを収集してワークスペースに送信するためのエージェントで
す。したがって、Log Analyticsの監視対象のマシンにはLog Analyticsエージェ
ントをインストールする必要があります。監視対象のマシンが、オンプレ
ミス環境やほかのクラウド上で実行されている場合でも同様です。
Windows Azure Diagnostics（WAD）とLinux Azure Diagnostics（LAD）では
監視データの送信先はストレージアカウントやAzure Event Hubsとなり、
Log Analyticsワークスペースには送信できません。Application Insightsは、
アプリケーション監視のためのサービスです。

7 　B

Windowsイベントログから「error」という文字列を含むイベントだけを検
索したい場合は、「Event | search "error"」または「search in (Event) "error"」
というクエリで実行可能です。
Get-EventLogは、Windows PowerShellによりイベントログを取得するため
のコマンドレットであり、KQLのクエリとしては実行できません。ほかの
選択肢もKQLのクエリとして不適切であり、実行できません。

8 　A

NSGのトラブルシューティングを行うには、IPフロー検証が役立ちます。IP
フロー検証の機能では、仮想マシンから送受信されるパケットのプロトコ
ルや方向、任意のIPアドレス、ポート番号を指定し、NSGでの通信の可否

11

をシミュレーションして、その結果の要因となるNSGのセキュリティ規則の名前を得られます。

トポロジは、仮想ネットワーク内のすべてのリソースや関連付けられたリソースなどの関係性を視覚的に表示する機能です。ネクストホップは、ある仮想マシンから指定した宛先に対して通信が行われるときのネクストホップを確認できるため、ルートテーブルの動作確認やトラブルシューティングに役立ちます。VPNのトラブルシューティングは、仮想ネットワークゲートウェイやその接続をトラブルシューティングするための機能です。

9　C

NSGフローログは、NSGを使用したIPトラフィックに関する情報をログに記録するための機能です。NSGフローログによって行われた記録は、ストレージアカウントにBLOBとして保存されます。そのため、記録された内容を参照するにはストレージアカウントへのアクセスが必要です。

Azure SQL Databaseや仮想マシンのローカルディスク、OneDriveは、NSGフローログが保存される場所として適切ではありません。

10　B

Network Watcherのほとんどの機能では拡張機能は不要ですが、パケットキャプチャなどのいくつかの機能を使用するにはNetwork Watcherエージェント仮想マシン拡張機能が必要です。拡張機能は事前にインストールしておくこともできますが、パケットキャプチャ機能を使用する場合はキャプチャ開始時に拡張機能が自動的にインストールされます。

Windows Azure Diagnostics（WAD）とLog Analyticsエージェントは、パケットキャプチャを行うためではなく、ログやメトリックの監視データを収集するために必要なものです。Microsoft Network Monitorは、Network Watcherを用いたネットワークトラフィックのキャプチャには不要ですが、キャプチャファイルの内容を表示するために活用できるツールの1つです。

索 引

さ行

た行

ま行

や行

ら行

わ行

■著者

新井 慎太朗 (あらい・しんたろう)

● マイクロソフト認定トレーナー (MCT)

● 株式会社ソフィアネットワーク勤務。2009年よりマイクロソフト認定ト
レーナーとしてトレーニングの開催やコース開発に従事。前職である会
計ソフトメーカー勤務時には、会計ソフトの導入サポート支援や業務別
講習会講師を担当。これらの経歴を活かしてユーザー視点や過去の経験
談なども交えたトレーニングを提供しており、近年はMicrosoft Azureや
Microsoft 365、Microsoft Intuneなどのクラウドサービスを主な担当領域
とする。講師活動のかたわら書籍の執筆なども幅広く手がけ、それらが
評価され、2017〜2020年にかけてMicrosoft MVP for Enterprise Mobility
を受賞。

STAFF

編集・制作 　　株式会社トップスタジオ

表紙デザイン 　　馬見塚意匠室

　　　　　　　　阿部 修（G-Co. Inc.）

デスク 　　千葉加奈子

編集長 　　玉巻秀雄

本書のご感想をぜひお寄せください

https://book.impress.co.jp/books/1120101160

読者登録サービス
CLUB Impress

アンケート回答者の中から、抽選で図書カード (1,000円分)
などを毎月プレゼント。
当選者の発表は賞品の発送をもって代えさせていただきます。
※プレゼントの賞品は変更になる場合があります。

■商品に関する問い合わせ先

このたびは弊社商品をご購入いただきありがとうございます。本書の内容などに関するお問い
合わせは、下記の URL または二次元バーコードにある問い合わせフォームからお送りください。

https://book.impress.co.jp/info/

上記フォームがご利用いただけない場合のメールでの問い合わせ先
info@impress.co.jp

※お問い合わせの際は、書名、ISBN、お名前、お電話番号、メールアドレス に加えて、「該当する
ページ」と「具体的なご質問内容」「お使いの動作環境」を必ずご明記ください。なお、本書の範囲
を超えるご質問にはお答えできないのでご了承ください。

●電話や FAX でのご質問には対応しておりません。また、封書でのお問い合わせは回答までに日数をい
ただく場合があります。あらかじめご了承ください。
●インプレスブックスの本書情報ページ https://book.impress.co.jp/books/1120101160 では、本書
のサポート情報や正誤表・訂正情報などを提供しています。あわせてご確認ください。
●本書の奥付に記載されている初版発行日から 3 年が経過した場合、もしくは本書で紹介している製品や
サービスについて提供会社によるサポートが終了した場合はご質問にお答えできない場合があります。

■落丁・乱丁本などの問い合わせ先
FAX 03-6837-5023
MAIL service@impress.co.jp
●古書店で購入されたものについてはお取り替えできません。

徹底攻略

マイクロソフト アジュール アドミニストレーター
Microsoft Azure Administrator 教科書 [AZ-104] 対応

2022年　3月21日　初版発行
2024年　3月11日　第1版第4刷発行

著　者　　株式会社ソフィアネットワーク 新井 慎太朗

発行人　　小川 亨

編集人　　高橋 隆志

発行所　　株式会社インプレス
　　　　　〒101-0051　東京都千代田区神田神保町一丁目105番地
　　　　　ホームページ　https://book.impress.co.jp/

印刷所　　日経印刷株式会社

ISBN978-4-295-01369-3 C3055

Printed in Japan

※ 本書籍の構造・割付体裁は株式会社ソキウス・ジャパンに帰属します。